SIEMENS-HANDBÜCHER

Herausgegeben von der Siemens & Halske A.-G.
und der Siemens-Schuckertwerke A.-G.

VII. Band:

Der Leistungsfaktor

WALTER DE GRUYTER & CO.
BERLIN UND LEIPZIG
1930

DER LEISTUNGSFAKTOR

Bearbeitet von

Dipl.-Ing. G. SCHAROWSKY

MIT 159 BILDERN

WALTER DE GRUYTER & CO.
BERLIN UND LEIPZIG
1930

Vorwort.

Die bedrängte wirtschaftliche Lage Deutschlands nach dem Kriege zwang uns, kein Mittel unversucht zu lassen, die Ausnutzung unserer elektrischen Verteilungsanlagen einem Höchstwerte zuzuführen. Unter den vielen Fragen, die im Zusammenhang mit dieser Aufgabe erörtert wurden, trat die des Leistungsfaktors und der Blindleistung lange Zeit in den Vordergrund des Interesses. Es folgte eine vielseitige Entwicklung und mannigfache Anwendung der blindleistungerzeugenden Mittel.

Zweck dieses Buches soll es sein, einen Überblick über die Bedeutung, Ursachen und Wirkungen der Blindleistung sowie eine Zusammenfassung der zur Verbesserung des Leistungsfaktors bisher entwickelten Mittel zu geben. Weiter wird über die Anwendung dieser Mittel gesprochen und schließlich auf die Messung und Verrechnung der Blindleistung eingegangen. Aus geschichtlichen Gründen werden teilweise Maschinen aufgeführt, deren Bedeutung heute bereits zurückgegangen ist. Die Kenntnis ihrer Wirkungsweise trägt aber noch jetzt zur Klärung der vielseitigen Diskussionen über Leistungsfaktor und Blindleistung bei.

Herr Oberingenieur Burger und Herr Dr. v. Krukowski übernahmen auf Grund ihrer besonderen Erfahrungen die Bearbeitung der Kapitel „Spannungsregelung und Blindleistung“ und „Messung und Verrechnung“.

Inhaltsübersicht.

Alphabetisches Stichwort- und Namenverzeichnis.

Der Leistungsfaktor.

I. Leistungsfaktor und Blindleistung.

Es ist eine seit dem Bestehen der Wechselstromtechnik bekannte Tatsache, daß Strom und Spannung des Wechselstroms zeitlich gegeneinander verschoben sein können, d. h. Strom und Spannung brauchen nicht im gleichen Augenblick ihren positiven oder negativen Höchstwert zu durchlaufen.

In Bild 1 ist der Spannungs- und Stromverlauf eines solchen Wechselstroms gezeigt, bei dem die Spannung E zu der Zeit t_1 ihren größten Wert erreicht, während der Strom J erst zu der Zeit t_2 seine größte Stärke annimmt. Man nennt diese Erscheinung eine *Phasenverschiebung* zwischen Strom und Spannung; die Differenz Δt der Zeiten t_1 und t_2 ist das Maß für diese Phasenverschiebung.

$$\Delta \mathrm{t} = t_2 - t_1 \tag{1}$$

Die elektrischen Verhältnisse beim Vorhandensein einer solchen Phasenverschiebung können nicht die gleichen sein wie bei einem Kurvenverlauf, der Strom und Spannung gleichzeitig ihre Höchstwerte durchlaufen läßt, d. h. wie bei einem Zustand ohne Phasenverschiebung. Die elektrische Leistung errechnet sich bekanntlich aus dem Produkt von Strom und Spannung. Das Gesetz, das in dieser Form nur für Gleichstrom ohne weiteres angewendet werden kann, gilt auch für Wechselstrom, wenn man die Augenblickswerte der Rechnung zugrunde legt. Es muß also in jedem Augenblick für den augenblicklichen Leistungsfluß l das Gesetz gelten

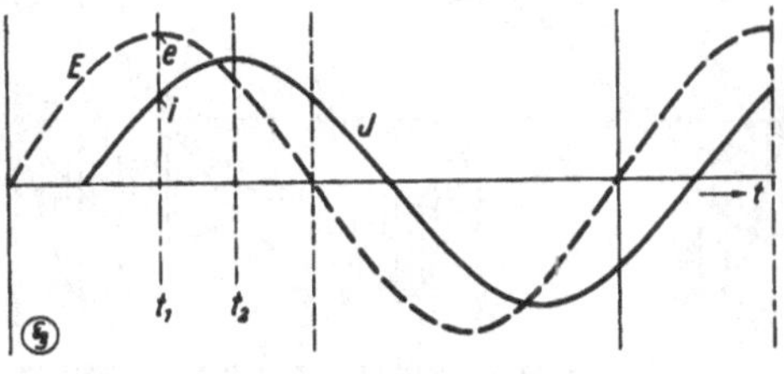

Bild 1. Verlauf von Spannung und Strom bei Phasenverschiebung.

$$l = e \cdot i. \tag{2}$$

Wendet man diese Bezeichnung auf den Zustand ohne Phasenverschiebung an, so erhält man einen Leistungsverlauf, wie ihn Bild 2 zeigt. Die Leistungslinie behält im Gegensatz zu den Strom- und

Spannungskurven stets das gleiche Vorzeichen, da Spannung und Strom stets gleichzeitig positive und negative Werte annehmen, das Produkt ihrer Augenblickswerte also stets positiv sein muß.

Die Phasenverschiebung zwischen Strom und Spannung erreicht einen zweiten besonders gekennzeichneten Wert, wenn der Strom gerade in dem Augenblick seinen Höchstwert erreicht, in dem die Spannung den Wert Null durchschreitet. Errechnet man für diesen Fall die Leistung, so ergibt sich eine Kurve nach Bild 3. Hier nimmt zum Unterschied gegen den Zustand ohne Phasenverschiebung die Leistung abwechselnd positive und negative Werte an, und zwar ist die von der Leistungslinie umschriebene positive Fläche ebenso groß wie die vorher oder nachfolgend umschriebene negative Fläche, d. h. die positiven und negativen Leistungen heben sich schließlich auf, die Summe aller Einzelleistungen ist Null.

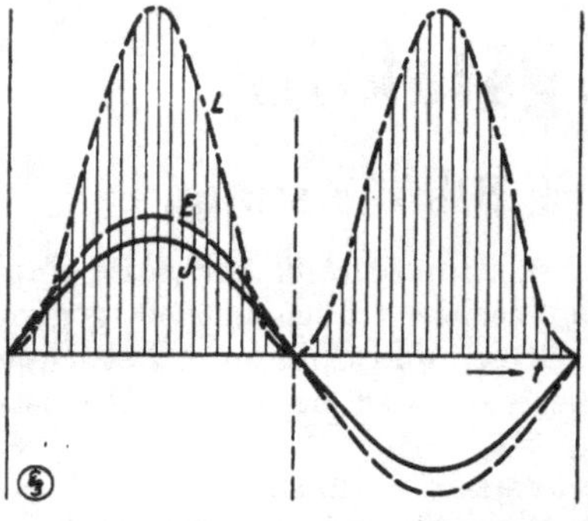

Bild 2. Verlauf von Spannung, Strom und Leistung ohne Phasenverschiebung (Wirkleistung).

Aus diesen Überlegungen geht hervor, daß in dem ersten Fall ohne Phasenverschiebung ein Leistungsfluß stets in ein und derselben Richtung, also eine tatsächliche Leistungsübertragung stattfindet. Da nur ein solcher Leistungsfluß als Energieübertragung wirksam in Erscheinung treten kann, wurde er *Wirkleistung* genannt.

Im zweiten Fall, in dem sich gleichgroße positive und negative Leistungen abwechseln, handelt es sich um eine Wechselleistung, d. h. eine Leistung, die durch eine dauernd hin- und herpendelnde Energiemenge verursacht wird.

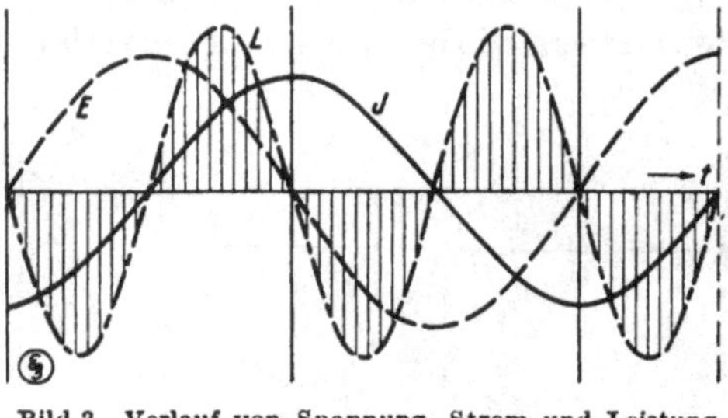

Bild 3. Verlauf von Spannung, Strom und Leistung bei Phasenverschiebung um 90° (Blindleistung).

Da natürlich eine solche Wechselleistung sich energieübertragend nicht auswirken kann, wurde diese Leistung *Blindleistung* genannt. Es ist dabei gleichgültig, ob in Bild 3 der Strom oder die Spannung zuerst den Höchstwert erreicht, d. h. ob der Strom oder die Spannung *voreilt* oder *nacheilt*.

Sämtliche Phasenverschiebungen lassen sich auf die gezeigten Grundzustände der Wirk- und Blindleistung zurückführen. Tritt nämlich ein

Strom auf, dessen Phasenverschiebung größer ist als in Bild 2, aber kleiner als in Bild 3, so läßt sich bekanntlich jede Sinuskurve in zwei andere mit gleicher Frequenz zerlegen. Es kann also dieser Strom zerlegt werden in einen Strom, der in Phase ist mit der Spannung (Bild 2) und in einen zweiten, der dem Strom um den gleichen Betrag verschoben ist (Bild 3), es tritt also gleichzeitig eine Wirk- und eine Blindleistung auf. Errechnet man die Leistung aus den Augenblickswerten, so erhält man eine Leistungslinie nach Bild 4. Die Differenz der positiven und der negativen Flächen entspricht der Wirkleistung. Für den praktischen Gebrauch ist die Darstellung der elektrischen Verhältnisse in Kurvenform wie bei den bisher gezeigten Bildern sehr unhandlich. Man hat deshalb allgemein zu einer einfacheren Darstellung, dem sogenannten *Vektor-Diagramm*, gegriffen. Eine Sinuslinie kann auf folgende Art und Weise konstruiert werden (Bild 5). Man denke sich eine Strecke $\overline{OA}$, die sich um den Punkt O mit gleichmäßiger Geschwindigkeit dreht. Zeichnet man dann die Projektionen dieser Strecke $\overline{OA}$ auf eine Linie Y und trägt man diese Projektionen $\overline{OA}'$, $\overline{OA_1}'$, $\overline{OA_2}'$ usw. über der Linie X in den zugehörigen (gleichmäßigen) Zeitabständen auf, so erhält man die Sinuslinie *a*. Man kann also einen nach dem Sinus sich ändernden Wert, z. B. einen Spannungswert durch den sogenannten *Vektor* $\overline{OA}$ darstellen, wenn man nur stillschweigend die Voraussetzung macht, daß die Umdrehungszeit des Vektors gleich der zwischen zwei positiven Höchstwerten der darzustellenden Sinuslinie verlaufenen Zeit ist.

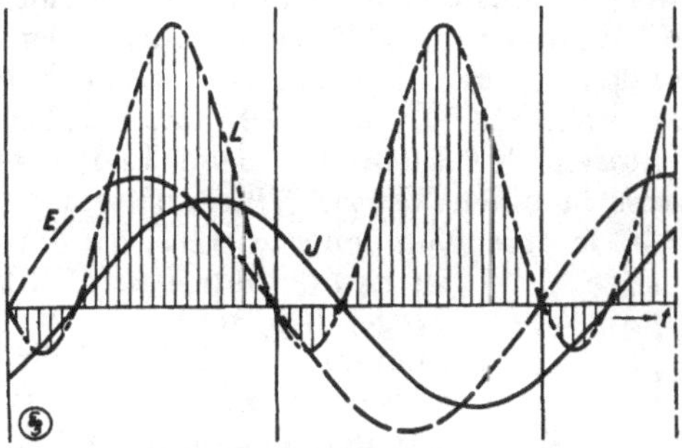

Bild 4. Verlauf von Spannung, Strom und Leistung bei beliebiger Phasenverschiebung (Wirk- und Blindleistung).

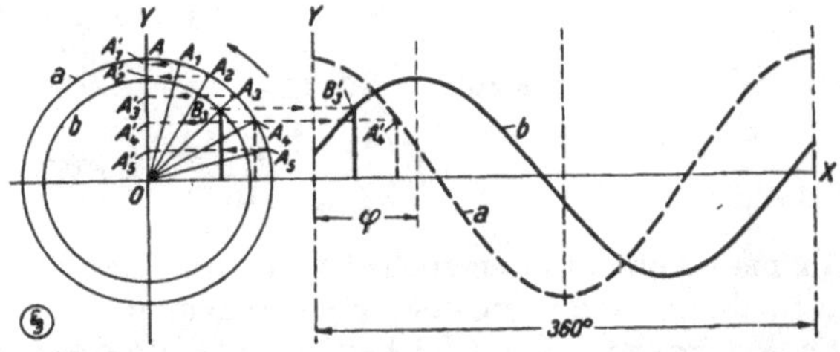

Bild 5. Zusammenhang zwischen Vektor und Sinusverlauf.

Bei einem Wechselstrom von 50 Hertz beträgt die Umdrehungszeit des Vektors $\overline{OA}$ $^1/_{50}$ Sekunde. Ist nun eine zweite Sinuslinie *b* darzustellen, die eine Phasenverschiebung besitzt, d. h. die um Δt-Sekunden später ihren Höchstwert erreicht als die Linie *a*, so muß eben auch der zugehörige Vektor $\overline{OB}$ um diesen Betrag Δt dem Vektor $\overline{OA}$ nacheilen. Da die Umdrehungsgeschwindigkeit der Vektoren bei elektrischen Spannungen und Strömen in der Regel konstant bleibt, können an Stelle der Zeiten t Winkel eingeführt werden, so daß der Zeit zwischen einem positiven und dem darauffolgenden positiven Maximum ein Winkel von 360° entspricht. Der Zeit Δt entspricht dann ein Winkel φ, der von den Vektoren $\overline{OA}$ und $\overline{OB}$ eingeschlossen wird. Die Vektoren $\overline{OA}$ und $\overline{OB}$ können also den Strom- und Spannungsvektoren des Zustandes nach Bild 4 entsprechen. Der Vektor $\overline{OB}$ kann in einen Vektor $\overline{OB_W}$ und einen Vektor $\overline{OB_B}$ zerlegt werden, d. h. in eine Komponente $\overline{OB_W}$, die mit der Spannung $\overline{OA}$ in Phase ist und deshalb einen Wirkleistungsfluß nach Bild 2 zur Folge hat, und in eine Komponente $\overline{OB_B}$, die der Spannung um 90° nacheilt, d. h. nur einen Blindleistungsfluß nach Bild 3 verursacht. Es läßt sich also auch mit den Vektoren, und zwar auf einfachste Weise, ein Zustand beliebiger Phasenverschiebung auf die Grundzustände der Wirk- und Blindleistung zurückführen. Zeichnet man die Vektoren $\overline{OA}$ und $\overline{OB}$ aus Bild 5 heraus, so erhält man in Bild 6 die bekannte Vektordarstellung des Wechselstroms. Die Spannung E ($\overline{OA}$) und der Strom J ($\overline{OB}$) schließen den Winkel φ ein.

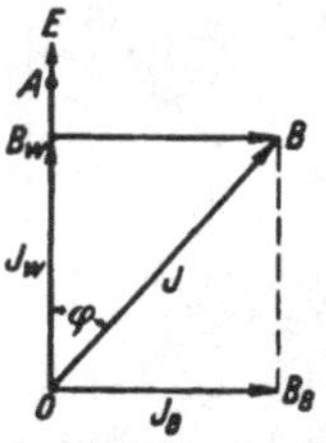

Bild 6. Stromdiagramm.

Die Wirkleistung wird bestimmt durch den Wirkstrom, nämlich die Komponente

$$\overline{OB_W} = \overline{OB} \cdot \cos\varphi = J \cdot \cos\varphi.$$

Die Wirkleistung selbst ist dann

$$L_W = \frac{E \cdot J \cdot \cos\varphi}{1000} \text{ kW}. \tag{3}$$

Als man gemeinhin versucht hat, die in einer Leitung fließende Leistung nach ihrem Strom zu bewerten, indem man in Übereinstimmung mit der Rechnung beim Gleichstrom das Produkt $E \cdot J$ zugrunde legte, erkannte man in dem $\cos\varphi$ eine Einschränkung dieses Grundsatzes und nannte ihn deshalb *Leistungsfaktor*. Dieser gibt also an, welcher Teil des in einer Leitung fließenden Stromes sich an der tatsächlichen Energieübertragung, der Wirkleistung, beteiligt. Diesen Betrag bezeichnete man als *Wirkstrom* J_W.

$$J_W = J \cdot \cos\varphi \tag{4}$$

Die andere Komponente $\overline{OB_B}$ heißt *Blindstrom* J_B.

$$J_B = J \cdot \sin\varphi \tag{5}$$

Dieser gibt ein Maß für die dem Strom J entsprechende Blindleistung, die sich als

$$L_B = \frac{E \cdot J \cdot \sin\varphi}{1000}\ \text{BkVA} \tag{6}$$

errechnet. Als Einheit für diese Blindleistung ist das BkVA vorgeschlagen worden, da der Ausdruck Kilowatt einer tatsächlichen Leistungsübertragung, also derjenigen elektrischen Leistung vorbehalten sein soll, die in andere Leistungsform, z. B. Wärme oder mechanische Leistung, umgesetzt werden kann. Der Ausdruck kVA ist von jeher allgemein für das Produkt $E \cdot J$ gebraucht worden. Da man dieses Produkt wie gesagt vom Gleichstrom her als Maß für die Leistung anspricht, dieses Gesetz aber bei Wechselstrom nicht mehr gilt, so wird der tatsächliche Strom J auch *Scheinstrom* genannt und die diesem Strom entsprechende scheinbare Leistung $(E \cdot J)$ mit *Scheinleistung* bezeichnet.

$$L = \frac{E \cdot J}{1000}\ \text{kVA} \tag{7}$$

Wirkleistung (kW) und Blindleistung (BkVA) sind also besondere Fälle der sich aus Strom und Spannung nach kVA errechnenden elektrischen Leistung, im ersten Fall (kW) ist der Leistungsfaktor ($\cos\varphi$) eins, im zweiten Null.

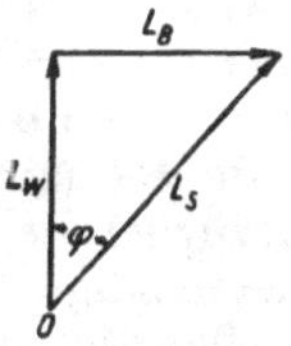

Bild 7. Leistungsdiagramm.

Da Scheinleistung, Wirkleistung und Blindleistung sich durch Multiplikation des entsprechenden effektiven Stromwertes mit dem konstanten effektiven Wert der Spannung errechnen, können diese so definierten Leistungen ebenfalls zu einem Vektordiagramm nach Bild 7 zusammengesetzt werden. Eine allgemeine physikalische Bedeutung kommt aber diesem Diagramm nicht zu, da Wirk- und Blindleistung nicht reine Sinusfunktionen gleicher Periodenzahl sind (s. Bild 2 und 3). Es gelten dann für die Leistungen die gleichen Beziehungen wie für die Ströme. Es sollen hier nur die am meisten angewendeten aufgeführt werden, nämlich:

$$\cos\varphi = \frac{L_W}{L} = \frac{J_W}{J}, \tag{8}$$

$$\sin\varphi = \frac{L_B}{L} = \frac{J_B}{J}, \tag{9}$$

$$\operatorname{tg}\varphi = \frac{L_B}{L_W} = \frac{J_B}{J_W}. \tag{10}$$

Das Vektordiagramm der Leistungen erhält eine besondere Bedeutung, weil es die Grundlage für eine Rechnungsart gibt, die sich heute ihrer Einfachheit wegen immer mehr einführt. Es werden neuerdings bei allen Berechnungen für Leistungsfaktorverbesserung Blindleistung und Wirkleistung vollkommen voneinander getrennt, d. h. es wird ebenso wie bei der Wirkleistung der Blindleistungsverbrauch eines bestimmten Netzteiles errechnet und dieser die Blindleistungserzeugung in gleicher Höhe gegenübergestellt. Man erspart sich hierdurch die meist umständlichen Berechnungen mit Zwischenschaltung der einzelnen cos φ, sin φ und tg φ.

Für die Übertragung einer bestimmten elektrischen Leistung ist also nur das Vorhandensein eines Wirkstromes, d. h. ein Wirkleistungsfluß notwendig. Die Blindleistung erscheint hierbei zunächst völlig unnötig, so daß sie schon deshalb grundsätzlich vermieden werden müßte. Diese Befreiung von der Blindleistung wird in dem Mahnruf heutiger Zeiten „cos $\varphi = 1$“ gefordert.

Wodurch wird nun der Blindleistungsfluß hervorgerufen?

Die Wirkungsweise sämtlicher elektrischer Maschinen und Apparate erfordert magnetische Felder. Ein solches ist Träger einer bestimmten Energiemenge, die mit der Spannung ihre Größe ändert, d. h. daß diese Energiemenge während eines Wechsels zwischen Verbraucher und Erzeuger einmal hin- und herflutet. Diese mit doppelter Spannungsfrequenz pendelnde Leistung ist ein Blindleistungsfluß nach Bild 3. Magnetische Felder verlangen also, daß ihnen im Betrieb eine bestimmte Energiemenge pendelnd zur Verfügung gestellt wird, und sollen als *Blindleistungsverbraucher* bezeichnet werden. Diesen Verbrauchern müssen aber andererseits Maschinen gegenüberstehen, die ein entgegengesetztes Verhalten bezüglich der Blindleistung haben. Es sind dies also Maschinen, die die notwendige Energiemenge für ihr eigenes Feld selbst zur Verfügung stellen und die andererseits noch in der Lage sind, die pendelnde Energie der Blindleistungsverbraucher aufzunehmen. Diese Maschinen sind dann als *Blindleistungserzeuger* zu bezeichnen. Als solche kommen nicht nur Maschinen in Frage, die gleichzeitig auch Wirkleistung liefern. Die Erzeugung von Wirk- und Blindleistung ist voneinander völlig unabhängig; es können Maschinen Wirkleistung verbrauchen und Blindleistung erzeugen und umgekehrt, sie können beide Leistungsarten erzeugen und auch beide verbrauchen. Im Vektordiagramm Bild 8 ergeben sich diese Möglichkeiten als eine Darstellung des Stromvektors in vier Quadranten. Liegt die Spannung E in Richtung der Y-Achse und bedeutet ein mit der Spannung gleichgerichteter Vektor Wirkleistungsverbrauch, ein ihr entgegengesetzter Wirkleistungserzeugung, ein der Spannung um 90° nacheilender Stromvektor Blindleistungsverbrauch, ein ihr um 90° voreilender Vektor Blindleistungserzeugung, so ergibt sich für Stromvektoren, die in den vier verschiedenen Quadranten liegen, folgende Bedeutung:

1. Quadrant: Wirkleistungsverbrauch, Blindleistungsverbrauch (Asynchronmotor),

2. Quadrant: Wirkleistungsverbrauch, Blindleistungserzeugung (übererregter Motor),
3. Quadrant: Wirkleistungserzeugung, Blindleistungserzeugung (übererregter Generator),
4. Quadrant: Wirkleistungserzeugung, Blindleistungsverbrauch (untererregter Generator).

Es gilt für die Blindleistung ebenso wie für die Wirkleistung in einem geschlossenen Wechsel- oder Drehstromnetz gleicher Periodenzahl das Gesetz, daß die Blindleistungserzeugung stets ebenso groß sein muß wie der Blindleistungsverbrauch.

Diese Einführung der Begriffe des Verbrauches und der Erzeugung geben vielleicht die einzige Möglichkeit, um in jedem Fall von vornherein eine eindeutige Kennzeichnung und Erklärung der Verhältnisse zu gewährleisten. Es ist im Laufe der Zeit eine ganze Reihe anderer Bezeichnungen entstanden; sie geben aber zu Mißverständnissen und Unklarheiten oft Anlaß. So spricht man von *voreilendem* und *nacheilendem* Strom und will z. B. damit bezeichnen, ob der Motor in Quadrant 1 oder Quadrant 2 in Bild 8 arbeitet. Diese Bezeichnung ist deshalb zweideutig, weil sie von der willkürlichen Annahme der Lage des Spannungsvektors abhängt. Man erleidet mit ihr Schiffbruch, wenn man ein Generatordiagramm zeichnet, bei dem der Spannungsvektor um 180° gegenüber der Darstellung in Bild 8 verschoben ist. Dann bedeutet nämlich Voreilung Blindleistungsverbrauch und Nacheilung Blindleistungserzeugung. Man erhält gerade die Umkehrung der Definition, die man bei der Betrachtung von Motoren gewöhnt ist. Es soll hier nur festgestellt sein, daß man mit Voreilung zumeist Blindleistungserzeugung bezeichnet.

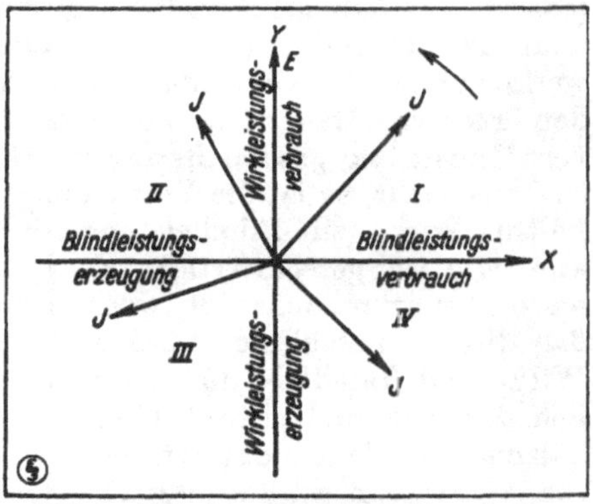

Bild 8. Bedeutung des Stromvektors in den vier Quadranten.

Andererseits spricht man von einer *induktiven* oder *kapazitiven* Belastung des Netzes. Diese Bezeichnungen sind auf die Wirkungen zurückzuführen, die man erhält, wenn man einmal eine Drosselspule, das andere Mal einen Kondensator an ein Netz anschließt. Drosselspulen sind Blindleistungsverbraucher, Kondensatoren Blindleistungserzeuger. Beide verbrauchen zur Deckung ihrer Verluste Wirkleistung, stellen also eine Belastung für das Netz dar. Eine Verallgemeinerung dieser Ausdrücke „induktiv" und „kapazitiv" führt abermals zu Unzuträglichkeiten, da man einen übererregten Generator schlecht als kapazitive Belastung des Netzes bezeichnen kann, aber auch hier soll zur Klärung festgestellt werden, daß mit dem Ausdruck „kapazitiv“ Blindleistungserzeugung und mit der „Induktivität“ stets ein Blindleistungsverbrauch gemeint ist.

Am gebräuchlichsten ist wohl die Bezeichnung der Blindleistungsverhältnisse mit Hilfe des *Leistungsfaktors*, wobei allerdings stillschweigend meistens angenommen wird, daß es sich bei Generatoren nur um Blindleistungserzeugung, also um einen cos φ schlechthin handelt, während bei Stromverbrauchern sowohl Blindleistungserzeugung wie Blindleistungsverbrauch vorkommen kann. Diese Zustände werden dann mit voreilendem oder nacheilendem Leistungsfaktor gekennzeichnet. Für den voreilenden Leistungsfaktor ist wohl auch das Negativ (cos φ = — 0,8) gebräuchlich. Der cos φ erhält seine besondere Bedeutung noch dadurch, daß die weitaus meisten Tarife der Elektrizitätswerke auf diesem Wert aufgebaut sind. Da der Blindleistungsverbrauch den Elektrizitätswerken nur dann unangenehm ist, wenn er einen verhältnismäßig großen Betrag in BkVA gegenüber den entnommenen kW ausmacht, so ist die Verwendung eines Faktors, der von dem Verhältnis Wirk- zu Blindleistung abhängig ist, gerechtfertigt. Es wäre aber wünschenswert, wenn das direkte Verhältnis zwischen Wirk- und Blindleistung, nämlich der tg φ, und nicht das Verhältnis zur Scheinleistung, der cos φ bzw. sin φ, den Berechnungen zugrunde gelegt würde. Der cos φ gibt kein direktes Maß für die Blindleistung. Dies ist aus Bild 9 ohne weiteres ersichtlich. Dort sind die Blindleistungen L_{B1}, L_{B2} dargestellt für Leistungsfaktoren, die bei konstanter Wirkleistung L_W um

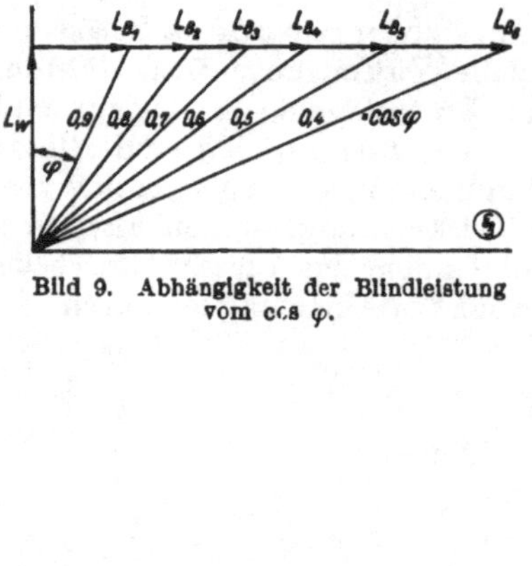

Bild 9. Abhängigkeit der Blindleistung vom cos φ.

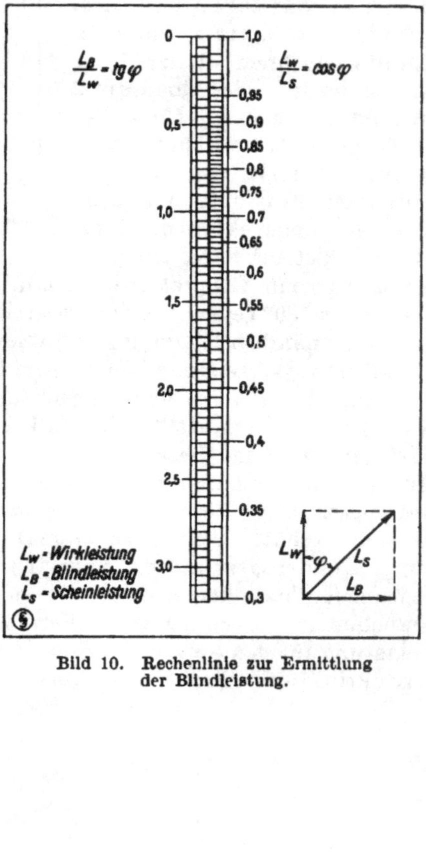

Bild 10. Rechenlinie zur Ermittlung der Blindleistung.

je $^1/_{10}$ fallen (0,9, 0,8, 0,7 usw.). Man sieht, daß die Blindleistung nicht im entferntesten dem Leistungsfaktor proportional zunimmt, daß vielmehr im Bereiche von cos φ = 0,8 einer bestimmten Veränderung des Leistungsfaktors die kleinste Blindleistungsänderung entspricht. Noch deutlicher wird dies in Bild 10. Hier ist eine Rechenlinie dargestellt, die es ohne weiteres ermöglicht, bei gegebenem Leistungsfaktor cos φ den tg φ abzulesen. Ist also bei 100 kW Wirkleistung ein cos φ von 0,708 gegeben, so ist tg $\varphi = 1$. Die Blindleistung ist ebenso groß wie die Wirkleistung, es sind also 100 BkVA Blindleistung vorhanden. Man kann an der Teilung dieser Rechenlinie erkennen, daß bei gleichmäßiger Teilung für die Blindleistung (tg φ linke Teilung) sich eine ganz ungleichmäßige Teilung für den Leistungsfaktor ergibt. Staffelt also z. B. ein Elektrizitätswerk seinen Tarif gleichmäßig mit fallendem Leistungsfaktor, so bedeutet dies eine ganz ungleichmäßige Bezahlung der Blindleistung, je nachdem, welcher Leistungsfaktor gerade vorhanden ist. Wird dagegen dem Tarif der Wert tg φ zugrunde gelegt, z. B. in der Weise, daß sich bei tg $\varphi = 1$ der kW-Stundenpreis um 10 %, bei tg $\varphi = 2$ um 20 % usw. erhöht, so ist gewährleistet, daß für den doppelten Blindleistungsbezug auch der doppelte Preis bezahlt werden muß, denn bei 1 kW Wirkleistungsentnahme wird bei tg $\varphi = 1$ ein BkVA, bei tg $\varphi = 2$ zwei BkVA usw. verbraucht. Die Einführung des tg φ ergibt also erhebliche Erleichterungen beim Aufstellen der Tarife und bei der Verrechnung. Er stellt eben das meist gebrauchte direkte Verhältnis zwischen Wirk- und Blindleistung dar und gibt auch für die Bewertung der Verluste, wie in einem späteren Abschnitt beschrieben, den besten Maßstab. So bilden Blindleistung und Leistungsfaktor Begriffe, die mit der Wechsel- und Drehstromübertragung heute fest verkettet sind. Sowohl bei der Projektierung wie im Betrieb sind den Überlegungen über die Wirkleistung solche über Blindleistung hinzuzufügen. Sie treten in mannigfachster Form auf und werden am leichtesten mit den Begriffen des Blindleistungsverbrauchs und der Blindleistungserzeugung vor sich gehen können.

II. Die Bedeutung der Blindleistung.

Die Blindleistung bedeutet für alle an der elektrischen Energieübertragung beteiligten Maschinen, Apparate und Leitungen eine Mehrbelastung. Wie in Bild 6 und 9 des vorigen Abschnittes gezeigt war, findet eine elektrische Kraftübertragung mit dem Mindestaufwand statt, wenn die Blindleistung Null, d. h. der cos φ = 1 ist. Irgendwelche Blindleistung, ganz gleich, ob sie eine Voreilung oder Nacheilung des Stromes gegenüber der Spannung verursacht, vergrößert den Strom,

erhöht die in dem energieübertragenden Mittel fließende Scheinleistung, bedeutet also eine Erhöhung der Belastung.
Kraftübertragungen, die mit dem Leistungsfaktor 1 arbeiten, gehören zu den größten Seltenheiten. Leistungsfaktoren von 0,7 und 0,6 sind durchschnittliche Werte elektrischer Anlagen und Kraftübertragungen, in vereinzelten Fällen muß man sogar mit Werten von 0,4 und 0,3 rechnen. Trotzdem hat man der Blindleistung, also dem schlechten Leistungsfaktor der elektrischen Anlagen etwa bis zum Jahre 1920 nur geringe Beachtung geschenkt. Bis zu diesem Zeitpunkt, besonders aber in der Vorkriegszeit, hatte man es zumeist mit neu erstellten Anlagen zu tun, oder Netze und Kraftwerke befanden sich in dem Zustande stetigen Ausbaues oder Erweiterung. Es ist eine bekannte Tatsache, daß technische Anlagen in diesem Entwicklungszustand stets mehr leisten können, als von ihnen verlangt wird. So hat sich auch die unerwünschte und unvorhergesehene Mehrbelastung aller Übertragungsmittel durch Blindleistung damals nur sehr wenig störend bemerkbar gemacht. In denjenigen Fällen, in denen die Blindleistung eine Überlastung verursachte, konnte durch Vergrößerung und Erweiterung Abhilfe geschaffen werden, da diese Maßnahmen mit Rücksicht auf die nächste Entwicklung sowieso getroffen werden mußten. Als der Fortschritt der Entwicklung langsamer wurde, und es darauf ankam, die vorhandenen Anlagen nach Möglichkeit auszunutzen, machte sich die Blindleistung störend bemerkbar, denn die Belastung der Übertragungsmittel überstieg bei weitem den Wert, den man in Anbetracht der verbrauchten oder erzeugten kW-Leistung vorausberechnet hatte. Diese Verhältnisse wurden nach dem Kriege durch die schlechte wirtschaftliche Lage Deutschlands ganz außerordentlich verschärft, denn bei dem Mangel an Kapital kam es überall darauf an, mit den vorhandenen Mitteln Höchstleistungen zu erreichen. Diese Verhältnisse führten 1921 zur „cos φ-Tagung" der Vereinigung der Elektrizitätswerke in der Technischen Hochschule zu Charlottenburg, die als Ausgangspunkt für alle heutigen Bestrebungen zur Verbesserung des Leistungsfaktors angesprochen werden kann[1]).

Die Mehrbelastung der elektrischen Maschinen, Apparate und Leitungen durch Blindleistung ist eine Folge des *erhöhten Stromes*. Die Abmessungen aller elektrischen Einrichtungen sind letzten Endes dadurch bestimmt, daß die in ihnen erzeugte Wärme so abgeführt werden muß, daß eine unzulässige Temperatursteigerung in irgendwelchen Teilen nicht auftreten kann, oder dadurch, daß die Verluste innerhalb wirtschaftlicher Grenzen bleiben müssen. Werden jetzt Maschinen, Apparate oder Leitungen durch einen höheren Strom beansprucht, so steigen die

[1]) Sonderheft der Siemens-Zeitschrift „cos φ" November 1921 (vergriffen).

Kupferverluste. Bedeutet R den Widerstand eines Leiters und J den Gesamtstrom, so sind die Verluste

$$V = R \cdot J^2. \qquad (11)$$

Dient dieser Strom J gleichzeitig zur Übertragung von Wirk- und Blindleistung, so müssen diese Verluste geteilt werden können in diejenigen V_W, die der Wirkleistung, und diejenigen V_B, die der Blindleistung zur Last fallen. Da der Wirkstrom

$$J_W = J \cdot \cos \varphi$$

ist, so sind die Verluste

$$V = R \cdot \frac{J_W^2}{\cos^2 \varphi},$$

$$V = R \cdot J_W^2 \cdot (1 + \operatorname{tg}^2 \varphi),$$

$$V = R \cdot J_W^2 + R \cdot J_W^2 \cdot \operatorname{tg}^2 \varphi.$$

Die Wirkstromverluste V_W sind gleich dem ersten Glied dieser Summe.

$$V_W = R \cdot J_W^2 \qquad (12)$$

Das zweite Glied stellt also die Blindleistungsverluste dar.

$$V_B = R \cdot J_W^2 \cdot \operatorname{tg}^2 \varphi \qquad (13)$$

Die durch die Blindleistung verursachten Verluste wachsen also mit dem Quadrat des $\operatorname{tg} \varphi$, also in einer außerordentlich rasch steigenden Funktion. Aus Bild 11 ist das Verhältnis der Blindleistungsverluste V_B zu den Wirkleistungsverlusten V_W zu ersehen. Die Kurven also stellen die durch Blindstrom hervorgerufenen zusätzlichen Verluste dar. Man sieht, daß sie schon bei $\cos \varphi = 0{,}7$ ebenso groß sind wie die Wirkstromverluste und daß sie bei kleineren Werten des Leistungsfaktors in steiler Funktion anwachsen. Es ist ohne weiteres klar, daß eine solche Mehrbeanspruchung elektrischer Einrichtungen ihre Leistungsfähigkeit, d. h. ihre *Ausnutzung*, gewaltig herabsetzen mußte. Transformatoren, die für einen Leistungsfaktor von 0,8 berechnet waren, konnten bei einem tatsächlichen Betriebswert von $\cos \varphi = 0{,}5$ nur die Hälfte derjenigen Wirkleistung übertragen, die vorausberechnet war. Ebenso steht es mit den Generatoren, nur kommt hier

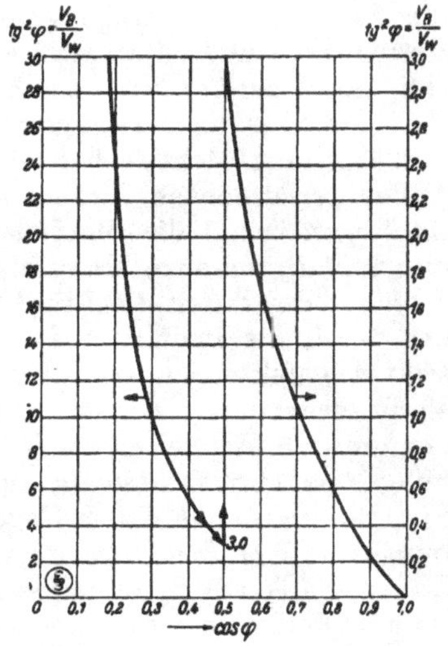

Bild 11. Zusätzliche Verluste durch Blindleistung.

der weitere Nachteil hinzu, daß die anzutreibende Kraftmaschine für die volle Wirkleistung bemessen wurde. Ihre volle Ausnutzung war aber dauernd verhindert, weil die Generatoren durch erhöhte Blindleistung elektrisch voll belastet waren und deshalb die Beaufschlagung des ganzen Generatorsatzes mit Wirkleistung erheblich herabgesetzt werden mußte. Es darf nicht vergessen werden, daß diese Beschränkung der Ausnutzung vorhandener Transformatoren und Generatoren den ersten Anstoß zur Leistungsfaktorverbesserung gegeben hat und auch in nächster Zeit in der Blindleistungsfrage die entscheidendste Rolle spielen wird.

Die erhöhten Verluste haben außer den rein technischen auch wirtschaftliche Folgen, indem ein gewisser Prozentsatz der erzeugten Leistung verloren geht und damit die Stromerzeugung bzw. der Strombezug verteuert wird. Diese Verlustkosten spielen aber bis heute nur eine untergeordnete Rolle, da bei Maschinen, Transformatoren und Kabeln die Kupferverluste an sich einen nur geringen Prozentsatz der Gesamtverluste ausmachen. Lediglich bei längeren Leitungen können auch die Verlustkosten allein schon eine Leistungsfaktorverbesserung rechtfertigen.

Der Leistungsfaktor ist in den bestehenden Anlagen heute meist schlechter, als man bei deren Errichtung angenommen hatte. Wenn die schlechte Ausnutzung der vorhandenen Anlagen durch Leistungsfaktorverbesserung größtenteils beseitigt sein wird, erst dann werden es hauptsächlich die Verluste sein, die zu wirtschaftlichen Betrachtungen über die Leistungsfaktorfrage Anlaß geben. Aus diesem Grunde ist die Verlustfrage in Deutschland vielfach zurückgestellt worden, im Gegensatz zu Amerika, wo man bei größeren und wirtschaftlich besseren Verhältnissen die Leistungsfaktorfrage zunächst im Verlustpunkt und deshalb hauptsächlich bei langen Leitungen angegriffen hat.

Außer der erhöhten Strombeanspruchung bei elektrischen Kraftübertragungen bringt die Blindleistung einen weiteren Nachteil, den *Spannungsabfall*, mit sich. Es ist hiermit nicht der Ohmsche Spannungsabfall gemeint, der durch die Erhöhung des Stromes, sondern der induktive, der durch die Beeinflussung der Streuspannung bedingt ist. Bild 12 zeigt das Vektordiagramm für den Spannungsabfall einer Leitung. Am Verbraucherpunkt herrscht die Spannung E_2 und ein Scheinstrom J, der um den Winkel φ_2 stark nacheilt. Im Kraftwerk muß eine Spannung E_1 erzeugt werden, die außer der Spannung E_2 noch den Ohmschen Spannungsabfall $R \cdot J$ in Gegenphase mit J und den induktiven Spannungsabfall $\omega\ L \cdot J$ decken muß.

Dieser induktive Spannungsabfall wird hervorgerufen durch die magnetischen Felder, die sich um die einzelnen Leiter der Leitung ausbilden, die sogenannten Streufelder. Die gleiche Wirkung haben die Streufelder der Transformatoren. Sie erzeugen in den Leitern eine *EMK*, die dem

Strom um 90° nacheilt und dessen Größe dem Scheinstrom J, der Selbstinduktion L und der Stromfrequenz f oder der Winkelgeschwindigkeit $\omega = 2\pi f$ proportional ist. Diese *EMK* setzt sich, wie in Bild 12 gezeigt ist, mit dem Ohmschen Spannungsabfall und der erzeugten Spannung E_1 zusammen. Den damit verbundenen Spannungsabfall ΔE erhält man bei kleinen Winkeln zwischen E_1 und E_2 in genügender Annäherung aus den Projektionen der Einzelabfälle $\omega L \cdot J$ und $R \cdot J$ auf E_2. Die beiden dadurch entstehenden Dreiecke sind dem aus Wirk- und Blindstrom gebildeten Dreieck ähnlich, und daraus folgt die Beziehung

$$\Delta E = R \cdot J_W + \omega L \cdot J_B. \qquad (14)$$

Der Gesamtspannungsabfall setzt sich also zusammen aus zwei Teilen, deren einer ($R \cdot J_W$) proportional dem Wirkstrom und deren anderer ($\omega L \cdot J_B$) proportional dem Blindstrom ist. Da dieser induktive Span-

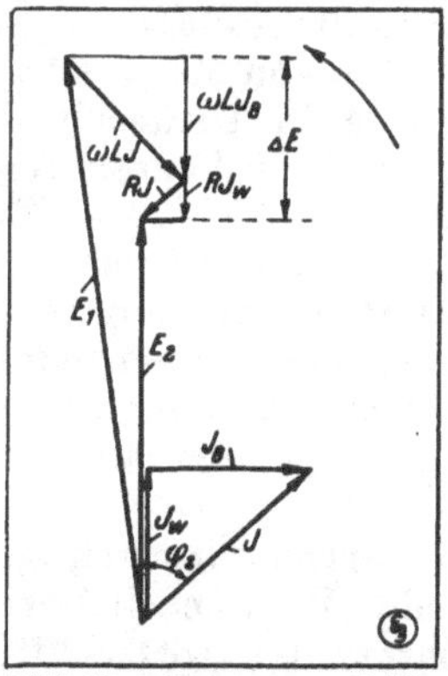

Bild 12. Spannungsverhältnisse einer Leitung bei nacheilendem Strom.

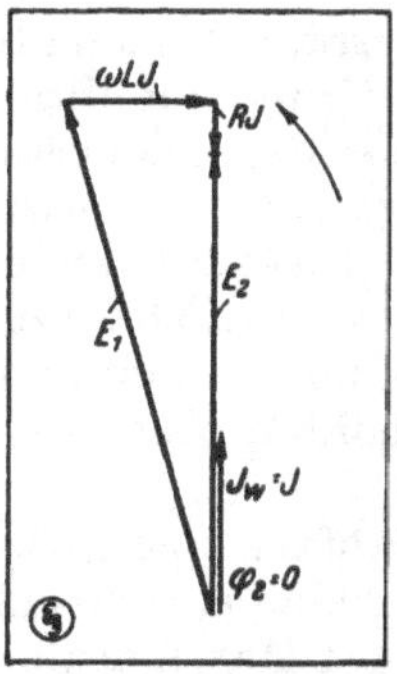

Bild 13. Spannungsverhältnisse einer Leitung bei $\cos\varphi = 1$.

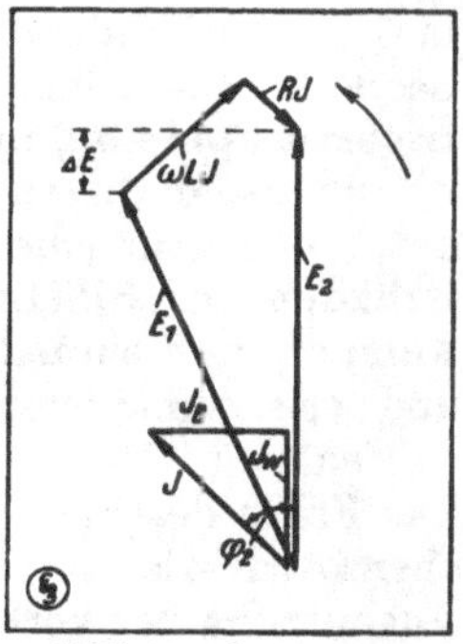

Bild 14. Spannungsverhältnisse einer Leitung bei voreilendem Strom.

nungsabfall bei Leitungen zumeist überwiegt, verursacht der Blindstrom Spannungsabfälle, die sich außerordentlich störend bemerkbar machen. In Bild 13 ist die Übertragung des gleichen Wirkstromes, also der gleichen Leistung bei $\cos\varphi = 1$, d. h. ohne jede Blindleistung gezeichnet. Man sieht, daß der induktive Spannungsabfall nur einen sehr geringen Einfluß auf den Gesamtspannungsabfall hat. Eilt der Strom der Spannung voraus, d. h. findet eine Blindleistungsübertragung in entgegengesetzter Richtung der Wirkleistungsübertragung statt, so erhält man Verhältnisse nach Bild 14. Gegenüber Bild 12 hat sich der induktive Spannungsabfall um etwa 90° gedreht. Er wirkt also für die Spannung E_1 nicht erniedrigend, sondern erhöhend.

Diese Erscheinung kann z. B. beim Parallelarbeiten von Kraftwerken oder auf Ringleitungen dazu ausgenutzt werden, den Ohmschen Spannungsabfall zu kompensieren, sie macht sich aber andererseits als Spannungssteigerung an den Verbraucherpunkten oft auch unangenehm bemerkbar.

Auf jeden Fall ruft die Blindleistung starke Spannungschwankungen an den Verbraucherpunkten hervor. Diese können in manchen Fällen nicht ausgeregelt werden, da die Spannung des Kraftwerkes mit Rücksicht auf andere Verbraucherpunkte auf einer bestimmten Höhe gehalten werden muß, und weil eine Umschaltung der Transformatoren nur für den einen oder den anderen Betriebszustand, z. B. Halblast oder Vollast, die richtige Spannung am Verbraucherort ergeben würde. Auch in den Fällen, in denen die Spannung im Kraftwerk zur Konstanthaltung der Spannung am Verbraucherpunkt an sich geregelt werden kann, bringt ein hoher Blindleistungsverbrauch betriebstechnisch Unzulänglichkeiten mit sich, denn die Erregung der Generatoren reicht oft nicht aus, um den unerwartet hohen Spannungsabfall in der Leitung durch Spannungserhöhung im Kraftwerk zu decken. Spannungsabfälle von 30, ja 40 % bis zu den äußersten Verbraucherpunkten konnten in Deutschland beobachtet werden. Der Grund für diese nahezu unbrauchbaren Betriebszustände lag in dem schlechten Leistungsfaktor von 0,3 . . . 0,4. Es betrug also in diesen Anlagen der Blindleistungsverbrauch das Dreifache des Wirkleistungsbedarfs. Diese Zustände verschärften sich, wenn aus Gründen der Billigkeit unzulängliche Anlagen vorhanden waren oder wenn die nun einmal bestehenden Leitungen mit kleinen Querschnitten und eisernen Leitern erhöhten Beanspruchungen ausgesetzt werden sollten.

Die Frage des Spannungsabfalls spielt also in der Leistungsfaktorfrage ebenso wie die Ausnutzung eine entscheidende Rolle. Während bei der Ausnutzung der vorhandenen Maschinen und Apparate stets wirtschaftliche Erwägungen mitsprachen, kann der Spannungsabfall unter völligem Ausschluß von Wirtschaftlichkeitsberechnungen zur Verbesserung des Leistungsfaktors zwingen, da nur auf diese Weise ein geordneter Betrieb überhaupt aufrechterhalten werden kann.

Auch bei Schaltanlagen macht sich die Blindleistung unangenehm bemerkbar. Das Abschalten induktiver Ströme stellt höhere Anforderungen an die Schaltorgane als die Trennung von Wirkströmen.

Die Blindleistung bedeutet also für alle Übertragungsmittel, für Generatoren und Transformatoren, für Leitungen und Schalteinrichtungen ganz allgemein eine erhöhte Beanspruchung. Sie unterstützt alle diejenigen Eigenschaften der Maschinen und Apparate, die hemmend und störend sich der Höchstleistung der elektrischen Anlagen entgegensetzen. Die Beschränkung der Ausnutzung der Generatoren und Transformatoren, der erhöhte Spannungsabfall in den Leitungen und schließlich auch die erhöhten Verluste der Kraftübertragungen sind Folgen hohen Blindleistungsverbrauches und bilden deshalb die Ausgangspunkte zur Verbesserung des Leistungsfaktors.

III. Die Ursachen des schlechten Leistungsfaktors.

Man bezeichnet einen Leistungsfaktor als schlecht, wenn er außerhalb derjenigen Grenzen liegt, die bei der Erstellung der Krafterzeugungs- und Übertragungsanlagen vorgesehen waren. In den heutigen Betrieben kann man den Bereich des normalen Leistungsfaktors zwischen 1 und 0,8 nacheilend festlegen. Es hat sich herausgestellt, daß selbst bei möglichster Beschränkung im Blindleistungsverbrauch praktisch niedrigere Werte als 0,8 auftreten, und es ist wohl denkbar, daß bei neueren und künftig zu erstellenden Anlagen niedrigere Werte als 0,8 noch als normal angesprochen werden können. Heute überwiegen aber bei weitem diejenigen Generatoren, Transformatoren und Leitungen, die nur für einen Blindleistungsverbrauch entsprechend $\cos \varphi = 0{,}8$ nacheilend bemessen sind. Auf der andern Seite kann, wie in einem folgenden Kapitel ausgeführt, auch ein höherer Leistungsfaktor als 0,8 mit Rücksicht auf die Spannungsregelung unbedingt gefordert sein.

Die obere Grenze $\cos \varphi = 1$ stellt den anzustrebenden, aber meist nicht erreichten Bestfall dar. Auch diese Grenze kann überschritten werden und der Leistungsfaktor voreilende Werte annehmen. Dies bedeutet, daß im Netz unerwünscht viel Blindleistung erzeugt wird, daß also die wirkleistungsverbrauchenden Maschinen und Apparate den Blindleistungsverbrauch des Generators übernehmen. Eine solche unerwünscht hohe Blindleistungserzeugung ist meist auf die Leitungen selbst zurückzuführen. Die Leitungsführung in Kabeln bedingt eine große Annäherung der einzelnen Leiter und damit eine erhöhte Kapazität, die eine erhebliche Blindleistungserzeugung zur Folge hat. Ebenso ist natürlich auch bei Freileitungen eine kapazitive Wirkung vorhanden. Dieser steht zwar die Selbstinduktion der gleichen Leitung gegenüber, sie tritt aber bei einer Beaufschlagung der Leitung mit stärkeren Verbraucherströmen in Wirkung, während die kapazitiven Erscheinungen unabhängig von der Belastung bleiben. Bei Leerlauf kann die kapazitive, also Blindleistung erzeugende Eigenschaft der Leitung stark überwiegen und ebenfalls eine unerwünscht hohe Blindleistungserzeugung zur Folge haben. Eine solche treibt bei leerlaufenden Freileitungen ebenso wie bei Kabeln die Spannung des ganzen Netzes in die Höhe und kann gewöhnlich nur durch Untererregung, also durch Blindleistungsverbrauch der Generatoren vermieden werden. Bei dieser Betriebsart setzt man sich aber der Gefahr des Pendelns aus, zum mindesten sind einer solchen Blindleistungsregelung gewisse Grenzen gesetzt. In Ausnahmefällen kann die Blindleistungserzeugung sogar so groß werden, daß der Spannungszustand labil wird, eine Regelmöglichkeit überhaupt nicht mehr vorhanden ist und die Spannung durchgeht. Schwierigkeiten, die durch unerwünschte Blindleistungserzeugung im Netz praktisch auftreten, sind aber verhältnismäßig selten.

Viel häufiger findet eine Abweichung von den normalen Werten des Leistungsfaktors nach der nacheilenden Seite hin statt, denn zumeist ist der Blindleistungsverbrauch im Verhältnis zur Wirkbelastung des Netzes zu groß. Während es sich bei den Blindleistung erzeugenden elektrischen Feldern der Kabel und Freileitungen lediglich um sekundäre Erscheinungen handelt, die sich aus der Konstruktion dieser Übertragungsorgane mit einer gewissen Abhängigkeit ergeben, hat man es bei dem Blindleistungsverbrauch mit einer Erscheinung zu tun, die mit der Wirkungsweise der stromverbrauchenden Maschinen und Apparate unmittelbar zusammenhängt. Die mechanische Arbeitsäußerung, zu deren Gunsten eine elektrische Kraftübertragung fast ausschließlich erfolgt, beruht stets auf magnetischen oder elektromagnetischen Vorgängen, setzt also immer das Vorhandensein eines *magnetischen Feldes* voraus. Auch die Umsetzung der elektrischen Energie in solche anderer Spannung oder Periodenzahl ist nur unter Wirkung der magnetischen Verkettung, also bei Vorhandensein eines magnetischen Feldes, möglich. So bringt die Eigenart unserer elektrischen Maschinen und Apparate das magnetische Feld und damit den Blindleistungsverbrauch als unumgängliche Notwendigkeit mit sich; in vielen Fällen kann die beabsichtigte Wirkung nur unter Verwendung hoher Feldenergien, also bei hohem Blindleistungsverbrauch erreicht werden. Die Auswirkung dieser Tatsache hängt davon ab, welche Blindleistung aufzunehmen ist, um ein bestimmtes magnetisches Feld zu erzeugen.

Das *magnetische Feld* bedarf zu seiner Entstehung einer magnetisierenden Kraft. Diese erzeugt in Luft, z. B. in einem Luftspalt einer elektrischen Maschine, eine Kraftliniendichte H. Diesen Wert hat man als Meßgröße der magnetisierenden Kraft angenommen. Wirkt sie nicht auf Luft, sondern auf einen andern zu magnetisierenden Stoff, z. B. Eisen, so erzeugt sie eine wesentlich andere Kraftliniendichte, die man mit der magnetischen Induktion B bezeichnet. Das Verhältnis zwischen magnetischer Kraft und Kraftliniendichte wird mit Permeabilität μ bezeichnet.

$$B = \mu \cdot H \qquad (15)$$

Bild 15 zeigt für Eisen einer bestimmten Zusammensetzung den Verlauf der Kraftliniendichte B und der Permeabilität μ in Abhängigkeit von der magnetisierenden Kraft H. Der Verlauf von B, die bekannte Magnetisierungskurve, zeigt, daß μ sehr große Werte annimmt, also im Eisen eine ganz erheblich größere Kraftlinienzahl, eine bedeutend größere Feldstärke vorhanden ist als in Luft. Die Verwendung von Eisen als Träger des magnetischen Feldes erspart also einen erheblichen Aufwand an magnetisierender Kraft.

Die Energie des magnetischen Feldes hängt außer von der Feldstärke von der Ausdehnung des Feldes ab. Diese Ausdehnung kann durch das Volumen, also das Produkt des Querschnittes q und der Länge l, ausgedrückt werden. Nach den Maxwellschen Gesetzen ergibt sich für die Energie eines magnetischen Feldes, das gleichmäßig einen Eisenkörper konstanten Querschnittes q durchsetzt,

$$A = \frac{1}{8\pi} \cdot H \cdot (\mu \cdot H \cdot q) \cdot l. \tag{16}$$

Die Energie des Feldes ist also proportional der magnetisierenden Kraft H, der Kraftliniendichte $\mu \cdot H$ $(= B)$ und dem Volumen $q \cdot l$. Der Ausdruck $\mu \cdot H \cdot q$ bedeutet das Feld, d. h. die Summe der im Querschnitt vorhandenen Kraftlinien. Diese gibt ein Maß für die Wirkungsmöglichkeit des Feldes, z. B. für das Drehmoment einer Maschine. Soll nun ein Feld in Luft erzeugt werden, so wird $\mu = 1$, es muß also die magnetisierende Kraft H bedeutend größere Werte annehmen, und da diese als Faktor noch einmal in der Gleichung vorhanden ist, so wird der Arbeitsinhalt A des ganzen Feldes erheblich wachsen. Die Erzeugung eines bestimmten Feldes in Luft erfordert also einen bedeutend größeren Energieaufwand.

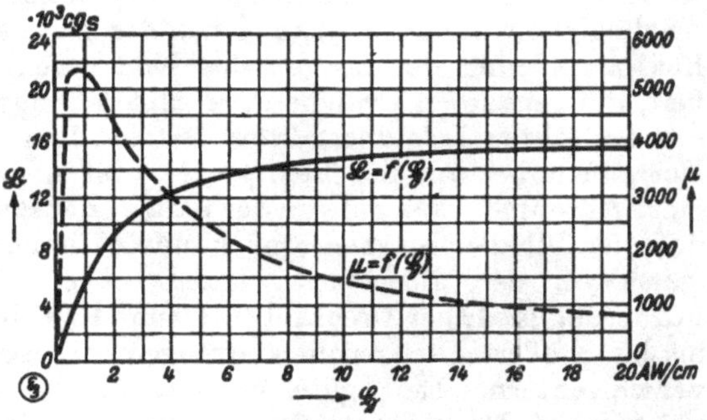

Bild 15. Magnetisierungskurve für Ankerblech.

Bei Wechselstromanlagen pendelt nun diese Feldenergie und muß durch den Blindstrom hin und her geleitet werden. Wie aus Bild 2 hervorgeht, vollzieht sich dieser Vorgang der einmaligen Ableitung der Energie innerhalb $^1/_4$ Periode. Während des Strommaximums ist die volle magnetische Feldenergie vorhanden, sie wird innerhalb der schraffierten Fläche in $^1/_4$ Periode bis zum Zeitpunkte $J = O$ abgeleitet. In diesem Augenblick ist die aus den magnetischen Feldern abgeleitete Energie in den elektrischen Feldern der Maschinen und Apparate enthalten. Die Blindleistung L_B muß also in $^1/_4$ Periode, also in der Zeit $\frac{1}{4f}$, die Feldenergie A übertragen, wobei f die Frequenz in Hertz bedeutet.

$$L_B \cdot \frac{1}{4f} \cdot \frac{2}{\pi} = A. \tag{17}$$

Für die Errechnung der Energie aus dem Produkt von Leistung und Zeit ist in diesem Fall der Faktor $\frac{2}{\pi}$ einzufügen, da auf die elektrische Leistung allgemein dieser aus der Mechanik übernommene Satz nicht ohne weiteres anzuwenden ist. Nur die Wirkleistung wird mit der Energie durch die gleichen Gesetze wie in der Mechanik verbunden, ihr ist zur Kennzeichnung dieser Tatsache die Einheit kW vorbehalten. Die Blindleistung ergibt sich als

$$L_B = 2\pi \cdot f \cdot A. \qquad (18)$$

Setzt man in diesen Ausdruck den Wert für die Feldenergie A ein, so erhält man

$$L_B = \frac{1}{4} \cdot f \cdot H \cdot (\mu \cdot H \cdot q) \cdot l, \qquad (19)$$

wobei statt $\mu \cdot H$ auch die Induktion B eingeführt werden kann. Diese Abhängigkeit der Blindleistung von der magnetisierenden Kraft H des Feldes $B \cdot q$ und der Länge l des Kraftlinienweges gibt die Möglichkeit, die genaueren Ursachen des Blindleistungsverbrauches und damit des schlechten Leistungsfaktors festzustellen.

Bei einem bestimmten Feld $\mu \cdot H \cdot q$ ist der Blindleistungsverbrauch einer Maschine abhängig von der Länge l der Kraftlinien. Dies bedeutet, daß der Blindleistungsverbrauch um so höher ist, je größer die *Abmessungen der Maschinen* werden. Alle Gesichtspunkte, z. B. die Forderung niedriger Drehzahl, die zum Bau von Maschinen verhältnismäßig großer Dimensionen drängen, müssen den Leistungsfaktor verschlechtern. Eine gute Ausnutzung des aktiven Materials einer elektrischen Maschine bietet also immer die Gewähr für einen verhältnismäßig geringen Blindleistungsverbrauch. Da der Ausnutzungsfaktor von Maschinen hoher Leistung stets besser ist als derjenige kleiner Maschinen, so wird auch der spezifische Blindleistungsverbrauch bei großen Leistungen kleiner werden. Dies zeigt deutlich Bild 16, in dem die Blindleistung von Drehstrommotoren bei Vollast als Vielfaches der Motorleistung aufgetragen ist. Dementsprechend verhalten sich die Leistungsfaktoren, die bei geringeren Leistungen bis auf Werte unter 0,7 herabsinken können, während sie bei größten Leistungen bis zu 10000 kW auf den guten Wert von 0,93 steigen (Bild 17). Bei *Kurzschlußläufern* benötigt der Käfiganker einen geringeren Platz im Läufer als die Phasenwicklung eines *Schleifringläufers*, und diese Ersparnis an Volumen des aktiven Materials zusammen mit der kleineren Stirnkopfstreuung des Käfigankers äußert sich ebenfalls in einem geringeren Blindleistungsverbrauch bzw. einem besseren Leistungsfaktor. Dieser ist ebenfalls aus den Kurven in Bild 16 und 17 deutlich zu ersehen, in denen die Werte von Kurzschluß- und Schleifringläufer gegenübergestellt sind. Die geringere Ausnutzung bei *Einphasenmotoren* und der höhere Platzbedarf der Ständerwicklung in *Hochspannungsmotoren* wirken aus dem gleichen Grunde auf den Leistungsfaktor dieser Maschinen verschlechternd.

Die synchrone *Drehzahl*, für die Dreh- oder Wechselstrommotoren gebaut werden, hat bekanntlich einen wesentlichen Einfluß auf die Größe der Maschinen. Nimmt man einen bestimmten Strombelag am Umfange des Läufers und ein bestimmtes Feld bei gleichen Abmessungen der Maschine an, so entwickelt diese ein bestimmtes Drehmoment unabhängig von ihrer Drehzahl, sie gibt also eine Leistung proportional ihrer Drehzahl ab. Die Feldstärke, der der Blindleistungsverbrauch proportional ist (Gleichung 19), wird also bei sinkender Drehzahl im Vergleich zu der Wirkleistung des Motors immer größer; je langsamer eine Maschine läuft, desto größer wird bei gleicher Nennleistung ihr Blindleistungsverbrauch, um so schlechter ihr Leistungsfaktor (Bild 16 und 17).

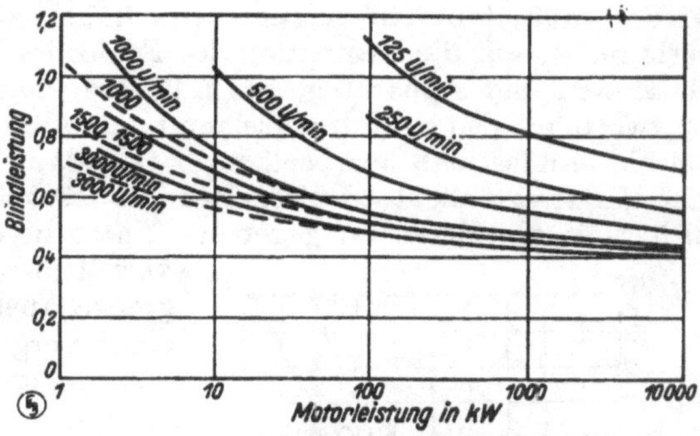

Bild 16. Blindleistung von Motoren verschiedener Leistung und Drehzahl.
——— mit Schleifringläufer
– – – – mit Kurzschlußläufer

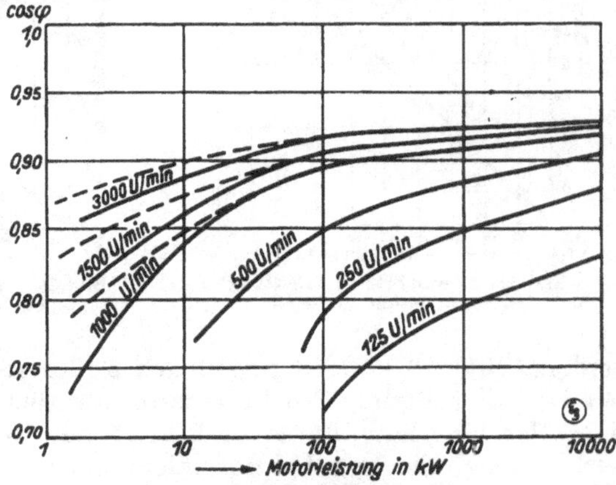

Bild 17. Leistungsfaktor von Drehstrommotoren verschiedener Leistung und Drehzahl.
——— mit Schleifringläufer
– – – – mit Kurzschlußläufer

Wird von Wechsel- oder Drehstrommaschinen ein besonders hohes *Kippmoment* verlangt, so muß das Feld vergrößert werden, da das Moment von dem Produkt aus Strom und Feld abhängig ist. Die Steigerung des Kippmomentes kann also nur unter gleichzeitiger Inkaufnahme eines erhöhten Blindleistungsverbrauches erreicht werden.

Innerhalb des Kraftlinienweges einer elektrischen Maschine ist der

Luftspalt derjenige Teil, der bei weitem den größten Anteil am gesamten Blindleistungsverbrauch der Maschine hat. Da hier eine um das μ-fache höhere magnetisierende Kraft zur Erzeugung des Feldes aufgebracht werden muß, fällt ein entsprechend hoher Anteil des Blindleistungsverbrauches auf die Erzeugung des Feldes im Luftspalt. Bei ruhenden Maschinen und Apparaten, wie z. B. Transformatoren, lassen sich die Luftwege, die das Feld durchsetzen muß, durch geeignete Konstruktion auf ein Mindestmaß herabsetzen. Bei umlaufenden Maschinen ist aber eine Mindestgrenze des Luftspaltes mit Rücksicht auf die mechanische Sicherheit des Betriebes gegeben. Unter besonders rauhen Betriebsverhältnissen genügt diese Mindestgrenze aber nicht, und es muß zu einer Vergrößerung des Luftspaltes aus Sicherheitsgründen geschritten

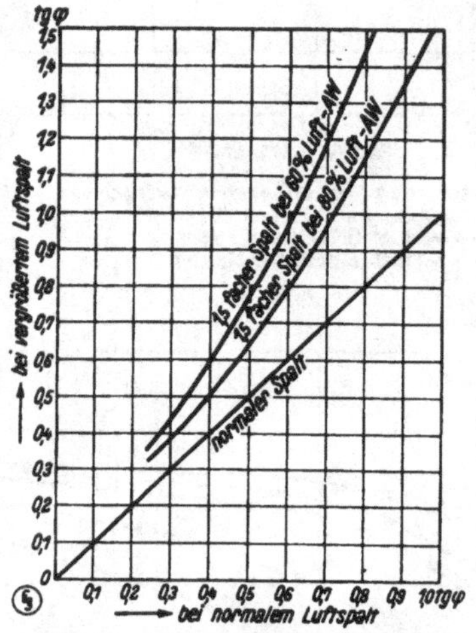

Bild 18. Vermehrte Blindleistung bei vergrößertem Luftspalt.

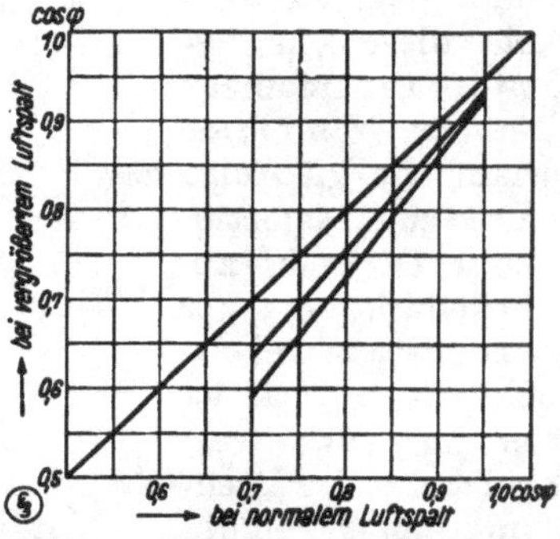

Bild 19. Verminderter Leistungsfaktor bei vergrößertem Luftspalt.

werden. Bild 18 und 19 zeigen den außerordentlich starken Einfluß, den die Vergrößerung des Luftspaltes auf den Blindleistungsverbrauch einer Maschine hat. Es ist in Bild 18 das Verhältnis von Blind- und Wirkleistung, also tg φ bei normalem Luftspalt auf der Abszissenachse aufgetragen und in Abhängigkeit hiervon das gleiche Verhältnis, wenn der Luftspalt um 50 % vergrößert wird. Bei Maschinen, die einen verhältnismäßig kleinen Luftspalt in der normalen Ausführung haben, bei denen z. B. nur 60 % der gesamten magnetisierenden Amperewindungen auf die Überbrückung des Luftspaltes entfallen, macht sich diese Steigerung des Blindleistungsverbrauches besonders bemerkbar. Bei einem tg φ von 0,6 der normalen Maschine steigt dieser Wert auf etwa 0,97, der Blindleistungsverbrauch wird also um 62 % größer, wenn der Luftspalt auf das $1^1/_2$fache vergrößert wird. Bild 19 zeigt die durch den erhöhten Blindleistungsverbrauch verursachte Ver-

schlechterung des cos φ. Maschinen, die in normaler Ausführung einen Leistungsfaktor von 0,85 haben, erfahren durch die Vergrößerung des Luftspaltes eine solche Verschlechterung, daß der Leistungsfaktor bis unter den Grenzwert 0,8 gedrückt wird.
Zur Erzeugung eines bestimmten Feldes kann aber auch dadurch ein verhältnismäßig hoher Aufwand an Blindleistung notwendig werden, daß μ nur einen kleinen Wert hat und das notwendige Feld nur durch Vergrößerung der magnetisierenden Kraft H erreicht werden kann (Gleichung 19). Die Permeabilität μ ist eine Eigenschaft des verwendeten Eisens, und es werden in den Maschinen, soweit es wirtschaftliche Gesichtspunkte zulassen, Bleche verwendet, die mit hoher Induktion arbeiten. Motoren, bei denen minderwertiges Eisenmaterial zur Verwendung kommt, kranken unter allen Umständen an einem schlechten Leistungsfaktor. Wird andererseits die Kraftliniendichte B in einer Maschine zu hoch getrieben, d. h. wird der Eisenquerschnitt im Verhältnis zu der erforderlichen Feldstärke zu klein gewählt, so nimmt die Permeabilität μ ebenfalls geringere Werte an, wie aus Bild 15 hervorgeht. Hochgesättigte Maschinen haben also einen höheren Blindleistungsverbrauch. Im allgemeinen tritt hohe Sättigung stets in den Zähnen ein, da in diesem Bereich durch die Nuten der Eisenquerschnitt verringert wird, und so eine höhere Kraftliniendichte in den Zähnen vorhanden ist als in dem übrigen aktiven Eisenmaterial. Diese beiden Beeinflussungen des Blindleistungsverbrauches bringen es mit sich, daß schlecht bemessene Dreh- und Wechselstrommaschinen oft ganz erheblich zur Verschlechterung des Leistungsfaktors beitragen.
Die bisher behandelten Ursachen eines hohen Blindleistungsverbrauches hängen mit dem Aufbau der Maschine selbst und der Auswahl der anzuwendenden Maschinenart zusammen. Sie fallen also in das Gebiet des Berechners, des Konstrukteurs und Projekteurs. Mit der Art der aufgestellten Maschinen und ihren Eigenschaften sind aber die Ursachen des schlechten Leistungsfaktors nicht erschöpft. Auch die Betriebsführung spielt für die Blindleistungsverhältnisse eine ausschlaggebende Rolle, und ein unüberlegter und ungeschickter Betrieb kann die besten Maßnahmen, die bei der Bemessung und Auswahl der Maschinen getroffen wurden, zunichte machen.
Die magnetischen Felder der Maschinen und Apparate sind im allgemeinen ebenso bei *Belastung* wie bei Leerlauf vorhanden. Es muß also auch bei unbelasteter Maschine eine Blindleistung zur Erzeugung des Feldes aufgebracht werden. Hieraus geht hervor, daß das Verhältnis zwischen Wirkleistung und Blindleistung nicht konstant bleibt, daß sich also der Leistungsfaktor einer Maschine mit wachsender Belastung verändern muß. Bild 20 zeigt den Blindleistungsverbrauch verschiedener Drehstrommotoren in Abhängigkeit von deren Wirkbelastung. Der Blindleistungsverbrauch wird zwar mit abnehmender Belastung des

Motors kleiner, er fällt aber nicht proportional mit dieser, sondern geht nach einem bestimmten Abfall von Halblast abwärts nur noch wenig zurück. Die Abnahme der Blindleistung wird dadurch verursacht, daß ein Teil der im Motor vorhandenen Felder vom Strom abhängig ist. Es handelt sich hierbei um die *Streufelder*, die proportional mit dem Strom wachsen, bei Leerlauf der Maschine also nur in ganz geringem Maße vorhanden sind. Die Blindleistung dieser Streufelder, die hauptsächlich an den Stirnköpfen und den Nuten auftreten, vergrößert mit wachsender Belastung den Blindleistungsverbrauch der Maschine. Auch bei Transformatoren sind die Streufelder Ursache eines bei Belastung höheren Blindleistungsverbrauchs. Der Leistungsfaktor der Drehstrommotoren muß nun mit der Belastung erheblich sinken, da die Blindleistung bei abnehmender Wirklast immer mehr überwiegt. Bild 21

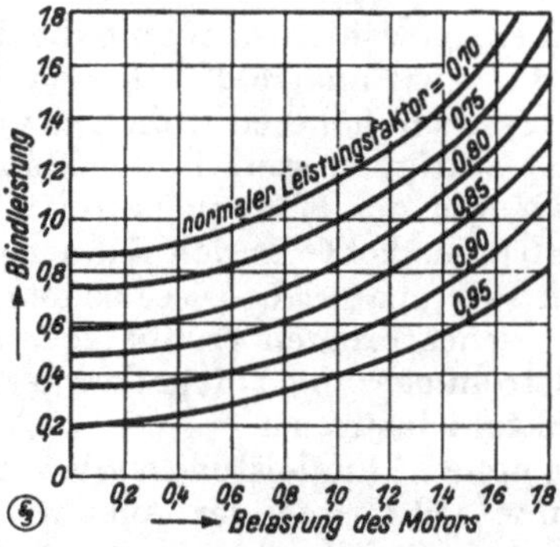

Bild 20. Blindleistung von Drehstrommotoren bei verschiedenen Belastungen.

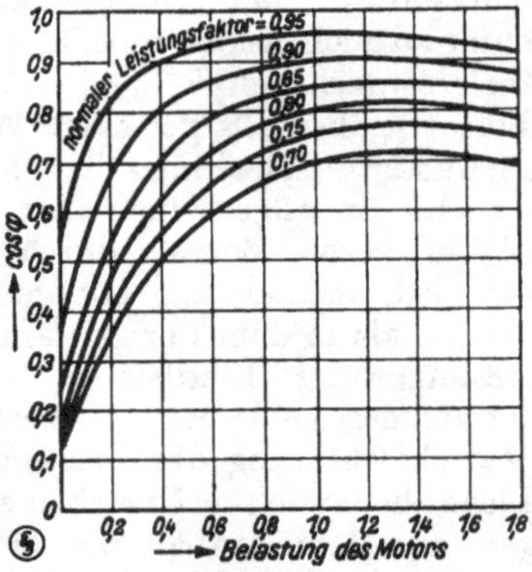

Bild 21. Leistungsfaktor von Drehstrommotoren bei verschiedenen Belastungen.

zeigt, auf wie niedrige Werte bei schlecht belasteten oder gar leerlaufenden Motoren der Leistungsfaktor herabsinken kann.

Praktisch ergibt sich, daß nur ein ganz verschwindender Teil der zur Verwendung kommenden Wechsel- und Drehstrommotoren tatsächlich voll ausgenutzt ist. Die Unsicherheit bei der Projektierung, die Überschätzung des von einer Arbeitsmaschine geforderten Kraftbedarfs, die Vorsicht, mit der man vielfach vorzugehen pflegt, bringen es zustande, daß die Mehrzahl der Motoren betriebsmäßig nie mit Vollast zu laufen brauchen. Aber auch psychologische und wirtschaftliche Momente tragen zuweilen zum erhöhten Blindleistungsverbrauch bei. So will man mancherorts einen mindestens so „starken“ Motor besitzen, wie ihn der Nachbar kürzlich aufgestellt hat, und mancher Akquisiteur glaubt, der von ihm vertretenen Firma einen besonders großen Dienst zu erweisen, wenn er dem Kunden einen möglichst überdimensionierten, also dementsprechend teueren Motor aufhängt und den Umsatz erhöht. In vielen Fällen wird sich aber die schwache Belastung von Motoren nicht vermeiden lassen, da die Arbeitsvorgänge sehr oft die Antriebsmaschine nur mit wechselnder Beaufschlagung beanspruchen. Besonders die leerlaufenden Motoren tragen zur Verschlechterung des Netzleistungsfaktors bei, so daß hier die Ursache unabhängig von der Projektierung und Fabrikation lediglich in der Betriebsweise zu suchen ist. Wenn man bedenkt, daß Leistungsfaktoren von $\cos \varphi = 0{,}4$ und 0,5 tatsächlich vorkommen, ohne daß besondere Ursachen für diesen hohen Blindleistungsverbrauch vorhanden sind, so kann man hieraus schließen, mit wie schwacher Belastung die an ein solches Netz angeschlossenen Motoren laufen müssen. Die zuerst erwähnten Gesichtspunkte wie großer Luftspalt, kleine Leistungen, Langsamläufer usw. können nicht annähernd diese ungünstigen Leistungsfaktorverhältnisse bedingen, sie sind hauptsächlich auf die Unterbelastung der Motoren zurückzuführen.

Wird ein Netz mit *zu hoher Spannung* betrieben, so bedeutet dies für alle angeschlossenen Maschinen und Apparate eine Erhöhung der Feldstärken und damit eine Vergrößerung des Blindleistungsverbrauches. Solche Verhältnisse können eintreten, wenn mit Rücksicht auf die Spannungshaltung in einem weit verzweigten und ausgedehnten Netz die Zentralenspannung erheblich über die Nennspannung des Netzes gesteigert werden muß. Verbraucher, die in der Nähe der Zentrale angeschlossen sind, können dann einer Spannungsteigerung unterliegen, wenn die Transformatoren keine Umschaltmöglichkeit besitzen, die diese Spannungsteigerung wieder ausgleicht. Wenn in einzelnen Anlagen mit Rücksicht auf die Kippmomente der Motoren, auf die Belastung der Leitungen oder als Vorsichtsmaßnahme gegen Spannungsabfälle bei zu erwartenden Stoßbelastungen von vornherein mit erhöhter Spannung gefahren wird, so bedeutet dies aber unter allen Umständen eine erhebliche Steigerung des Blindleistungsverbrauches. Die erreichten Vorteile werden durch diesen unter Umständen wieder aufgehoben.

Auch die *Periodenzahl* (f) beeinflußt den Blindleistungsverbrauch, da nach Gleichung 19 die Blindleistung proportional mit der Frequenz steigt. Die Motoren laufen dann zwar schneller und vermögen eine höhere Leistung abzugeben, der Leistungsfaktor bleibt aber annähernd derselbe. Dieser Ausgleich kommt aber nur zur Wirkung, wenn die Motoren von vornherein für die höhere Periodenzahl bemessen werden. Motoren, die bei gleichbleibender Leistung und höherer Periodenzahl betrieben werden, haben einen schlechten Leistungsfaktor.

Ganz ähnlich wie bei den Motoren liegen die Verhältnisse bei den Transformatoren. Das Verhältnis von Wirkleistung zur Blindleistung ist hier zwar bedeutend günstiger, denn es beträgt nur etwa 10—20 % bei Vollast und bei Leerlauf etwa $^2/_3$ dieser Werte. Die Transformatoren sind aber als Übertragungsorgane in viel höherem Maße Zeiten schwacher und schwächster Belastung ausgesetzt als die Motoren. Besonders ungünstig liegen die Verhältnisse, wenn in einer Transformatorenstation eine Unterteilung der maximalen Leistung nicht vorgenommen ist, also auch in Zeiten schwacher Belastungen die großen Einheiten eingeschaltet bleiben müssen.

Bei Kraftübertragungen, die zu Verbrauchern größerer Leistung führen, wird die Zahl der eingeschalteten Transformatoren und ihr Blindleistungsverbrauch im Verhältnis zur gesamten Blindleistung kaum bedeutend ins Gewicht fallen. Anders liegen die Verhältnisse bei weit verzweigten Verteilungen und kleinen Abnehmern, wie man sie in ländlichen Bezirken antrifft. Hier ist eine große Anzahl bedienungsloser Transformatorenstationen oder gar Masttransformatoren vorhanden, die fast ohne Unterbrechung während des ganzen Jahres eingeschaltet sind. Die Leistungen dieser Transformatoren sind im Verhältnis zur normalen Netzbelastung außerordentlich groß, denn sie müssen die hohen Spitzen bei voller Lichtbelastung oder während der Dreschperiode übernehmen können. Unter solchen Verhältnissen tragen die vielen und verhältnismäßig hohen Transformatorenfelder zur Verschlechterung des Leistungsfaktors ganz erheblich bei, und dieser Blindleistungsverbrauch wird noch erhöht, wenn man Transformatoren mit hoher Sättigung und hohen Eisenverlusten verwendet, also auf die Betriebsweise dieser Transformatoren bei der Bemessung keine Rücksicht genommen hat.

Schließlich müssen aber noch Verbraucheranlagen erwähnt werden, die mit besonders hohen Stromstärken arbeiten, wie es z. B. bei chemischen Apparaten oder elektrischen Öfen der Fall ist. Wenn in solchen Anlagen magnetische Felder nicht erzeugt zu werden brauchen, wenn die Selbstinduktion, also die Ursache der unerwünschten magnetischen Felder sehr klein gehalten werden kann, so bewirken doch die außerordentlich hohen Stromstärken, die mehr als 100000 A betragen können, daß sich unter dem Einfluß auch dieser kleinen Selbstinduktionen außerordentlich starke magnetische Felder ausbilden. Sie können einen Blindleistungsverbrauch ebenso groß wie den Wirkleistungsverbrauch ($\cos \varphi = 0{,}7$) verursachen. Selbst in diesem Fall, in dem theoretisch für den Arbeitsvorgang nur eine reine Wattbelastung notwendig ist, stellt sich der Blindleistungsverbrauch unerwünscht und unumgehbar ein.

Die mannigfachen Ursachen des schlechten Leistungsfaktors zeigen, daß hier eine Frage vorliegt, die eigentlich die gesamte Elektrotechnik durchdringt sowohl bei der Projektierung und Fabrikation wie im Betrieb. Diese Tatsache gibt die Erklärung dafür, daß die Blindleistungsfrage überall auf die Ausbildung der Maschinen und Kraftübertragungsanlagen wie auf die Betriebsführung gestaltend gewirkt hat mit dem Ziel, die schlechten Leistungsfaktorwerte zu verbessern oder der Schwierigkeiten, die ein hoher Blindleistungsverbrauch mit sich bringt, Herr zu werden.

IV. Mittel zur Beschränkung des Blindleistungsverbrauches.

Wenn das Übel des schlechten Leistungsfaktors an seiner Wurzel gepackt werden soll, so muß der Blindleistungsverbrauch eines Netzes nach Möglichkeit eingeschränkt werden. Wie bei allen Maßnahmen zur Verbesserung des Leistungsfaktors, muß man auch hier zwei Fälle scharf unterscheiden, nämlich die nachträgliche Verbesserung einer bereits bestehenden Anlage und die Beschränkung des Blindleistungsverbrauches bei der Erstellung von Neuanlagen. Im zweiten Fall wird es bedeutend leichter sein, die im vorhergehenden Abschnitt geschilderten Ursachen eines schlechten Leistungsfaktors nach Möglichkeit zu vermeiden. Handelt es sich aber darum, alte Sünden wieder gut zu machen, so bedarf es zumeist genauer Überlegung und eingehender Untersuchungen, um den Blindleistungsverbrauch nachträglich einzuschränken.

Wenn man bei Neuanlagen unter allen Umständen darauf sehen wird, nur Motoren besten Fabrikates, also solche mit gutem Leistungsfaktor aufzustellen und ihre Leistungen dem tatsächlichen Kraftbedarf der anzutreibenden Einrichtungen anzupassen, so wird man bei alten Anlagen ebenfalls versuchen, durch richtige Verwendung der nun einmal vorhandenen Maschinen ein Mindestmaß an Blindleistung zu verbrauchen. Man erreicht dies durch eine Umstellung der Motoren.

Die einzelnen Antriebe der zu verbessernden Anlagen müssen hierzu genau auf ihren Kraftbedarf untersucht werden, und es wird sich stets ergeben, daß eine große Anzahl von Maschinen zu reichlich gewählt ist und durch kleinere ersetzt werden kann. Handelt es sich dabei um eine große Anzahl von Motoren verschiedener Leistung, so wird es möglich sein, die größten durch kleinere zu ersetzen und an denjenigen Stellen, wo diese kleineren fortgenommen wurden, noch kleinere aufzustellen, die den unterbelasteten kleinsten Antrieben entnommen werden können. Man muß also versuchen, sämtliche Motoren einer solchen Anlage so zu verschieben, daß schwächere Motoren an die Stelle von stärkeren treten. Im Enderfolg bekommt man dann eine Anzahl größerer Motoren frei, während eine annähernd gleiche Anzahl kleinerer Motoren neu beschafft werden muß. Die Beschaffungskosten dieser kleinen Motoren werden in den meisten Fällen sehr gering sein. Je nach der Marktlage für Motoren wird sich für die frei gewordenen größeren Motoren eine Verwendung finden lassen, sei es, daß sie in Erweiterungen des eigenen Betriebes zur Aufstellung kommen oder für künftige Zeiten auf Lager genommen werden, sei es, daß sie zum Verkauf gebracht werden. Bei einigermaßen günstigen wirtschaftlichen Verhältnissen wird es sich wohl stets ermöglichen lassen, die Kosten, die die Anschaffung der kleinen Motoren verursacht, durch den Nutzen wieder auszugleichen, den die größeren frei werdenden Motoren durch Verwendung oder Verkauf erzielen. In diesem Falle kostet die Umstellung nur die Arbeit der Untersuchung und die Montagekosten, die eine solche Umstellung mit sich bringt. Besonders bei gleichzeitiger Erweiterung des vorhandenen Betriebes werden die frei werdenden Motoren oft einen so großen Nutzen erbringen, daß schon die Umstellung an sich einen einmaligen Reingewinn abwirft. Dieser Ertrag stellt die Wiedergewinnung eines unnötigen Teiles des bisherigen Betriebskapitals dar. Diese Verringerung des Gesamtbetriebskapitals macht sich in einer Herabsetzung der Amortisations- und Verzinsungskosten bemerkbar. Gleichzeitig tritt durch die Leistungsfaktorverbesserung eine Behebung der früher vorhandenen Schwierigkeiten ein. Selbst wenn diese sich betriebstechnisch nicht fühlbar gemacht hatten, so wird bei einem entsprechenden Tarif des stromliefernden Kraftwerkes die Stromkostenrechnung entsprechend niedriger ausfallen. Durch die Verkleinerung der installierten Gesamtleistung an Motoren bei gleicher Arbeitsleistung, also durch die bessere Ausnutzung der Maschinen werden ferner die Verluste verringert. Auch dieses drückt sich in den kleineren Stromkosten aus und bringt weiter zusammen mit der Verringerung des Blindstromes eine wesentliche Entlastung der in der Anlage vorhandenen Leitungen.

Bild 22. Motor mit angebautem Getriebe.

Die Umstellung der Motoren ist nahezu kostenlos, sie stellt also die billigste Verbesserung des Leistungsfaktors dar, die es überhaupt gibt. Es sollte deshalb eine Betriebsleitung stets die Möglichkeit einer solchen Umstellung genauestens untersuchen, ehe sie sich zu anderen Mitteln entschließt, die stets einen gewissen Aufwand, also eine Vergrößerung des Betriebskapitals verursachen.

Bei solchen Umstellungen wird es sich vielfach auch ermöglichen lassen, andere Ursachen des schlechten Leistungsfaktors zu beseitigen. Man wird z. B. Motoren nicht immer gegen solche gleicher Drehzahl auswechseln, sondern es wird in vielen Fällen möglich sein, durch Änderung der Getriebe oder der Riemenübertragungen schnellerlaufende Motoren zu verwenden. Der bessere Leistungsfaktor und Wirkungsgrad der Schnelläufer haben dazu geführt, daß in neuester Zeit Motoren mit angebautem Zahnradvorgelege gebaut werden, sogenannte *Getriebemotoren* (Bild 22). Die konstruktive Vereinigung des Getriebes mit dem Motor umgeht die Schwierigkeit der Montage, die bei nicht sachgemäßer Ausführung leicht ein Warmlaufen der Lager oder einen schlechten Gang des Zahnradgetriebes verursachen kann. Durch Fortfall der Kupplung und eines Lagers wird die Baulänge derartiger Antriebe verkleinert, zugleich ist eine gewisse Normung der Achshöhen für so langsam laufende Antriebe mit den Zahnradvorgelegemotoren verbunden. Sie werden hauptsächlich in den Fällen höherer Übersetzungen Verwendung finden und können auch an die Stelle von Schneckengetrieben treten.

Bei der Neubeschaffung von Motoren gehört denjenigen mit *Wälzlagern* der Vorzug, da diese Ausführung den genauen konzentrischen Lauf des Ankers gegenüber dem Ständer gewährleistet und diese Maschinen auch bei schwereren Betrieben mit kleinerem Luftspalt und besserem Leistungsfaktor ausgeführt werden können als die früher übliche Anordnung mit Gleitlagern.

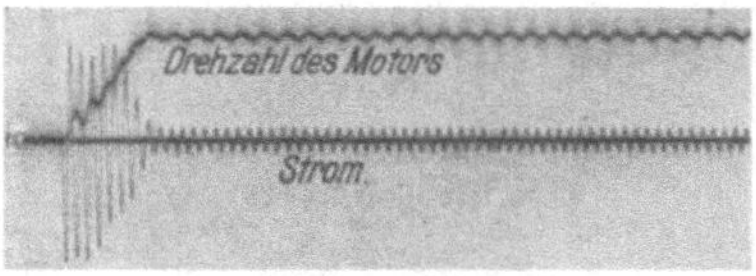

Bild 23. Anlauf leer, ohne Fliehkraftriemenscheibe.

Die Elektrizitätswerke schreiben in Deutschland bis zu sehr kleinen Leistungen herab fast ausnahmslos den Schleifringläufer vor. Auch dies bedeutet eine stärkere Beanspruchung des Netzes mit Blindleistung, da der Schleifringläufer einen schlechteren Leistungsfaktor hat als der *Kurzschlußläufer*. Wenn seit langem mit Rücksicht auf den besseren Wirkungsgrad, den geringeren Preis und die einfachere Handhabung für die bedeutend weitgehendere Verwendung der Kurzschlußläufer eingetreten worden ist, so wird diese Bewegung entschieden durch die Leistungsfaktorfrage ebenfalls unterstützt. Die Bedenken, die gegen die Verwendung von Kurzschlußläufermotoren bestehen, beziehen sich auf die Strombelastungen des Netzes während des Anlaufvorganges. Setzt man aber das Leistungsvermögen der Netze mit den Anlaßvorgängen der Kurzschlußläufermotoren in Beziehung, so muß man sagen, daß in Deutschland in dieser Beziehung zu vorsichtig vorgegangen wird.

In Amerika wird der Kurzschlußläufer bis zu 40 kW ohne weiteres verwendet und zum größten Teil ohne Stern-Dreieck-Schalter direkt an das Netz gelegt. Der Anlauf eines unbelasteten Kurzschlußläufers spielt sich in Bruchteilen einer Sekunde ab. Bild 23 zeigt den Anlaufvorgang eines 5,5 kW-Motors für 1440 U/min bei 50 Hertz. Der Anlaufstrom ist hier nur während 0,14 Sekunden vorhanden. Eine derart kurze Belastung des Netzes mit dem erhöhten Strom eines so kleinen Motors kann sich nicht erheblich bemerkbar machen, kaum daß in der

Nähe befindliche Lampen infolge des stärkeren Spannungsabfalls in den Zuleitungen einen Augenblick in der Leuchtkraft zurückgehen werden. Läuft ein solcher Motor unter Vollast an, so wird die Anlaufperiode entsprechend der während des Anlaufs zu leistenden Arbeit größer sein, denn der Kurzschlußläufermotor entwickelt bei jeder Drehzahl ein bestimmtes Moment, das nun nicht mehr restlos zur Beschleunigung zur Verfügung steht, sondern teilweise zur Arbeitsleistung verwendet werden muß; die Beschleunigung ist also kleiner. Die Zeitdauer des hohen Anlaufstromes kann aber durch besondere Mittel auch hier beschränkt werden. Durch gleichzeitige Verwendung eines Stern-Dreieckschalters und einer *Fliehkraftkupplung*, eines sogenannten *mechanischen Anlassers* (Bild 24a) kann auch in diesem ungünstigen Fall die Zeitdauer des hohen Anlaufstromes ganz erheblich herabgesetzt werden. Die Fliehkraftkupplung läßt eine Übertragung des Drehmomentes auf die anzutreibende Welle erst zu, wenn der Motor nahezu seine volle Drehzahl erreicht hat. Es wird dies durch Gewichte bewirkt, deren Zentrifugalkräfte mit zunehmender Geschwindigkeit Federkräfte überwinden und dann die Kupplung durch Reibungswirkung vornehmen. Die Stern-Dreieckschaltung bringt nach dem Oszillogramm in Bild 25 den Motor auf nahezu volle Drehzahl, ohne daß infolge der verminderten Spannung ein zu hoher Anlaufstrom entsteht. Beim Übergang zur Dreieckschaltung wird der Motor auf volle Geschwindigkeit beschleunigt, die Fliehkraftkupplung fällt ein, und entsprechend dem Höchstmoment dieser Fliehkraftkupplung wird jetzt der bereits schnelllaufende Motor zur Arbeitsabgabe an die Antriebswelle veranlaßt. Hierbei tritt lediglich ein Strom entsprechend dem von der Fliehkraft-

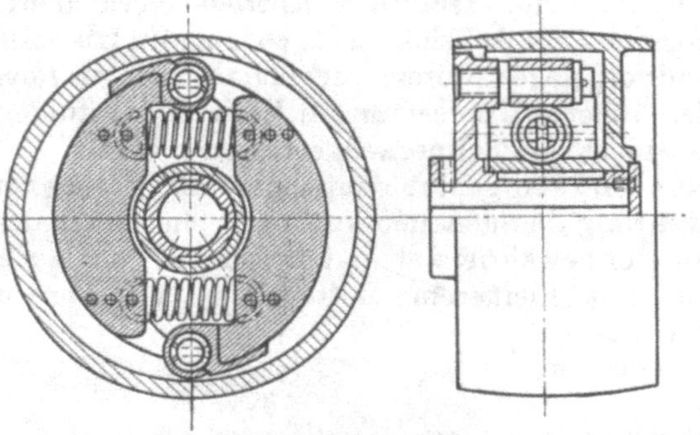

Bild 24a. Mechanischer Anlasser für Drehstrommotoren.

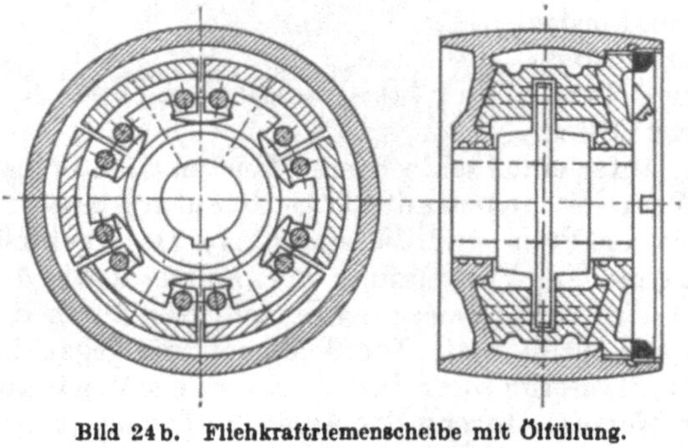

Bild 24b. Fliehkraftriemenscheibe mit Ölfüllung.

kupplung übertragenen Drehmoment auf. Die hohen Ströme, die der Asynchronmotor bei niedrigen Drehzahlen aufnimmt, werden also auf eine sehr kurze Zeitdauer beschränkt, und da während dieser der Motor in Sternschaltung arbeitet, kann von einer übermäßigen Belastung des Netzes durch den unter Vollast anlaufenden Motor nicht mehr gesprochen werden. Bild 24b zeigt eine andere Ausführungsart der Fliehkraftkupplungen. Sie ist mit Öl gefüllt, wodurch ein Greifen der nach außen geschleuderten Gewichte bis zu hohen Drehzahlen verhindert und so der unbelastete Anlauf des Kurzschlußläufers sichergestellt wird. Diese Kupplungsart ist für Antriebe bis zu mehreren hundert Kilowatt geeignet. Man sollte vor allem dort Kurzschlußläufermotoren verwenden, wo in demselben Netz oder sogar in demselben Anlagenteil ganz erheblich größere Motoren stehen, deren Leistungen und Belastungsspitzen so groß sind, daß die Anlaufvorgänge der kleinen Kurzschlußläufer vollständig gegen sie verschwinden. Man findet häufig, daß neben Motoren von mehreren 100 . . . 1000 kW Schleifringläufer unter 100 kW aufgestellt werden; das ist zum mindesten ein unnötiger Aufwand an Betriebskapital. Auch wenn ein sanfteres Anlassen mit Rücksicht auf die angetriebene Maschine gefordert ist, kann der Kurzschlußläufer verwendet werden, da die Fliehkraftkupplungen bei geeigneter Bemessung die Beschleunigung der angetriebenen Welle gleichmäßig und normal gestalten.

Selbst bei richtig gewählten Motoren lassen sich schlechte Leistungsfaktoren im Betrieb nicht vermeiden, da dieser sehr oft Leerlauf oder schwache Belastungen vorschreibt. Hier muß die Betriebsführung mit allen Mitteln versuchen, eine Einschränkung des Leerlaufs zu erreichen. Strenge Betriebsvorschriften sind hierzu am Platze, und wo derartige Vorschriften nicht erlassen oder nicht überwacht werden können, muß mit anderen Mitteln ein Anreiz dazu geschaffen werden, leerlaufende Motoren stillzusetzen. So sind von einem Elektrizitätswerk in ländlichen Bezirken die Motoren mit Umdrehungszählern ausgerüstet worden, die beim Vergleichen mit den Kilowattzählern ohne weiteres anzeigten, wenn die Motoren lange leergelaufen waren. Dann war die Zahl der geleisteten Umdrehungen sehr groß gegenüber der Zahl der verbrauchten Kilowattstunden. Würde dem Stromabnehmer ein höherer Tarif verrechnet, wenn der Um-

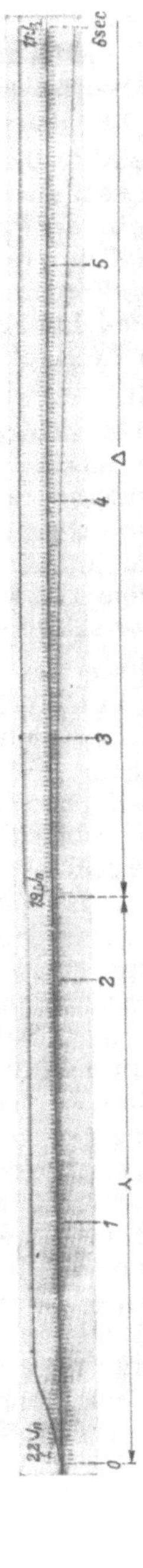

Bild 25. Sterndreieckanlauf eines Kurzschlußläufers 5,5 kW, 220/380 V, 1500 U/min mit mechanischem Anlasser gegen volles Moment.

drehungszähler hohe Werte zeigt, so erreichte man mit großer Sicherheit, daß die leerlaufenden Motoren schnellstens abgestellt würden, um den geldverbrauchenden Umdrehungszähler möglichst bald zum Stillstand zu bringen.

Die Abstellung der leerlaufenden Motoren muß aber auch betriebsmäßig bequem ausführbar sein. Hierfür sind sowohl von seiten des Betriebes wie bei der Projektierung Maßnahmen zu treffen. Bei Leonardumformern empfieblt es sich z. B., die Abstellung des Motors vom Führerstand der Fördermaschine oder der Walzenstraße zu ermöglichen, damit angesichts einer eintretenden Pause von dem führenden Maschinisten ein Leerlauf schnell und einfach unterbunden werden kann.

Selbsttätige Anlagen geben wohl hierbei die größten Möglichkeiten, da es ein leichtes ist, diese Anordnungen so auszuführen, daß bei Leerlauf die Maschinen stillgesetzt werden. Als Beispiel seien hier nur Kompressoren, z. B. Luftkompressoren, angeführt. Diese können, mit automatischen Anlaßvorrichtungen ausgerüstet, in Abhängigkeit von dem in den Sammelbehältern oder der Leitung vorhandenen Druck stillgesetzt werden und bei sinkendem Druck oder erhöhtem Luftbedarf selbsttätig sich wieder in Betrieb setzen.

Schwieriger ist dem Leistungsfaktor derjenigen Antriebe beizukommen, die mit Rücksicht auf die Betriebsverhältnisse längere Zeit oder bei hohen Raumtemperaturen oder größeren Höhenlagen dauernd unterbelastet laufen müssen. In diesen Fällen kann der Blindleistungsverbrauch durch *Herabsetzung der Spannung* eingeschränkt werden. Eine solche bewirkt eine Verminderung des Hauptfeldes in gleichem Maße, infolgedessen ist auch nur eine entsprechend kleinere magnetisierende Kraft notwendig. Da man sich bei einer solchen Maßnahme zumeist im gradlinigen Teil der Magnetisierungskurve bewegt (Bild 15), μ also konstant bleibt, so geht nach der Gleichung 19 der Blindleistungsverbrauch quadratisch mit der magnetisierenden Kraft, also quadratisch mit der Spannungsverminderung herab. Infolge dieser Abhängigkeit kann man durch verhältnismäßig geringe Herabsetzung der Klemmenspannung eines Motors seinen Leistungsfaktor ganz erheblich verbessern. Bei geringerer Spannung nimmt der Motor bei gleicher Leistungsführung natürlich einen höheren Strom auf. Obgleich die Kupferverluste, also die Stromwärme, quadratisch mit der Stromstärke steigen, kann eine solche Spannungsherabsetzung gefahrlos vorgenommen werden, da ja vor dieser Maßnahme der Motor nur mit einem Teil seines Vollaststromes beaufschlagt war. Ferner tritt gleichzeitig eine Verringerung der Gesamtverluste ein. Die Eisenverluste, die von der Sättigung, also der Feldstärke eines Motors höher als proportional abhängig sind, werden durch die Spannungherabsetzung ebenfalls in starkem Maße vermindert. Bei schwachen Belastungen haben die Eisenverluste weitaus den größten

Anteil an den Gesamtverlusten, infolgedessen kann die Steigerung der Kupferverluste nicht so sehr ins Gewicht fallen; die Ersparnis an Eisenverlusten bleibt fast stets größer als der Mehraufwand an Kupferverlusten. Die Gesamtverluste werden also kleiner und der Wirkungsgrad der Maschine wird besser. Die Spannungherabsetzung bringt ebenso wie die Umstellung von Motoren die gleichen Vorteile, nämlich die Verbindung eines besseren Leistungsfaktors mit einem höheren Wirkungsgrad. Der Spannungherabsetzung sind einmal durch die Erhöhung der Stromwärme Grenzen gesetzt, auf der andern Seite erniedrigt sich das Kippmoment in quadratischer Abhängigkeit von der Spannungherabsetzung; besonders bei Maschinen mit Belastungstößen oder Überlastungen darf die Spannungherabsetzung nur so weit getrieben werden, daß das notwendige Kippmoment noch vorhanden ist.

Die praktische Durchführung einer solchen Spannungherabsetzung bietet natürlich Schwierigkeiten, und diese sind der Grund, weshalb von einem so wirksamen Mittel nur verhältnismäßig wenig Gebrauch gemacht werden kann. Die Verminderung der Spannung kann bereits im Netz einer bestimmten Anlage vorgenommen werden, z. B. durch Umschaltung an den Transformatoren oder Regelung des Generators, wenn es sich um eine Anlage mit eigener Krafterzeugung handelt. Diese Spannungsverminderung an den Sammelschienen kommt hauptsächlich in Frage, wenn aus irgendwelchen Gründen, z. B. mit Rücksicht auf andere ferner liegende Stromabnehmer, die Spannung oberhalb der normalen liegt. Für Anlagen, in denen die meisten Motoren unterbelastet laufen und eine Umstellung der Motoren mit Rücksicht auf die Betriebsverhältnisse nicht vorgenommen werden soll, kann eine Herabsetzung der Netzspannung, etwa durch Umschaltung des Transformators, ganz erheblichen Vorteil bringen. Die schwache Belastung der Motoren kann dabei eine vorübergehende sein, wenn z. B. bei Fabrikationseinschränkung die Arbeitsmaschinen nicht ausgenutzt sind, es können aber auch Fälle eintreten, in denen bei hohen Raumtemperaturen die Motoren dauernd unterbelastet laufen. Namentlich im letzten Fall wird sich sogar ein Absatztransformator bezahlt machen, wenn die Umschaltmöglichkeiten am Transformator eine ausreichende Spannungserniedrigung nicht mehr hergeben. Bei Neuanlagen muß solchen Verhältnissen von vornherein Rechnung getragen werden, indem dieser Netzteil, der Motoren in Feuerungsanlagen, Rührwerken oder ähnliches speist, mit niedriger Spannung vorgesehen wird. Man hat dann den Vorteil, normale Motoren zu verwenden. Soll eine andere Netzspannung als die normale aber vermieden werden, so müssen die Motoren von vornherein für eine höhere Spannung gewickelt werden, so daß sie beim Anschluß an dieses Netz unter schwacher Belastung mit niedrigerer als ihrer Nennspannung laufen können. Es ist also nicht ausreichend, sich bei ungünstigeren Temperaturen oder größeren Höhenlagen dadurch zu helfen, daß man einfach eine größere Motortype wählt, sondern es müssen gleichzeitig die Blindleistungsverhältnisse berücksichtigt und durch andere Bemessung der Ständerwicklung eine Herabsetzung des Feldes vorgesehen werden. Dabei wird es in vielen Fällen möglich sein, mit der nächst höheren Normalspannung auszukommen, so daß man z. B. in 380 V-Netzen Motoren für 500 V verwendet und in 220 V-Netzen solche für 380 V.

Diese letzte Maßnahme kann auch nachträglich noch vorgenommen werden, denn sie entspricht der normalen *Stern-Dreieckschaltung*. Läuft z. B. ein Motor in Dreieckschaltung mit 380 V und schaltet man ihn in Stern um, so wird jede Ständerphase nunmehr nur noch mit 220 V gespeist, die Spannung also auf den $\sqrt{3}$. Teil herabgesetzt. Bild 26 zeigt diese Umschaltung für einen Motor, der mit $^1/_3$ Last laufen soll. Während bei Dreieckschaltung und dieser Last ein Leistungsfaktor von 0,75 und ein Wirkungsgrad von 0,9 vorhanden wäre, können diese Werte durch Betrieb in Sternschaltung auf 0,96 und 0,95 verbessert werden. Es ist bemerkenswert, daß in diesem Beispiel sogar ein höherer Leistungsfaktor und besserer Wirkungsgrad bei Teillast erreicht wird, als für Volllast vorgesehen war.

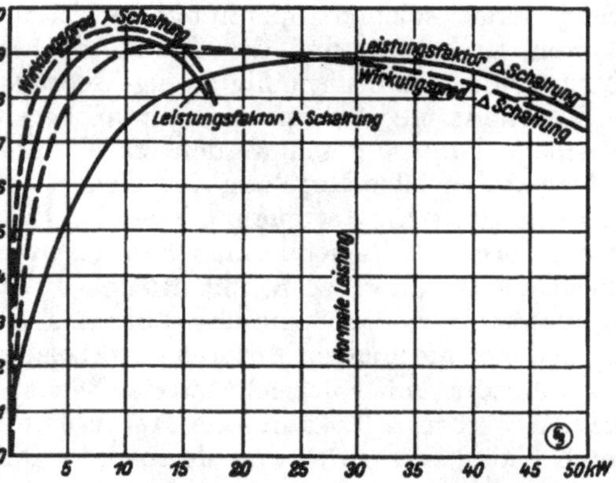

Bild 26. Verbesserung des Leistungsfaktors bei Stern-Dreieck-Umschaltung.

Die Dreieck-Stern-Umschaltung hat den großen Vorteil, daß sie eine abwechselnde Betriebsweise ermöglicht. Wird der Motor voll belastet, so schaltet man ihn in Dreieck, bei kleinem Leistungsverbrauch in Stern. Besonders bei landwirtschaftlichen und kleineren Betrieben, in denen derselbe Motor für verschiedene Arbeitsmaschinen verwendet wird, kann der wechselnde Dreieck- und Sternbetrieb einem ungünstigen Leistungsfaktor bei geringen Belastungen vorbeugen.

Die Herabsetzung der Feldstärke in Motoren kann auch durch Umschaltung von Wicklungsteilen geschehen. Läßt es die Art der Wicklung zu, so können parallele Wicklungszweige in Reihe geschaltet und dadurch die Windungszahlen und das Feld bei gleichbleibender Netzspannung auf die Hälfte oder weniger herabgesetzt werden. Eine solche Maßnahme ermöglicht es, nachträglich ohne Herabsetzung der Netzspannung und in Fällen, in denen eine Dreieck-Stern-Schaltung nicht möglich ist oder nicht ausreicht, den Leistungsfaktor zu verbessern. Die Wirkung einer solchen Umschaltung zeigt Bild 27. Hier mußten Motoren zum Antrieb von Rührwerken bei 500 V unter einer Raumtemperatur von 50 . . . 60° arbeiten. Die Leistungsabgabe betrug 4 kW. Mit Rücksicht auf die außerordentlich ungünstigen Temperaturverhältnisse wurden seinerzeit gewöhnliche Motoren für die normale Spannung von 500 V und 40 kW gewählt. Die Maschinen liefen infolgedessen nur mit 10 % ihrer Normallast und wiesen dementsprechend einen Leistungsfaktor von 0,22 und einen Wirkungsgrad von nur 0,54 auf. Da es sich um eine größere Anzahl von Motoren handelte, fiel dieser ganz außerordentlich hohe Blindleistungsverbrauch stark ins Gewicht. Die Wicklung der Maschinen ermöglichte aber eine Serienschaltung von parallel liegenden Wicklungsteilen, so daß die Maschinen nunmehr gleichsam mit halber Spannung, also mit $^1/_4$ des normalen Feldes betrieben werden konnten. Der Erfolg sowohl hinsichtlich des Leistungsfaktors als auch des Wirkungsgrades war durchschlagend, denn diese Werte wurden von 0,22 auf 0,67 bzw. von 0,54 auf 0,77 verbessert.

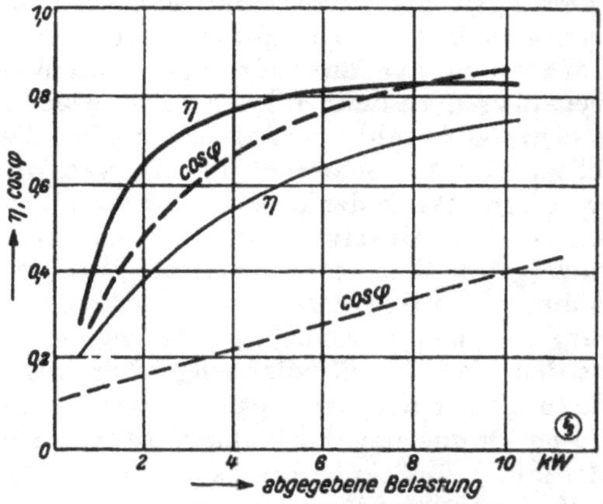

Bild 27. Verbesserung von Leistungsfaktor und Wirkungsgrad schwach ausgenutzter Motoren durch Serienschaltung der Ständerwicklungen.
——— Verlauf von η und $\cos\varphi$ nach der Umschaltung.
- - - -
—— Verlauf von η und $\cos\varphi$ nach der bisherigen Betriebsweise.
— —

Es steht also eine ganze Reihe von Mitteln zur Verfügung, um durch Beschränkung des Blindleistungsverbrauches, das ursprüngliche und naheliegendste Verfahren, den Leistungsfaktor zu verbessern. Mit diesen läßt sich nicht nur bei Neuanlagen viel erreichen, sondern auch unter bereits gegebenen Verhältnissen kann man oft ohne erheblichen Aufwand zum Erfolg kommen. Man darf es sich allerdings dabei nicht verdrießen lassen, die Verhältnisse in jedem Fall genau zu studieren und unter den Gesichtspunkten des Blindleistungsverbrauches zu untersuchen. Es mag vielleicht lächerlich erscheinen, besondere Mühe aufzuwenden, um den Leistungsfaktor kleiner und kleinster Motoren zu verbessern. Wenn man aber bedenkt, daß diese Motoren in ihrer Gesamtleistung einen erheblichen Teil der Gesamtbelastung mancher Netze ausmachen und daß es gerade diese kleinen Motoren sind, die als Hauptübeltäter den Leistungsfaktor verschlechtern, so wird man zugeben, daß eine bis in die Einzelheit der Blindleistungsfrage gehende Berechnung, Projektierung und Betriebsführung eine ganz wesentliche Beschränkung des Blindleistungsverbrauches jetzt und in Zukunft herbeiführen kann.

V. Mittel zur Blindleistungserzeugung.

Die Beschränkung des Blindleistungsverbrauches kann den Leistungsfaktor eines Netzes nur bis zu einem gewissen Grade verbessern. Durch diese oder jene Betriebsverhältnisse kann der Leistungsfaktor der verwendeten Maschinen und Apparate oft einen bestimmten Wert nicht übersteigen, andererseits hat man auf den Leistungsfaktor der Stromverbraucher nur noch insofern einen geringen Einfluß, als sich oft die Ausnutzung der blindleistungsbeschränkenden Erkenntnisse nur auf Neuanlagen ausdehnen kann. Es verbleiben also im Netz immer noch eine große Anzahl magnetischer Felder, die nicht zu umgehen sind und die zu ihrer Aufrechterhaltung eine verhältnismäßig große Blindleistung erfordern. Wenn der Leistungsfaktor dabei den für die Transformatoren und andere Übertragungsmittel wie besonders für die Generatoren günstigsten Wert unterschreitet, muß diesen die Blindleistung abgenommen und ihre Erzeugung an anderen Stellen als in den Generatoren vorgenommen werden. Die Erzeugung kann gleichzeitig so gewählt werden, daß die Blindleistung nicht mehr über die Transformatoren, Leitungen, Kabel usw. geleitet werden muß.

Dieser Forderung der Blindleistungserzeugung kommen diejenigen Maschinen und Apparate nach, die auf Grund ihres Aufbaues und mit Hilfe besonderer Mittel in der Lage sind, selbst für die Erzeugung ihres magnetischen Feldes zu sorgen oder sogar die Blindleistungserzeugung für andere Stromverbraucher mit zu übernehmen. Bei Maschinen nennt man allgemein denjenigen Vorgang, der die Aufrechterhaltung des magnetischen Feldes sicherstellt, die *Erregung*. Man bezeichnet eine Maschine, die aus dem Netz die gesamte zur Erzeugung ihres Feldes notwendige Blindleistung entnimmt, als *unerregt*. Tritt eine Erregung ein, die gerade zur Aufrechterhaltung des magnetischen Feldes genügt, so tritt ein Blindleistungsverbrauch aus dem Netz nicht ein, die Maschine läuft mit $\cos \varphi = 1$, sie ist also *voll erregt*. Wird die Erregung über diesen Wert hinaus gesteigert, so tritt gleichsam ein Magnetisierungsüberschuß in der Maschine ein, und dieser wirkt sich in einer Blindleistungsabgabe an das Netz, also in Blindleistungserzeugung aus. Die Maschine läuft dann mit voreilendem Leistungsfaktor ($\cos \varphi$ negativ), sie ist *übererregt*. Läuft eine Maschine in diesem übererregten Zustande, ohne daß sie durch Wirkleistung generatorisch oder motorisch belastet wird, so dient sie lediglich der Blindleistungserzeugung; sie läuft mit $\cos \varphi = 0{,}0$ voreilend, wenn man von den Verlusten absieht. Für

Maschinen, die nur diesem Zweck dienen, hat man den Ausdruck *Blindleistungsmaschine* geschaffen.

Es sei schon hier darauf hingewiesen, daß man den Ausdruck der Blindleistungserzeugung nicht bloß auf diejenigen Maschinen ausdehnen kann, die tatsächlich mit voreilendem Leistungsfaktor laufen, also Blindleistung an das Netz abgeben, sondern man kann unter Blindleistung erzeugenden Maschinen alle diejenigen zusammenfassen, die überhaupt eine eigene Erregung besitzen. Wird in einem Netz eine Maschine erregt, so bedeutet das auf jeden Fall eine Entlastung der Generatoren von Blindleistung, es wird also die für diese Maschinen notwendige Blindleistungserzeugung in diese selbst hineingelegt. Deshalb kann man auch hier von einer Blindleistungserzeugung sprechen, wenn auch diese im Netz nicht in Erscheinung tritt, sondern sich innerhalb der Maschine mit deren Blindleistungsverbrauch ausgleicht. Rechnerisch kann man für ein Netz diese Blindleistungserzeugung mit demjenigen Blindleistungswert einsetzen, von dem das Netz durch die Erregung entlastet wird.

Für den an sich elektrisch und physikalisch richtigen Ausdruck der Erregung ist in der Praxis vielfach derjenige der Kompensierung getreten. Die Wirkungen des Feldes und des schlechten Leistungsfaktors zu kompensieren, war die Aufgabe der Blindleistungserzeugung und aus diesem Grunde spricht man von der *Kompensierung* eines Motors, wenn ihm z. B. durch eine Erregermaschine die notwendige Erregung zugeführt wird. Unter kompensierten Motoren versteht man gemeinhin Motoren, die bei Vollast mit $\cos\varphi = 1$ laufen. Dementsprechend braucht man für übererregte Maschinen auch den Ausdruck überkompensiert. Diese andere Benennung des Erregervorganges hat gegenüber der Bezeichnung Erregung keinen Vorteil. Sie verleitet im Gegenteil sehr oft zur Verwechslung mit anderen Erscheinungen, die nach älterem Recht in der Elektrotechnik mit dem Ausdruck Kompensierung belegt sind. Hier handelt es sich um die Aufhebung des Ankerfeldes durch eine besondere auf dem Ständer aufgebrachte Kompensationswicklung. Da derartige Wicklungen auch bei Erregermaschinen gebraucht werden, so kann Mißverständnissen nur vorgebeugt werden, wenn man den Ausdruck Kompensierung nach Möglichkeit nur in dieser feldaufhebenden Wirkung gebraucht.

Die Erregung von Maschinen geschieht dadurch, daß ihnen besondere Erregerströme zugeführt werden, deren Amperewindungen die Erzeugung des magnetischen Feldes übernehmen. Ein solcher Erregerstromkreis setzt sich aus Ohmschem und induktivem Widerstand zusammen. Da die Erregerstromstärken bei normaler Periodenzahl etwa bei 50 und 60 % des Vollastwirkstromes liegen, der Erregerstrom aber nur die geringe Wirkleistung der Erregerverluste führt, überwiegt der induktive Widerstand ωL bei weitem den Ohmschen Widerstand.

Diese natürliche Eigenschaft aller Maschinen, die sich z. B. in dem außerordentlich schlechten Leistungsfaktor eines leerlaufenden Drehstrommotors ausdrückt, gibt die Möglichkeit, die Erregung, d. h. die Blindleistungserzeugung mit außerordentlich geringen Mitteln vorzunehmen. Die Erregerspannung beträgt

$$E_e = J_e \sqrt{R^2 + (\omega L)^2}. \qquad (20)$$

Gelingt es, die Erregung mit niedriger Frequenz vorzunehmen, so wird das Glied ωL entsprechend kleiner, und da es bei normaler Periodenzahl das Ohmsche Glied R bei weitem überwiegt, geht die aufzuwendende Spannung, d. h. die aufzuwendende Erregerblindleistung nach BkVA nahezu im Verhältnis der Periodenzahlen zurück.

Erregt man einen Asynchronmotor im Schlupfstromkreis, also mit 1 Periode in der Sekunde anstatt vom Ständer aus mit 50 Hertz, so braucht man unter Außerachtlassung der Verluste nur $^1/_{50}$ derjenigen Blindleistung, die die Maschine sonst aus dem Netz bezieht. Man kommt also mit außerordentlich kleinen Erregermaschinen aus, die in ihrer Scheinleistung nur etwa 2 . . . 5 % der Hauptmaschine betragen. Am geringsten wird natürlich die Erregerleistung, wenn sie mit der Periodenzahl Null, also mit Gleichstrom vorgenommen wird. Dies ist gleichzeitig der älteste Weg, der zur Erregung und damit zur Blindleistungserzeugung zur Verfügung steht.

Bei jeder erregten Maschine muß das durch die Erregerströme entstehende Feld genau synchron mit dem Ständerfeld umlaufen. Wird der Läufer einer Drehstrommaschine mit Gleichstrom erregt, so ist das Erregerfeld räumlich fest mit dem Läufer verbunden, der Läufer muß also genau mit dem Ständerfeld sich drehen, er läuft also *synchron*. Wird eine Drehstrommaschine mit einer gewissen Periodenzahl, z. B. mit Drehstrom erregt, so hat das Erregerfeld gegenüber dem Läufer eine gewisse Drehzahl, nämlich diejenige seiner Periodenzahl. Der Läufer braucht sich also nicht synchron mit dem Ständer zu drehen, er kann um die Periodenzahl des Erregerstromes schlüpfen, er läuft *asynchron*. Wird dabei Sorge getragen, daß die Erregerperiodenzahl jeden beliebigen Wert annehmen kann und sich dabei stets der Drehzahl des Asynchronmotors, also der Schlupfperiodenzahl anpaßt, so wird der Motor durch die Drehstromerregung in seiner Drehzahlcharakteristik nicht beeinträchtigt, er läuft trotz seiner Erregung als freie asynchrone Drehstrommaschine.

Die selbsttätige Anpassung der Erregerfrequenz an den Schlupf der Asynchronmaschine muß durch einen Frequenzumformer erreicht werden; als solcher kommt praktisch nur der *Kommutator* in Frage. Dies ist der Grund, weshalb für die gesamte Drehstromerregung von Asynchronmaschinen stets Kommutatoren oder besondere Kommutatormaschinen angewendet werden müssen.

a) Synchron laufende Maschinen.

(Gleichstromerregung.)

Synchronmaschinen.

Die Blindleistungserzeugung wird in gewöhnlichen Netzen durch den Generator, der als *Synchronmaschine* ausgebildet ist, übernommen. Es war der nächstliegende Weg, diesen Generatoren die Blindleistung dadurch abzunehmen, daß man die gleiche Art der Blindleistungserzeugung an anderer Stelle des Netzes benutzte und Synchronmotoren zur Aufstellung brachte. Die Synchronmaschine hat einen Läufer mit ausgeprägten Polen, die auf ihren Schenkeln die Erregerwicklung tragen. Der für die Erregung notwendige Gleichstrom kann einem Gleichstromnetz entnommen werden, das aber nur in den seltensten Fällen vorhanden ist; die Maschinen werden deshalb mit an- oder eingebauten besonderen Gleichstrom-Erregermaschinen ausgeführt (Bild 28 und 29). Die Verwendung anderer Stromquellen zur Erregung bietet bei der Synchronmaschine die Möglichkeit, die Verwendung eines Kommutators vollständig zu umgehen, und zeichnet sie hierdurch vor fast allen erregten Drehstrommaschinen aus.

Bild 28. Synchronmaschine mit eingebautem Eigenerreger.

Synchronmotoren werden normalerweise für volle Erregung, also $\cos \varphi = 1$ bei Vollast bemessen. Sie haben in dieser Anordnung ein Kippmoment von etwa 180 %, das bei gewöhnlichen Antrieben genügt. Für starke Überlastungen ist der gewöhnliche Synchronmotor nicht geeignet, da er dann außer Tritt fällt und stehen bleibt. Auch für Maschinen mit hohen Ungleichförmigkeitsgraden ist der Synchronmotor zunächst nicht geeignet, es müssen dann große zusätzliche Schwungmassen eingebaut werden, um z. B. bei Kompressorantrieben die Verwendung von Synchronmotoren zu ermöglichen. Infolge der starren Abhängigkeit des Läufers vom Ständerdrehfeld und der Netzperiodenzahl gibt der Synchronmotor die grundsätzliche Möglichkeit des elastischen Ausgleichs zwischen kinetischen Energien der mit seiner Welle umlaufenden Massen und elektrischen Energien des Netzes. Unter ungünstigen Bedingungen gibt diese elastische Kupplung der beiden

Energiebereiche die Möglichkeit zum Pendeln. Der Verwendung des Synchronmotors sind also bereits aus diesen Betriebseigenschaften gewisse Grenzen gezogen.

Wird ein Synchronmotor mit Übererregung betrieben, so bessern sich diese Verhältnisse, indem das Kippmoment gesteigert wird und auch ein höherer Ungleichförmigkeitsgrad zugelassen werden kann. Die Übererregung bedeutet gleichzeitig eine Blindleistungserzeugung. Die Ausnutzung der Synchronmaschine im Ständer wird durch ihre Scheinleistung, also die geometrische Summe aus Wirk- und Blindleistung, bestimmt. Je größer die Blindleistungserzeugung, also je kleiner verhältnismäßig die Wirkleistung ist, desto höher muß die Erregung sein, um die volle Ausnutzung der Maschine zu erreichen. Bei gleichem Modell kann infolge dieser stärkeren Erregung die gleiche kVA-Zahl wie beim Betrieb mit $\cos\varphi = 1$ nicht erreicht werden.

Bild 29. Synchronmaschine mit angebautem Eigenerreger.

Maschinen, die bei Volllast mit $\cos\varphi = 1$ laufen sollen, können also nicht ohne weiteres im Leerlauf auf volle Ausnutzung gebracht werden, da hierfür weder die Erregermaschine noch die Erregerwicklung bemessen ist. Maschinen für Blindleistungserzeugung müssen besonders hierfür hergestellt werden. Daraus folgt, daß eine für eine bestimmte kVA-Zahl bei hohem Blindleistungsanteil bestimmte Maschine teurer ist als eine solche, die bei gleicher kVA-Zahl nur für Wirkleistung bemessen ist.

Andererseits besteht aber auch eine gewisse Beschränkung insofern, als ein als Blindleistungsmaschine gebauter Synchronmotor bei Betrieb mit $\cos\varphi = 1$ mechanisch nicht die volle Typenleistung abgeben kann. Dies hängt in vielen Fällen schon mit dem mechanischen Aufbau zusammen, denn bei Blindleistungsmaschinen können die umlaufenden Teile erheblich schwächer ausgeführt werden.

Der Leistungsfaktor und die Blindleistungserzeugung einer Synchronmaschine ist abhängig von ihrer Belastung. Der Blindleistungsbedarf der Maschine selbst wird um so kleiner, je geringer sie mit Wirkleistung beansprucht ist. Bei konstanter Erregung tritt also bei Entlastung ein immer stärker werdender Blindleistungsüberschuß auf, der sich in voreilenden Leistungsfaktorwerten ausdrückt. Aus Bild 30 geht hervor, daß bei Vollerregung der Leistungsfaktor zunächst nur verhältnismäßig langsam mit der Entlastung steigt, während bei einer Erregung von $\cos \varphi =$ 0,7 voreilend bei Vollast ein fast geradliniger Verlauf der Leistungsfaktorkurve erreicht wird. In Bild 31 ist die Blindleistungserzeugung für die gleichen Verhältnisse wie in Bild 30 dargestellt. Hierbei sind bei $\cos \varphi = 1$ die Verhältnisse bei Entlastung nicht so schlecht, wie sie nach der Leistungsfaktorkurve scheinen. Die Steigerung der Blindleistung in BkVA verhält sich für die Erregungen 1,0, 0,9 und 0,7 etwa gleich. Es ist dies wiederum ein Beispiel, daß nach den Leistungsfaktorwerten die Verhältnisse der Blindleistungserzeugung nicht einwandfrei beurteilt werden können.

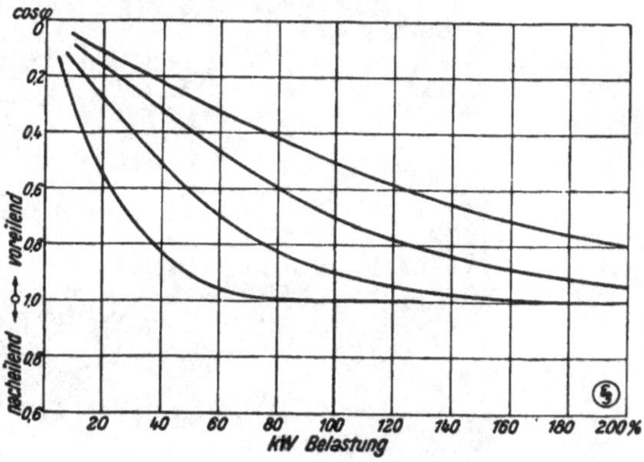

Bild 30. Charakteristischer Verlauf der cos φ-Kurve eines Synchronmotors bei konstanter Erregung für cos φ = 1, 0,9 0,7, 0,5 voreilend bei Vollast.

Einer allgemeinen Anwendung der Synchronmaschine stehen ihre ungünstigen Anlaufverhältnisse gegenüber. Eine stillstehende, ans Netz gelegte Synchronmaschine entwickelt kein Drehmoment, sie muß durch besondere Mittel zum synchronen Lauf gebracht werden. Hierzu steht z. B. der Anwurfmotor zur Verfügung, jedoch wird durch diesen die Baulänge erheblich vergrößert und ein Synchronisierungsvorgang läßt sich dabei kaum umgehen. Besonders bei größeren Maschinen erfordert dann die Inbetriebnahme gut geschultes Personal. Der Synchronmotor kann aber auch mit Hilfe eines Dämpferkäfigs wie ein Kurzschlußläufermotor hochgefahren werden. In die Polschuhe werden hierzu blanke

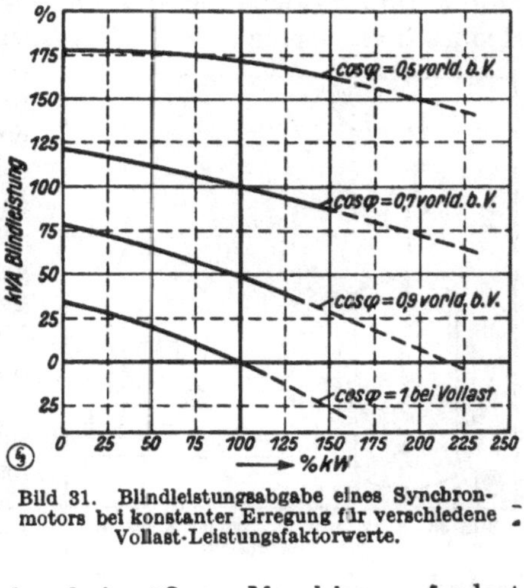

Bild 31. Blindleistungsabgabe eines Synchronmotors bei konstanter Erregung für verschiedene Vollast-Leistungsfaktorwerte.

Kupferstäbe eingezogen, die an beiden Seiten durch Ringe zu einem Käfig verbunden sind (Bild 32). Diese Anordnung, die bei Synchronmaschinen sonst zur Dämpfung der Pendelungen angewendet wird, wirkt

Bild 32. Ständer und Läufer eines Selbstanlauf-Synchronmotors.

als Kurzschlußwicklung, wenn der Ständer ans Netz gelegt wird. Der Motor läuft also hoch, wird in der Nähe des Synchronismus mit Gleichstrom schwach erregt und zieht sich selbsttätig in die synchrone Drehzahl hinein. Die Erregung wird dann nachträglich auf den normalen Wert eingestellt. Wie bei jedem Kurzschlußmotor muß aber dabei der ganz außerordentlich hohe Kurzschlußstrom der Maschine in Kauf genommen werden. Die Vorschriften der Elektrizitätswerke machen die Verwendung dieses Anlaufverfahrens nur dann möglich, wenn das Hochfahren mit einer Teilspannung geschieht. Man muß deshalb einen besonderen Anlaßtransformator (Bild 33) vorsehen, der, als Spartransformator ausgeführt, mit einer, seltener auch zwei Anlaßstufen die Anlaufströme der Synchronmaschine auf ein erträgliches Maß herabsetzt. Mit der Herabsetzung der Spannung sinkt aber gleichzeitig das Drehmoment in quadratischer Abhängigkeit. Wenn man den 1,5 bis 2,5fachen Nennstrom beim Anlassen nicht überschreiten will, kann das Anlauf-

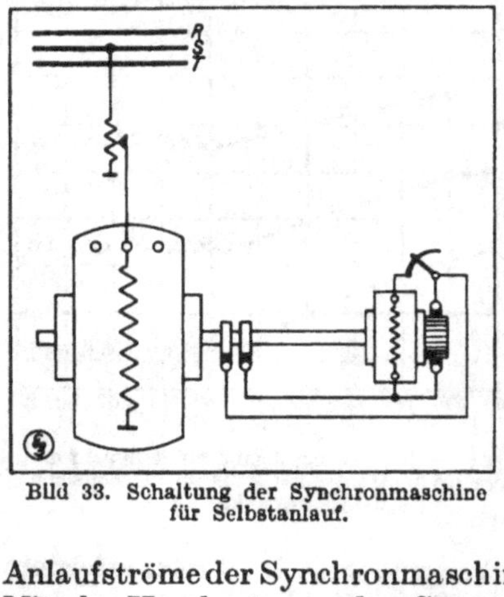

Bild 33. Schaltung der Synchronmaschine für Selbstanlauf.

moment 30 % nicht übersteigen. Bei kleineren Leistungen bis etwa 50 kW kann an Stelle des Anlaßtransformators Stern-Dreieckschaltung vorgesehen werden, auch Reihen-Parallelschaltung führt zum Ziel, wenn bei gerader Polpaarzahl die Ständerwicklung geeignet ausgeführt ist. Abgesehen von der Verteuerung des Antriebes durch diese besonderen und umständlichen Anlaßapparate bedeutet das geringe Anlaufmoment des Synchronmotors eine wesentliche Beschränkung für die Anwendung.

In Amerika erfreut sich trotz allem die Synchronmaschine der weitestgehenden Verwendung. Man geht dabei auf weit höhere Anlauf-

Bild 34. Synchrone Blindleistungsmaschine 8000 BkVA, 11000 V, 50 Hertz, 750 U/min.

momente und nimmt die hierbei auftretenden starken Stromstöße in Kauf, während die deutschen Elektrizitätswerke in bezug auf Stromschwankungen im allgemeinen wesentlich vorsichtiger sind. Ferner nutzen die Amerikaner diese Maschinen geringer aus, wenn sie mit hohem Ungleichförmigkeitsgrad rechnen müssen, und haben sich auf diesem Wege den Synchronmotor in weiterem Maße dienstbar gemacht.

Die ersten *Blindleistungsmaschinen* wurden als leerlaufende Synchronmaschinen ausgeführt, und diese Anordnung hat sich neben der jüngeren asynchronen Blindleistungsmaschine auch heute noch eine gewisse

Bedeutung erhalten. Es wurden große Einheiten aufgestellt, die die Blindleistungserzeugung ganzer Netzteile übernehmen (Bild 34). Bei solchen Maschinen, die zum Teil Tag und Nacht in Betrieb sind, kommt es auf geringe Eigenverluste an, die sich bei den großen Ausführungen in den Grenzen von etwa 3 . . . 4 % halten. Die Blindleistungserzeugung muß sich bei derartigen Maschinen natürlich nach den Betriebsverhältnissen im Netz richten, da ein Überschuß an Blindleistung die Spannung der Generatoren in die Höhe treibt. Es werden deshalb vielfach solche Anlagen mit *selbsttätigen Regeleinrichtungen* ausgerüstet, die in Abhängigkeit von bestimmten Betriebswerten die Erregung und damit die Blindleistung regeln. Man kann diese Reglung durch einen Schnell- oder Eilregler direkt in Abhängigkeit von der Spannung vornehmen. Handelt es sich um Anlagen, bei denen vertraglich die Einhaltung eines bestimmten Leistungsfaktors vorgeschrieben ist, so kann auch die selbsttätige Regelung in Abhängigkeit vom Leistungsfaktor der verbrauchenden Anlage erfolgen. Bild 35 zeigt eine solche Anordnung. Ein leerlaufender Synchronmotor ist über einen Anlaß-

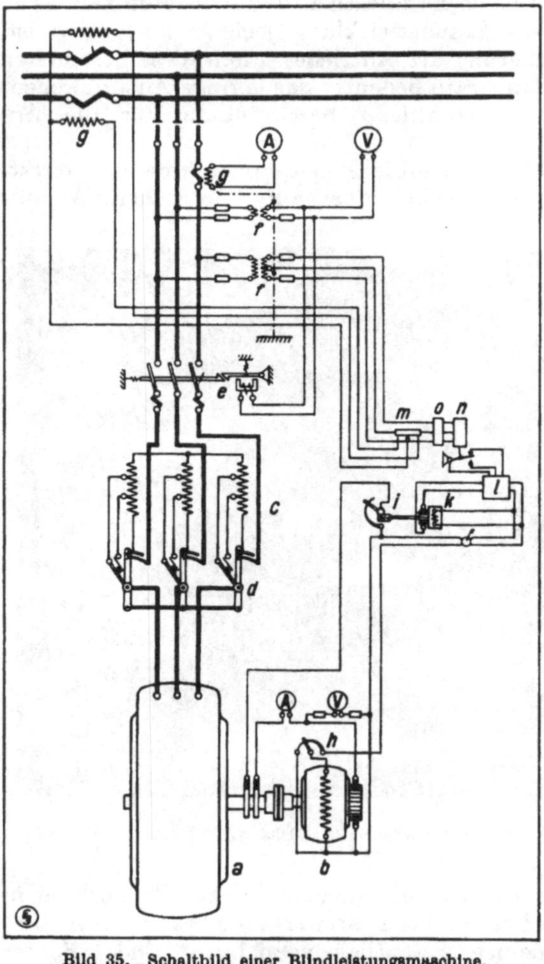

Bild 35. Schaltbild einer Blindleistungsmaschine.
a = Blindleistungsmaschine, b = Erregermaschine, c = Anlaßtransformator, d = Stufenschalter, e = Hauptölschalter, f = Spannungswandler, g = Stromwandler, h = Nebenschlußregler, i = Erregerstromregler, k = Verstellmotor, l = Schaltwerk, m = Phaseneinsteller, n = Phasenrelais, o = Vorschaltwiderstand.

transformator an das Netz gelegt, seine Erregermaschine wird durch einen Eilregler gesteuert. Dieser Eilregler erhält seine Kommandos von einem besonderen Phasenrelais, das den Leistungsfaktor des aus dem Netz bezogenen Stromes mißt. Überschreitet dieser einen bestimmten Wert, z. B. 0,8, so wird die Erregung und damit die Blindleistungserzeugung vermindert, umgekehrt wird auch ein zunehmender Blindleistungsverbrauch, also ein sinkender Leistungsfaktor der Anlage durch entsprechende Steigerung der Erregung selbsttätig wieder ausgeglichen. Es wird hierdurch ermöglicht, ohne jede Bedienung den

Bild 36. Synchrongenerator 20000 kVA, $\cos \varphi = 0,7$, 10000 V, 50 Hertz, 500 U/min.

vertragsmäßig festgelegten Leistungsfaktor selbsttätig aufrechtzuerhalten.

Wie bei jeder Blindleistungserzeugung liegt das vorteilhafteste Anwendungsgebiet dort, wo die Synchronmaschine gleichzeitig mit Wirk- und Blindleistung belastet wird. Dies ist sowohl bei Motoren wie bei Generatoren der Fall. Für Umformermotoren, von denen nur ein geringes Anlaufmoment verlangt wird und die gleichzeitig Blindleistung erzeugen, also z. B. mit $\cos \varphi = 0,7$ voreilend arbeiten sollen, ist der Synchronmotor geeignet. Bei Generatoren wird vielfach eine über das gewöhnliche Maß hinausgehende Blindleistungserzeugung verlangt. So sollen sie z. B. in bestimmten Betriebszeiten als reine Blindleistungsmaschinen laufen. Dieser Betrieb ist besonders wirtschaftlich, wenn in der antreibenden Kraftmaschine, z. B. Wasserturbine, eine billige Deckung der Eigenverluste zur Verfügung steht und der Generator für diesen Betrieb bemessen ist. Bild 36 zeigt eine der größten Maschinen dieser Art, einen Einphasengenerator für Wasserturbinenantrieb, der für eine Dauerleistung von 20000 kVA bei $\cos \varphi = 0{,}7$ gebaut ist und der, als reine Blindleistungsmaschine laufend, 19000 BkVA abzugeben imstande ist. So spielt die Synchronmaschine trotz aller jüngeren Anordnungen für die Blindleistungserzeugung in größten Einheiten eine wesentliche Rolle.

Synchronmotor mit Anlaufwicklung.

Die schlechten Anlaufverhältnisse des Synchronmotors gaben Veranlassung, eine Maschinenart zu entwickeln, die sich von der Synchronmaschine mit Selbstanlauf eigentlich nur dadurch unterscheidet, daß an Stelle des kurzgeschlossenen Dämpferkäfigs eine besondere Anlaufwicklung tritt, die mit Schleifringen verbunden ist. Diese *Synchronmotoren mit Anlaufwicklung* (Bild 37 und 38) haben ebenfalls ausgeprägte Pole, die auf ihren Schenkeln die Gleichstrom-Erregerwicklung tragen. In den Polschuhen tritt an Stelle des Dämpferkäfigs die Anlaufwicklung. Zur Begrenzung des Anlaufstromes sind die Polschuhe verbreitert und die Polzwischenräume auf ein Mindestmaß gebracht. Das Anlassen dieser Motoren geschieht in gleicher Weise wie beim gewöhnlichen Drehstrommotor dadurch, daß an die Schleifringe angeschlossene Anlaßwiderstände allmählich ausgeschaltet werden. Der Motor läuft dann mit geringem Schlupf und zieht sich nach Einschalten der Gleichstromerregung selbsttätig in den Synchronismus hinein. Die nunmehr kurzgeschlossene Anlaufwicklung übernimmt die Rolle des Dämpferkäfigs wie bei gewöhnlichen Synchronmaschinen.

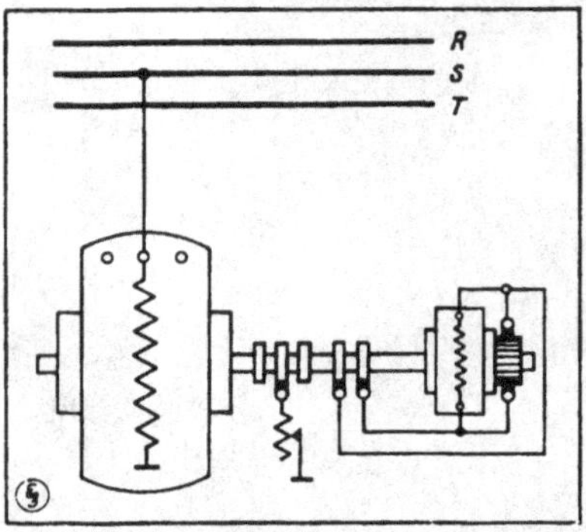

Bild 37. Schaltung des Synchronmotors mit Anlaufwicklung.

Bild 38. Läufer des Synchronmotors mit Anlaufwicklung.

Das Kippmoment dieser Motoren ist mit 170 % etwas niedriger als das des Synchronmotors. Das Synchronisierungsmoment ist etwa das normale, die Motoren können also unter dem normalen Arbeitsmoment in Betrieb gehen. Das Anlaufmoment bei den niedrigen Drehzahlen beträgt etwa das 1,8 . . . 2fache des normalen. Die Blindleistungscharakteristik (Bild 39) ist ungünstiger als bei Synchronmaschinen, die Blindleistungserzeugung bei Entlastung ist verhältnismäßig gering; für stärkere Blindleistungsabgabe sind die Maschinen nicht geeignet.

Der Synchronmotor mit Anlaufwicklung wurde für 1000 und 750 U/min entwickelt und für Leistungen bis zu 700 kW ausgeführt. Seine Vorteile sind durch neuere Maschinen zum großen Teil ebenfalls erreicht, seine Verwendung wird deshalb beschränkt bleiben.

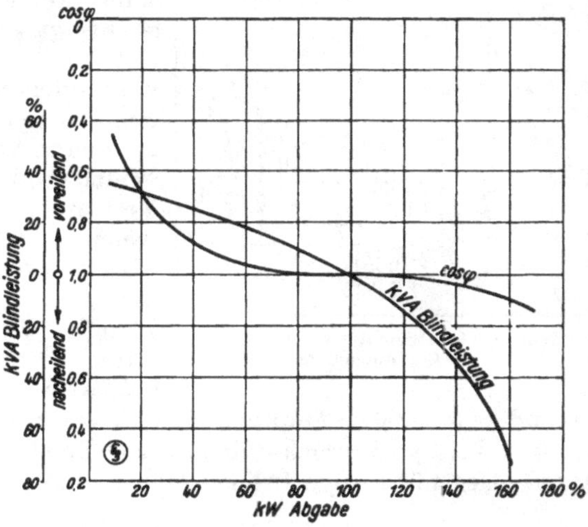

Bild 39. Leistungsfaktor und BkVA-Aufnahme bzw. -Abgabe eines Synchronmotors mit Anlaufwicklung.

Der synchronisierte Asynchronmotor.

Der naheliegende Gedanke, für den Selbstanlauf eines Synchronmotors die gleiche Wicklung im induzierten Teil zu benutzen, die später den erregenden Gleichstrom führt, wurde bereits 1900 von *Danielson* angegeben. Der konstruktive Ausgangspunkt für diese Maschine ist nicht wie beim Synchronmotor mit Anlaufwicklung die Synchronmaschine, sondern die Asynchronmaschine. Beschickt man die Läuferwicklung einer Asynchronmaschine mit Gleichstrom, so ist die Möglichkeit des synchronen Laufes bei gutem Leistungsfaktor gegeben. Derartige Maschinen hat man *synchronisierte Asynchronmotoren* genannt. Den Aufbau zeigt Bild 40. Mit der Asynchronmaschine ist eine selbsterregte Gleichstrom-Erregermaschine gekuppelt, deren Bürsten in eine Phase zwischen Schleifringe und Anlasser des Hauptmotors gelegt sind. Bei ausgeschaltetem Regler der Gleichstrommaschine wird der synchronisierte Asynchronmotor mit einem gewöhnlichen Anlasser auf seine normale asynchrone Drehzahl gebracht. Der Schlupfstrom einer Phase durchläuft dabei den Läufer der Erregermaschine. Wird nun die Gleichstrommaschine durch Einstellen des Reglers zur Selbsterregung gebracht, so fließt ein Gleichstrom in der einen Phase zum Sternpunkt des Läufers und durch die beiden andern Läuferphasen über den kurzgeschlossenen

Anlasser zur Erregermaschine zurück. Unter dem Einflusse dieses Gleichstroms zieht sich der Motor selbsttätig in den Synchronismus hinein.

Da der Motor wegen des asynchronen Anlaufs im Läufer mit geringem Widerstand ausgeführt werden muß, kommen Erregermaschinen mit sehr niedrigen Spannungen, etwa 10 . . . 15 V, zur Verwendung. Wenn dies für den Bau der Erregermaschine selbst keine Schwierigkeit bedeutet, so bringt es doch den Nachteil mit sich, daß eine Fremderregung aus vorhandenen Netzen unwirtschaftlich ist. Es müßten die gesamte Restspannung von 100 bis 200 V in einem Widerstand vernichtet und dadurch Verluste erzeugt werden, die die Anwendung solcher Maschinen verhindern würden.

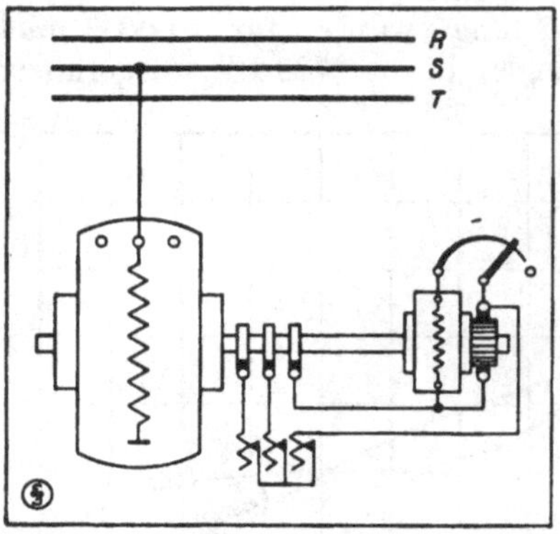

Bild 40. Schaltung des synchronisierten Asynchronmotors.

Durch die Parallelschaltung zweier Phasen wird der Widerstand im Läufer weiter verringert. Man erhält aber in dieser Anordnung eine besonders günstige Dämpfung, so daß von besonderen Maßnahmen wie Käfigen bei Synchronmaschinen gegen Pendeln usw. abgesehen werden kann. Gegenüber Synchronmaschinen hat der synchronisierte Asynchronmotor eine bessere Ausnutzung des Läufers aufzuweisen, da die Verteilung der Wicklung in Nuten weniger Platz erfordert als der Aufbau der Erregerwicklung auf den Polschenkeln. Eine weitere Verbesserung der Verhältnisse wird durch eine ungleichmäßige Nutung im Läufer erreicht (Bild 41); man erhält dabei eine Anordnung ähnlich, wie sie bei Turbogeneratoren gebraucht wird. Da es sich um Blindleistung erzeugende Maschinen handelt, die auch mit voreilendem Leistungsfaktor, also hoher Erregung laufen sollen, fallen diese Möglichkeiten der hohen Läuferausnutzung außerordentlich ins Gewicht. Eine solche Maschine zeichnet sich durch zwei Kippmomente aus. Überschreitet die Belastung das synchrone Kipp-

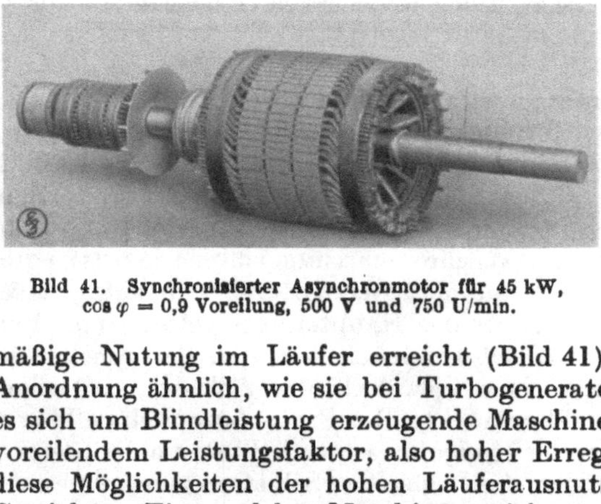
Bild 41. Synchronisierter Asynchronmotor für 45 kW, $\cos\varphi = 0{,}9$ Voreilung, 500 V und 750 U/min.

moment, so fällt der synchronisierte Asynchronmotor wie jede Synchronmaschine außer Tritt. Sie geht aber nicht wie diese bis zum Stillstand herab, sondern läuft unter Wirkung der kurzgeschlossenen Läuferwicklung mit geringem Widerstand im asynchronen Betrieb schlüpfend weiter. Erst bei weiter steigender Belastung wird das asynchrone Kippmoment erreicht, nach dessen Überschreitung die Maschine zum Stillstand kommt. Dies bedeutet eine Erhöhung der Betriebsicherheit. Der asynchrone Betrieb bringt aber infolge der Überlagerung des Gleichstroms im Läufer beträchtliche Stromschwankungen mit sich, man soll es deshalb betriebsmäßig auf das Außertrittfallen nicht ankommen lassen, sondern die Reserve des

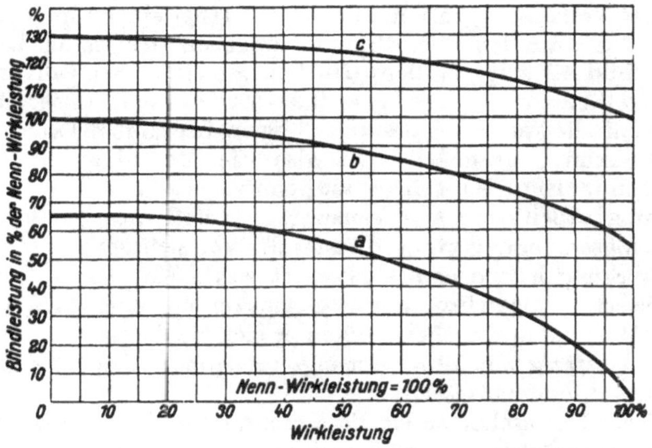

Bild 42. Blindleistung eines synchronisierten Asynchronmotors in Abhängigkeit von der Wirkleistung bei konst. Erregerstrom.
a = Erregerstrom b. Nennleist. für $\cos\varphi = 1$
b = „ „ „ „ $\cos\varphi = 0{,}9$ Voreilung
c = „ „ „ „ $\cos\varphi = 0{,}75$ „

asynchronen Kippmomentes sich nur für außerordentliche Betriebszustände vorbehalten. Anders liegen die Verhältnisse, wenn infolge Versagens der Gleichstrom-Erregermaschine der Motor im asynchronen Betrieb gefahren werden muß. Infolge der ungleichmäßigen Ausbildung der Läuferwicklung werden auch hier geringe Schwankungen im Ständerstrom auftreten, jedoch überschreiten diese kein zulässiges Maß, der Motor bleibt trotz Ausfall der Erregung voll betriebsfähig. Dies bedeutet besonders gegenüber den kompensierten Kommutatormotoren einen wesentlichen Vorteil, da der synchronisierte Asynchronmotor von allen Kommutatorschwierigkeiten im Notfall unabhängig ist.

Die Höhe des synchronen Kippmomentes, die für die Anwendung und Auswahl der Maschinentype maßgebend ist, hängt von der Erregung

ab. Bei gleichen Verhältnissen, z. B. $\cos \varphi = 1$ (gleicher Luftspalt), ist der synchronisierte Asynchronmotor im Kippmoment dem Synchronmotor unterlegen, es würde nur das 1,21fache des normalen betragen. Durch Vergrößerung des Luftspaltes oder Verstärkung der Magnetisierung hat man es in der Hand, diesem Nachteil zu begegnen. Eine noch höhere Magnetisierung, d. h. eine höhere Erregung bei gleichbleibendem Luftspalt bringt den Vorteil mit sich, daß infolge dieser Übererregung Blindleistung an das Netz abgegeben wird.
Da diese Maschinen ausschließlich bei schlechten Leistungsfaktorverhältnissen zur Verwendung kommen, ist diese Erzeugung von Blindleistung erwünscht, man hat deshalb die Reihen dieser synchronisierten Asynchronmotoren von vornherein auf einen voreilenden Leistungsfaktor von 0,9 bei Vollast aufgestellt und erhält dabei ein Kippmoment vom 1,5fachen des normalen. Die Blindleistungsverhältnisse bei Entlastung sind, wie Bild 42 zeigt, außerordentlich günstig. Bei Entlastung des Motors und Erregung auf $\cos \varphi = 0{,}9$ voreilend bei Vollast (Kurve b) steigt die Blindleistungsabgabe bei völligem Leerlauf bis auf 100 % der Nennwirkleistung; nach kVA ist also die Maschine blindleistungserzeugend nur 10 % schlechter ausgenutzt, als wenn sie mit voller Wirkleistung arbeitet. Bemerkenswert ist, daß diese Steigerung der Blindleistungserzeugung völlig selbständig vor sich geht, also ohne daß an der Erregung irgend etwas geändert wird. Man kann deshalb den synchronisierten Asynchronmotor gleichsam als eine sich selbst belastende Maschine ansprechen, indem er sich bei Entlastung von Wirkleistung selbsttätig mit Blindleistungserzeugung nahezu bis zur vollen Ständerausnutzung belastet.
Infolge dieser Eigenschaften ist die Maschine für alle Zwecke der Blindleistungserzeugung hervorragend geeignet. Bereits im normalen Betrieb bei $\cos \varphi = 0{,}9$ voreilend gibt die Maschine 49 % ihrer aufgenommenen Wirkleistung, also mehr als 50 % ihrer Nennleistung in BkVA, an das Netz ab. Ferner kann sie auch als reine Blindleistungsmaschine verwendet werden, ohne daß Sonderkonstruktionen notwendig sind. Am günstigsten werden wie immer die Verhältnisse, wenn die Maschine gleichzeitig mit Wirk- und Blindleistung beansprucht wird. Bild 43 zeigt die Ausnutzungsmöglichkeit mit Wirkleistung, wenn gleichzeitig verschiedene Blindleistungsmengen erzeugt werden sollen. Die Abszisse gibt an, wieviel Prozent der Nennwirkleistung noch abgegeben werden können, wenn die Blindleistung (L_B) zur Wirkleistung (L_W) in einem bestimmten Verhältnis steht. Die Kurve gilt für Motoren, die ihre Nennleistung bei $\cos \varphi = 0{,}9$ voreilend abgeben. Wird z. B. von einem Motor, der mit 40 kW beansprucht ist, gleichzeitig eine Blindleistungserzeugung von 50 BkVA verlangt, so beträgt das Verhältnis $L_B : L_W = 1{,}25$. Diesem Wert entspricht nach der Kurve eine Wirkleistungsausnutzung von 60,5 % der Nennleistung, es muß also ein Modell

der Größe 40 : 0,605 = 66 kW gewählt werden. Der Anlauf des synchronisierten Asynchronmotors unterscheidet sich von dem des selbstanlaufenden gewöhnlichen Synchronmotors dadurch, daß die Erregung beim Synchronisieren von vornherein auf ihren höchsten Wert eingestellt werden kann. Während beim Synchronmotor der Synchronisierungsvorgang mit etwa 15 bis 20 % der normalen Erregerstromstärke geschehen muß, wenn er einwandfrei glücken soll, ist das synchronisierende Moment des synchronisierten Asynchronmotors um so höher, je stärker er erregt wird. Bei der normalen Erregung für einen Vollastleistungsfaktor von 0,9 voreilend entwickelt er beim Synchronisieren das 1,3- bis 1,4-

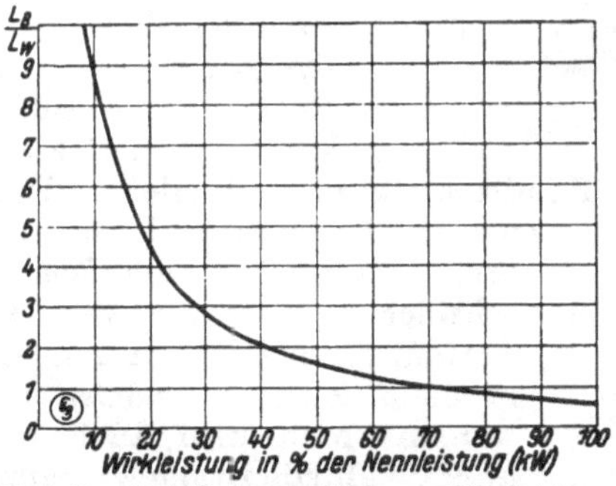

Bild 43. Verhältnis von Wirk- zu Blindleistung eines synchronisierten Asynchronmotors.

fache des normalen Momentes. Ist die Maschine für eine größere Blindleistungsabgabe vorgesehen, arbeitet sie z. B. bei Vollast mit $\cos\varphi = 0{,}75$, so steigt das synchronisierende Moment auf den 1,56fachen Wert des normalen. Der Synchronisierungsvorgang selbst geht schnell und ohne wesentliche Schwankungen des Ständerstromes vor sich (Bild 44). Ohne Pendeln des Läufers und ohne jede Geräuschbildung tritt der synchrone Lauf wenige Sekunden nach dem Einschalten der Gleichstromerregung ein, so daß sich äußerlich dieser Vorgang durch nichts verrät.

Die Erregermaschine kann mit dem Motor selbst gekuppelt oder auch mit einem kleinen Antriebsmotor besonders aufgestellt werden. Im Bereich normaler Maschinenleistungen wird die Erregermaschine

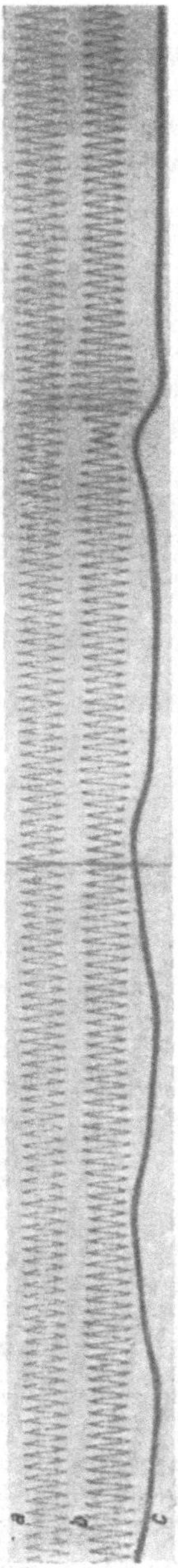

Bild 44. Synchronisierter Asynchronmotor 40 kW, 380 V, 1000 U/min. Synchronisierungsvorgang bei Belastung mit Nenndrehmoment. a = Ständerspannung, b = Ständerstrom, c = Läuferstrom.

wie bei Synchronmaschinen an das Lagerschild des Hauptmotors direkt angebaut (Bild 45). Bei größeren Leistungen bleibt die Erregermaschine als besondere Einheit bestehen.
Im Betrieb wird eine Regelung der Blindleistung in manchen Fällen vorteilhaft sein. In den gewöhnlichen Ausführungen ist dieser Regelbarkeit durch die Charakteristik der Gleichstrommaschine eine Grenze gesetzt, da diese im geraden Teil ihrer magnetischen Charakteristik nicht stabil arbeitet. Durch die Anwendung von Isthmuspolen, die sich kaum teurer als gewöhnliche Pole stellen, kann aber eine Regelbarkeit in weiten Grenzen erzielt werden. Die Regelung der Blindleistung kann gefordert sein, um im Netz einen Überschuß an Blindleistung zu verhindern. Unter Umständen müßten die Generatoren entregt werden und würden dadurch ihre Stabilität einbüßen. Durch schwächere Erregung der synchronisierten Asynchronmotoren kann der normale Zustand wieder hergestellt werden. Man wird auch vermeiden, unnötig Blindleistung zu erzeugen, da die höhere Erregung und die stärkere Beanspruchung des Ständers höhere Verluste zur Folge hat. In Bild 46 ist der Unterschied im Wirkungsgrad der Maschine gezeigt, wenn einmal mit günstigster Erregung, also maximal möglicher Blindleistungserzeugung, das andere Mal mit konstantem Leistungsfaktor gefahren wird.

Bild 45. Synchronisierter Asynchronmotor.

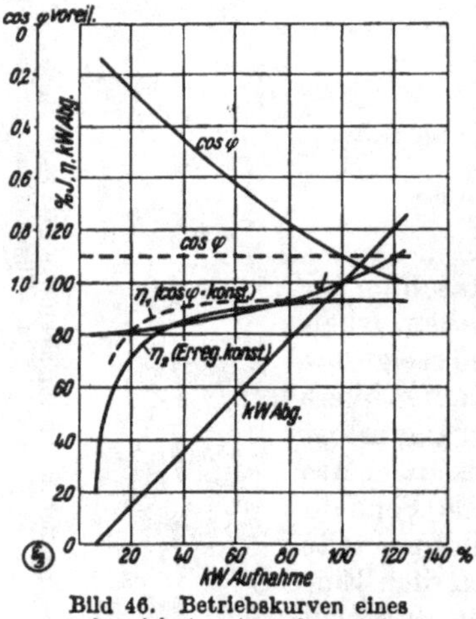

Bild 46. Betriebskurven eines synchronisierten Asynchronmotors.

Man sollte synchronisierte Asynchronmotoren in ihrer Erregung nur dann in weiteren Grenzen regelbar machen, wenn dies unbedingt notwendig ist. Mit der Erregung sinkt das Kippmoment, und es besteht besonders bei wechselnd belasteten Motoren die Gefahr, daß sie infolge zu schwacher Erregung außer Tritt fallen. Dies bringt infolge der Stromschwankungen Unruhe in das Netz und vernichtet vor allem den Rest der Blindleistungserzeugung.

Der synchronisierte Asynchronmotor hat sich in Deutschland, besonders aber im Auslande, in vielen Anordnungen bis zu mehreren 1000 kW bewährt. War er zunächst infolge seines verhältnismäßig niedrigen Kippmomentes hauptsächlich für gleichmäßig durchlaufende Antriebe, wie z. B. Ventilatoren und Rotationspumpen bestimmt, so hat doch die Praxis gezeigt, daß er wegen seiner guten Dämpfung auch für ungleichförmig laufende Maschinen, wie Kolbenkompressoren usw., mit gutem Erfolge verwendet werden kann. Zur Blindleistungserzeugung hat sich die Maschine vorzüglich bewährt, vor allem ist sie imstande, für benachbarte Maschinen mit schlechtem Leistungsfaktor die notwendige Blindleistung aufzubringen. Die Verwendung des synchronisierten Asynchronmotors erfährt aber eine gewisse Einschränkung dadurch, daß ihm bei höheren Leistungen, von etwa 300 kW ab, im Asynchronmotor mit Drehstrom-Erregermaschine ein Konkurrent erwächst, der bei gleichen oder niedrigeren Preisen den Nachteil des synchronen Laufes vermeidet.

Einankerumformer.

Die Verwendung von *Einankerumformern* ist für die Blindleistungsverhältnisse im Netz günstig, da sie bei allen Betriebszuständen etwa mit $\cos\varphi = 1$ laufen, selbst also Blindleistung nicht verbrauchen. Wenn ein Gesamtleistungsfaktor von etwa $\cos\varphi = 0{,}8$ erreicht werden soll, bewirkt der mit $\cos\varphi = 1$ laufende Einankerumformer sogar eine Verbesserung des Gesamtleistungsfaktors.

Es liegt der Gedanke nahe, Einankerumformer ebenso wie Synchronmotoren mit voreilendem Leistungsfaktor arbeiten zu lassen. Dies führt aber zu Schwierigkeiten hinsichtlich der Regelung und außerdem zu unverhältnismäßig großen Umformern. Bei der durch die Blindleistungserzeugung verursachten Phasenverschiebung des Wechselstroms im Läufer heben sich Gleichstrom und Wechselstrom nicht mehr in der bekannten Weise auf; die entstehenden Rest- oder Summenströme beanspruchen die Läuferwicklung unverhältnismäßig hoch, so daß z. B. ein für $\cos\varphi = 0{,}8$ voreilend bemessener Einankerumformer nahezu doppelt so groß sein wird, als wenn er für $\cos\varphi = 1$ gebaut wäre. Auch die Kommutierungsverhältnisse werden natürlich durch diese besonderen Stromverhältnisse im Läufer beeinträchtigt.

Einankerumformer, die mit Drosselspulen arbeiten, werden in ihrer Spannung durch die Gleichstromerregung geregelt. Durch Einstellung verschiedener Leistungsfaktoren des aufgenommenen Drehstroms wird eine Veränderung des Spannungsabfalls in der Drosselspule bewirkt und dadurch eine Änderung der Gleichstromspannung hervorgerufen. Bei einer Spannungsregelung schwankt also der Leistungsfaktor. Wird für den Leistungsfaktor ein bestimmter Wert vorgeschrieben, so kann eine derartige Regelung nicht stattfinden. Bei der Verwendung von Drehtransformatoren müßte bei Regelung der Spannung stets der Leistungsfaktor besonders nachgeregelt werden. Auch eine Veränderung der Blindleistungserzeugung würde stets eine unerwünschte Spannungsänderung mit sich bringen.

Alle diese Verhältnisse beschränken den Wert des Einankerumformers als Blindleistungserzeuger auf den Betrieb mit $\cos\varphi = 1$.

b) Asynchron laufende Maschinen.

(Drehstromerregung.)

Das äußere Kennzeichen jeder *Drehstromerregung* ist der *asynchrone Betrieb*. Die erhöhte Beanspruchung der Verteilungsanlagen, der Zusammenschluß von Netzen größter Leistungen hat die asynchrone Betriebsart zu erhöhter Bedeutung gebracht. Abgesehen von den besonderen Vorteilen der einzelnen asynchronen Maschinenanordnungen, wie sie im folgenden behandelt werden, sind es die Unzulänglichkeiten der synchron laufenden Maschinen, die den asynchronen den Vorzug geben. Die elastische, aber doch schlupflose synchrone Kupplung der Drehzahl mit der Netzfrequenz stellt eine Anordnung dar, die mit einer langen Welle zu vergleichen ist, an deren Enden Schwungmassen über Schraubenfedern gekuppelt sind. Alle Ungleichförmigkeiten des Netzes (der Welle) übertragen sich durch die elastischen Kupplungen auf die Schwungmassen und bringen diese zum Schwingen. Bei der großen Verschiedenheit der mit Schwungmassen versehenen taktgebenden Kraft- und Arbeitsmaschinen, Gasmaschinen, Kompressoren usw., besteht immer die Gefahr einer Resonanz. In diesem Fall verstärkt sich das Pendeln der kinetischen Energie aus dem Netz in die Schwungmassen und umgekehrt, bis so hohe Stromstärken erreicht sind, daß die Sicherheitsapparate auslösen. Durch den nachträglichen Einbau taktgebender, z. B. Kolbenmaschinen, können bisher ruhig laufende Synchronmaschinen plötzlich zum Pendeln gebracht werden.

Die betriebsmäßigen Frequenz- und Spannungschwankungen, die durch Kurzschlüsse, Anlassen größter Maschinen (z. B. Lokomotiven) verursacht werden, sind den Synchronmaschinen gefährlich. Ändert sich z. B. bei einem Kurzschluß oder beim Abschalten eines solchen plötzlich die Vektorlage der Netzspannung, so können synchronlaufende Maschinen, besonders Einankerumformer, diesem schnellen Vorgang oft nicht folgen und fallen außer Tritt. Knickt die Spannung auch nur wenige Sekunden zusammen, so wird bereits dies die Außerbetriebsetzung sämtlicher synchron laufender Maschinen zur Folge haben.

Diese Erscheinungen sind nicht neu. Durch den Zusammenschluß und die höhere Ausnutzung der Netze haben sich aber diese Betriebstörungen

vermehrt und an manchen Stellen zu größten Schwierigkeiten geführt. Die umständliche Inbetriebnahme der synchron laufenden Maschinen einschließlich Einankerumformer tut ein übriges, um die Betriebstörungen recht fühlbar werden zu lassen.
Der asynchrone Betrieb kennt die elastische Kupplung der Schwungmassen mit der Netzperiodenzahl nicht. Trotz der Erregung dieser Maschinen bleibt die Drehzahl völlig frei. Infolgedessen sind alle diese Schwierigkeiten von vornherein ausgeschlossen. Darüber hinaus erwächst der Drehstromerregung eine besondere Rolle, wenn die Drehzahl nicht nur innerhalb der normalen Schlupfgrenze schwanken soll, sondern wenn sie durch besondere Mittel in weiten Grenzen regelbar gemacht wird. Die Drehstromerregung ist in der Lage, diesen Drehzahlschwankungen nachzukommen und die Asynchronmaschine jeweils mit der gerade vorhandenen Schlupfperiodenzahl zu speisen. Sie ermöglicht dadurch das Arbeiten der verlustlos regelbaren Drehstromantriebe bei fast allen Belastungen mit $\cos \varphi = 1$.
Die Gebiete der Drehzahlregelung und der Erregung von Drehstrommaschinen hängen außerordentlich eng zusammen. Da erst verhältnismäßig spät die Blindleistungsfrage aufgeworfen wurde, hat die Entwicklung sogar zuerst die Drehzahlregelung der Asynchronmaschine vorwärts getrieben, und die Erregung konnte aus den großen Arbeiten und Erfahrungen, die auf diesem Gebiet bereits vorlagen, Nutzen ziehen. Nur so ist es zu erklären, daß in Deutschland innerhalb weniger Jahre eine so ungeheure Arbeit auf dem Gebiet der Drehstromerregung geleistet worden ist.

Die eigenerregte Drehstrom-Erregermaschine.

Die älteste und für lange Zeit die einzige Drehstrom-Erregermaschine wurde von *Leblanc* angegeben. Bereits einige Jahre vor dem Kriege wurden diese Maschinen in Deutschland gebaut und waren unter dem Namen „*Phasenschieber*“ bekannt. Da dieser Ausdruck schließlich für jedes Mittel angewendet wurde, das zur Verbesserung des Leistungsfaktors geeignet war, wurde auch jede Synchronmaschine, die mit mehr oder weniger voreilendem Leistungsfaktor lief, als „Phasenschieber“ bezeichnet. Der dadurch eingetretenen Verwirrung der Begriffe konnte nur durch die Festlegung neuerer Bezeichnungen gesteuert werden. Man hat den Namen „Phasenschieber“ überhaupt aufgegeben und spricht bei leerlaufenden Synchronmotoren von Blindleistungsmaschinen, bei Hilfsmaschinen, die die Erregerströme von Schlupfperiodenzahlen für den sekundären Stromkreis einer Asynchronmaschine erzeugen, von Erregermaschinen. Da aus bekannten Gründen der dreiphasigen Ausführung des asynchronen Läufers der Vorzug zu geben ist, so sind bisher eigentlich ausschließlich *Drehstrom-Erregermaschinen* gebaut worden. Die *eigenerregte Drehstrom-Erregermaschine* ist vielleicht die einfachste Maschine des Elektromaschinenbaues. Sie besteht im wesentlichen nur aus einem Läufer mit Kommutator und Wicklung, besitzt also nur einen einzigen Stromweg (Bild 47). Die auf dem Kommutator schleifenden Bürsten werden mit den Schleifringen des zu erregenden Hauptmotors verbunden (Bild 48). In der Erregermaschine liegt also der zweite Sternpunkt des sekundären Stromkreises. Der Schlupfstrom, der in der Läuferwicklung der Erregermaschine fließt, erzeugt ein Drehfeld, das räumlich mit Schlupfperiodenzahl umläuft. Da die Bürsten die räumlichen Verhältnisse dieses Drehfeldes bestimmen, bleibt diese Drehzahl des Drehfeldes stetig, also unabhängig von der Drehzahl der Erregermaschine bestehen. Im Stillstand der Erregermaschine werden die Läuferstäbe durch das Drehfeld geschnitten, hierdurch wird eine EMK erzeugt. Wir haben es also mit einer Drosselspule zu tun, deren

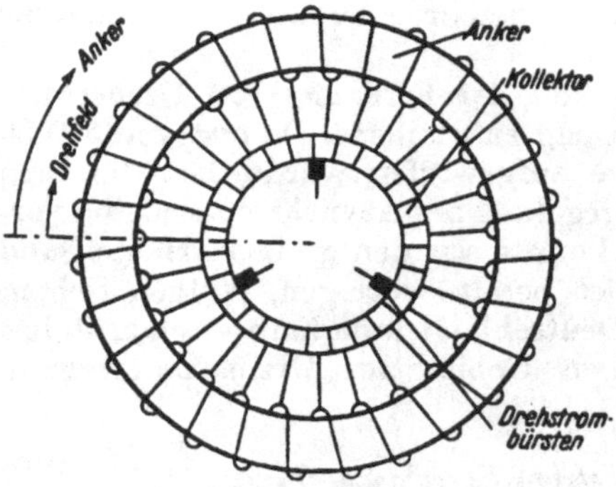

Bild 47. Wirkungsweise der eigenerregten Drehstrom-Erregermaschine.

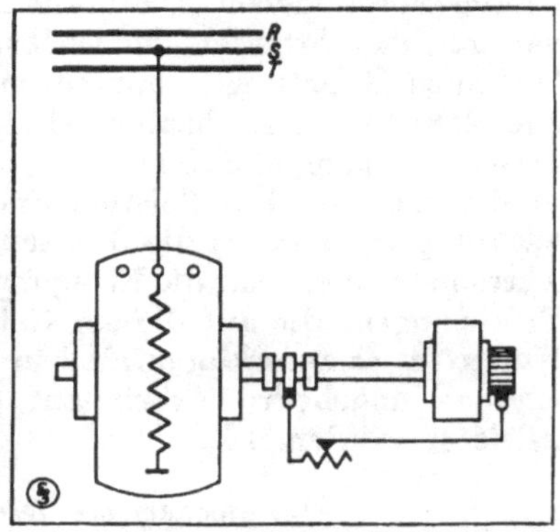

Bild 48. Schaltung des Asynchronmotors mit eigenerregter Drehstrom-Erregermaschine.

induktive Spannung eine entsprechende Phasenverschiebung verursacht; die Erregermaschine wirkt in diesem Zustande blindleistungsverbrauchend. Wird jetzt die Erregermaschine im gleichen Sinne wie das Drehfeld angetrieben und erhält der Läufer die gleiche Geschwindigkeit wie das Drehfeld, so werden die Läuferstäbe vom Feld nicht mehr geschnitten, es tritt also eine induktive Wirkung nicht mehr auf, da im Ausdruck des induktiven Widerstandes ωL die Frequenz, also auch ω Null geworden ist. Wird jetzt aber der Läufer schneller gedreht als das Drehfeld, so tritt eine umgekehrte Relativgeschwindigkeit zwischen Läuferstäben und Drehfeld ein. Die hierdurch induzierte Spannung ist entgegengesetzt der im Stillstand entstehenden, da in dem Wert ωL ω sein Vorzeichen gewechselt hat. Die Erregermaschine ist in diesem Zustand als negativer induktiver Widerstand aufzufassen, sie erzeugt eine Spannung, die dem Schlupfstrom um 90° voreilt und einen ebenso gerichteten, also erregenden Strom im sekundären Kreis des Asynchronmotors bewirkt.

Damit die durch den Schlupfstrom erzeugten Amperewindungen ein Feld größerer Stärke hervorrufen können, muß diesem ein Eisenweg gegeben werden. Die einfachste Ausführung besteht darin, daß in einer solchen Maschine geschlossene Nuten vorgesehen sind, die verhältnismäßig tief unter der Ankeroberfläche liegen. Das über der Wicklung bis zum Rande stehende Eisen genügt dann, um einen geringen magnetischen Widerstand herzustellen. Bei der Verwendung offener Nuten kann auch ein besonderer lamellierter Eisenring auf dem Läufer aufgezogen werden. Solche Anordnungen legen aber der Dimensionierung gewisse Einschränkungen auf, da die durch die Bürsten jeweils kurzgeschlossenen Spulen der Läuferwicklung auf einen Eisenweg geringsten

Bild 49. Einzelteile der eigenerregten Drehstrom-Erregermaschine.

Widerstandes arbeiten und die Kommutierungsverhältnisse hierdurch verschlechtert werden. Man hat sich deshalb entschlossen, einer solchen Maschine einen besonderen wicklungslosen Ständer zu geben. Durch Vergrößerung oder Verkleinerung des Luftspaltes hat man es in der Hand, die Höhe der Erregerspannung und die Eisenwirkung auf die kurzgeschlossenen Spulen entsprechend abzugleichen. Man kann bei diesen Ständern sogar von einer Lamellierung absehen.

Bild 49 zeigt eine solche Erregermaschine in zerlegtem Zustande. Es ist dies eine ältere Ausführung, bei der noch ein weiteres Mittel zur Verbesserung der Kommutierung angewendet wurde. Hier ist das wicklungslose Blechpaket des Ständers mit Wendenuten versehen, so daß der magnetische Widerstand für die kurzgeschlossenen Spulen nochmals wesentlich erhöht ist. Bild 50 zeigt eine neuere Ausführung. Die verhältnismäßig niedrige Spannung dieser Erregermaschinenart äußert sich im Überwiegen der stromführenden, also der Kupfer-Teile. Der Ständer und besonders das Eisenpaket nehmen unverhältnismäßig kleine Abmessungen an. Dementsprechend muß durch ausreichende Sicherung der Bürstenträger, gute Ventilation und freie Lage des Kommutators für erschütterungsfreien Lauf der Bürsten und Kühlung gesorgt werden.

Bild 50. Eigenerregte Drehstrom-Erregermaschine mit Fremdantrieb, 600 A, 750 U/min.

Die Spannung einer solchen Erregermaschine ist dem Feld und der Schnittgeschwindigkeit dieses Feldes mit den Läuferstäben proportional. Das Feld wird durch den Schlupfstrom hervorgerufen, ist also um so größer, je höher der Hauptmotor belastet wird. Dies bedeutet eine Abhängigkeit der Erregung von der Belastung. Sinkt diese, so geht der Schlupfstrom und damit das Feld der Erregermaschine zurück. Die Erregerspannung und der Erregerstrom werden kleiner, infolgedessen sinkt der Leistungsfaktor dieser Anordnung bei Entlastung. Bild 51 zeigt diese Verhältnisse. Der sinkenden Erregerleistung entspricht gleichzeitig ein sinkender Blindleistungsverbrauch des Motors. Infolgedessen macht sich bei Entlastung die schwächere Erregung im Leistungsfaktor nicht sofort bemerkbar, sondern bei Motoren hoher Drehzahl bleibt er etwa zwischen 50 ... 125 % Belastung praktisch auf dem Wert 1. Erst unterhalb dieser Leistungsgrenze sinkt er schnell, bis er im Leerlauf nahezu den Leistungsfaktor des unerregten Motors erreicht.

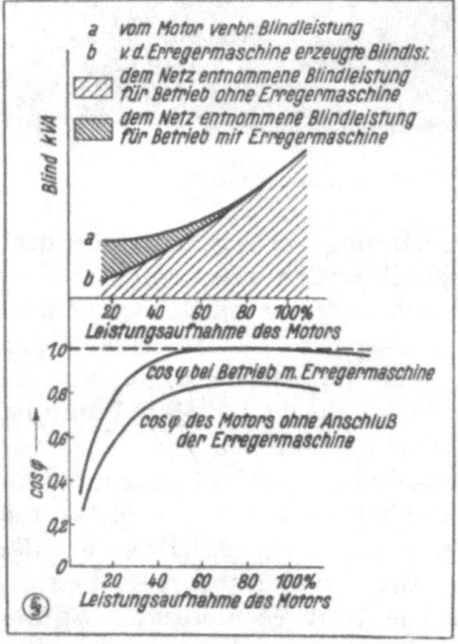

Bild 51. Verbesserung des Leistungsfaktors durch eigenerregte Drehstrom-Erregermaschine.

Diese charakteristische Eigenschaft schränkt die Verwendung der eigenerregten Drehstrom-Erregermaschine ein. Ihre Wirkung wird nur dann ausgenutzt, wenn eine Belastung von 50 % während des größeren Teiles der Betriebszeit sichergestellt ist. Für wechselnde Belastungen wie z. B. bei Umformermotoren ist die eigenerregte Drehstrom-Erregermaschine nicht am Platze. Es ist dabei zu bedenken, daß leerlaufende Drehstrommotoren gerade die Hauptübeltäter sind und daß bei Anwendung irgendwelcher blindleistungerzeugender Mittel der schlechte Leistungsfaktor im Leerlauf vermieden werden sollte.

Tritt die Entlastung während längerer Betriebszeit ein, so kann auch bei kleineren Leistungen als 50 % ein guter Leistungsfaktor erzielt werden. Schaltet man z. B. den Ständer des Hauptmotors von Dreieck auf Stern, so wird sein Magnetisierungsbedarf entsprechend dem Verhältnis von verketteter und Sternspannung geringer, und die von der Erregermaschine gelieferte Leistung genügt dann in vielen Fällen, um auch in Stunden schwacher Belastung einen erträglichen Leistungsfaktor zu erzielen.

Ein anderer Angriffspunkt liegt in der Drehzahl der Erregermaschine. Wird diese gesteigert, so nimmt die Relativgeschwindigkeit zwischen Drehfeld und Läuferstäben in der Erregermaschine zu, die Erregerspannung wird erhöht und ermöglicht auch bei kleinen Schlupfströmen, also niedriger Amperewindungszahl, eine ausreichende Erregung. Beide Hilfsmittel machen aber besondere Eingriffe in den Betrieb notwendig. Es bedarf auch besonderer Vorsichtsmaßnahmen, die bei Wiedereintreten der höheren Belastung die stärkere Erregerschaltung unmöglich machen.

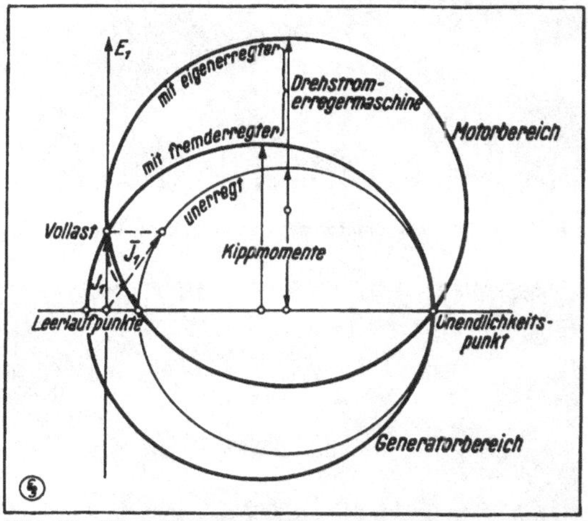

Bild 52. Stromdiagramme der erregten Asynchronmaschine.

Ein wesentlicher Vorteil der eigenerregten Drehstrom-Erregermaschine besteht in der starken Erhöhung des Kippmomentes für den zu erregenden Motor. Bild 52 zeigt im Kreisdiagramm die Drehmomentenverhältnisse des erregten und unerregten Asynchronmotors. Für beide Kreise gelten im Leerlauf die gleichen Verhältnisse, da eine Erregung dort nicht stattfindet, ebenso ist ihnen der Unendlichkeitspunkt gemeinsam. Bei Vollast läuft der gewöhnliche Asynchronmotor mit dem Strom J_1, also dem Leistungsfaktor φ, während die eigenerregte

Bild 53. Asynchronmotor mit direkt gekuppelter eigenerregter Drehstrom-Erregermaschine.

Bild 54. Asynchronmotoren 300 kW, 5000 V, 166 U/min
50 Hertz; cos $\varphi = 1$ durch eigenerregte Drehstrom-Erregermaschinen.

Drehstrom-Erregermaschine den Leistungsfaktor bei Vollast auf 1 bringt. Der größte Abstand der Kreise von der Abszissenachse ergibt in beiden Fällen ein Maß für das Kippmoment. Diese wesentlich gesteigerte Überlastungsfähigkeit des Hauptmotors bei Erregung erklärt sich dadurch, daß die schädliche Wirkung der Streuspannungen infolge des geringeren Ständerstromes des Hauptmotors und infolge der besonderen Verhältnisse der eigenerregten Drehstrom-Erregermaschine herabgesetzt werden. In manchen Fällen ermöglicht dieses höhere Kippmoment die Verwendung kleinerer Motoren. Muß bei der Bemessung eines elektrischen Antriebes weniger die Erwärmung als ein besonders hohes Drehmoment im Betrieb berücksichtigt werden, so kann dieser Forderung oft schon genügt werden, wenn an den gewöhnlichen Motor nur eine eigenerregte Drehstrom-Erregermaschine angebaut wird. Der in Bild 52 gezeigte Verlauf des Ständerstromes ist ein ideeller. Unter dem Einfluß der magnetischen Sättigung verläuft tatsächlich die Stromlinie nach der gestrichelten Kurve. Hierdurch treten in Wirklichkeit günstigere Leistungsverhältnisse ein, als das ohne Berücksichtigung der Sättigung aufgestellte Kreisdiagramm angibt.

Auch die Erwärmungsverhältnisse des Asynchronmotors werden durch die Erregung beeinflußt. Der verminderten Strombeanspruchung des Ständers ($\cos \varphi = 1$) entspricht eine stärkere Erwärmung des Läufers, denn dieser hat jetzt zusätzlich den Erregerstrom zu führen. An sich bedeutet dies eine schwächere Beanspruchung für die ganze Maschine, da der Läufer besser gelüftet ist und die Ausnutzung des Läufers zumeist von vornherein geringer angenommen wird als die des Ständers. Diese Tatsache ermöglicht fast in jedem Fall den nachträglichen Anbau einer Erregermaschine, die den Leistungsfaktor des Hauptmotors auf $\cos \varphi = 1$ bringt. In manchen Fällen mag es sogar möglich sein, die Erregermaschine so stark zu bemessen, daß man den Hauptmotor auf voreilende Werte erregt. Man soll jedoch beim nachträglichen Anbau von Erregermaschinen vorsichtig sein, denn der Zustand einer längere Zeit in Betrieb befindlichen Maschine ist selten so einwandfrei zu bestimmen, daß man eine Mehrbelastung über $\cos \varphi = 1$ hinaus verantworten kann. Auch ist zu berücksichtigen, daß die Schleifringe des Vordermotors für dauernden Betrieb geeignet sein müssen und daß sie vor allem einen weit höheren Strom als den bisherigen Läuferstrom zu führen haben. In vielen Fällen wird beim nachträglichen Anbau der Erregermaschine eine Verstärkung zumindesten des Bürstenapparates notwendig sein.

Den Antrieb der eigenerregten Drehstrom-Erregermaschine übernimmt am einfachsten der Hauptmotor selbst (Bild 53). Dies setzt aber voraus, daß der Hauptmotor mit einer für die Erregermaschine möglichen und auch wirtschaftlichen Drehzahl läuft. Außerdem müssen die Betriebsverhältnisse hinsichtlich Sauberkeit und Trockenheit diese direkte Kupplung gestatten. Ist dies nicht der Fall oder läßt der Platz die Vergrößerung der Baulänge durch die Erregermaschine nicht zu, so ist es ohne weiteres möglich, diese durch einen besonderen Motor anzutreiben. Er kann am gleichen Netz wie der Hauptmotor oder, wenn dieser am Hochspannungsnetz liegt, von irgendeiner anderen zur Verfügung stehenden Niederspannung oder sonstigen Kraftquelle angetrieben werden (Bild 54). Bei Säuren, Staub usw. ermöglicht dieser Fremdantrieb die Aufstellung des Erregersatzes in besonders geschützten Räumen. Bei kleinen Erregermaschinen wird der Antriebsmotor konstruktiv mit der Erregermaschine vereinigt und an das eine Lagerschild angeflanscht (Bild 55). Man erhält hierdurch eine außerordentlich einfache Anordnung mit geringstem Platz- und Fundamentbedarf.

Bild 55. Eigenerregte Drehstrom-Erregermaschine mit angeflanschtem Antriebsmotor, 260 A, 1000 U/min.

Bei kleinsten Erregermaschinen, bei denen eine besondere Aufstellung einen unverhältnismäßigen Aufwand bedeutet, ist man denselben Weg wie bei Synchronmaschinen gegangen und hat die Erregermaschine an das Lagerschild des Motors angebaut (Bild 56). In dieser Ausführung ist die Erregermaschine wohl die denkbar einfachste Form einer elektrischen Maschine. Der fliegend auf die Welle aufgesetzte Läufer mit Kommutator dreht sich in einem Eisenring, der gleichzeitig als Bürstenhalter dient. Ein Schutzreifen und ein Ring aus Preßspan verhüten eine zufällige Berührung des umlaufenden Kommutators.

Bild 56. Motor mit angebauter eigenerregter Drehstrom-Erregermaschine.

Zum Anlassen aller dieser Maschinen dient am einfachsten ein Anlasser mit aufgelöstem Nullpunkt. Auch während des Anlaufens bildet in dieser Anordnung die Erregermaschine den zweiten Sternpunkt für den sekundären Stromkreis. Derartige Anlasser können auch ohne weiteres als Selbstanlasser ausgeführt werden, so daß die eigenerregte Drehstrom-Erregermaschine in den Bereich der selbsttätigen Anlagen einbezogen werden kann. Wie beim gewöhnlichen Drehstrommotor ist dafür Sorge zu tragen, daß der Hauptschalter nur angelassen werden kann, wenn der Anlasser in der Stellung „Anfahren“ steht.

Beim nachträglichen Anbau von Erregermaschinen läßt sich der Nullpunkt der vorhandenen Anlasser oft nicht auflösen. Es muß dann ein Umschalter eingebaut werden, der die Schleifringe einmal an den Anlasser, das andere Mal an die Erregermaschine legt. Derartige Umschalter zusammen mit Fremdantrieb (Bild 57) können falsche Schaltungen und Betriebstörungen mit sich bringen. So kann z. B. beim Einlegen des Hauptschalters der Umschalter auf Erregermaschine stehen. Dies bedeutet einen Kurzschluß für den Hauptmotor und eine außerordentliche Überbeanspruchung der Erregermaschine. Es wäre aber auch möglich, daß nach dem Anlassen des Hauptmotors der Umschalter auf die Erregermaschine umgelegt wird, ohne daß deren Antriebsmotor angelassen wird. Da die Erregermaschine ein gewisses motorisches Moment aufbringt, würde sie sich entgegengesetzt der normalen Drehrichtung in Bewegung setzen und unter Umständen unzulässige Drehzahlen annehmen.

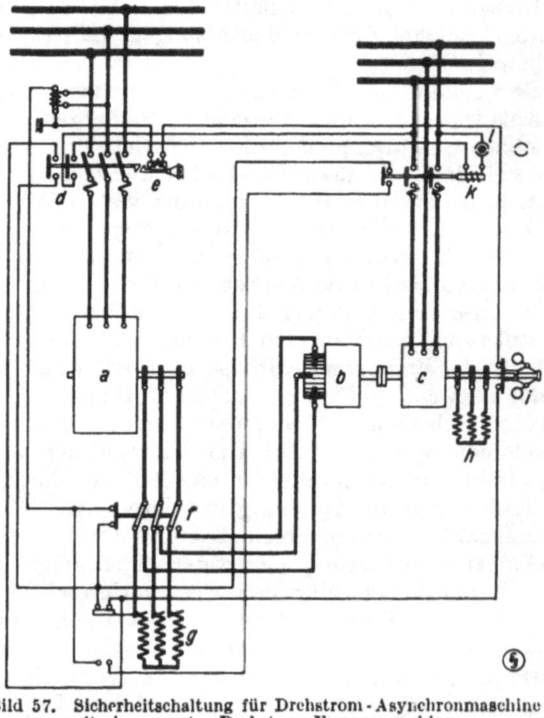

Bild 57. Sicherheitsschaltung für Drehstrom-Asynchronmaschine mit eigenerregter Drehstrom-Erregermaschine.
a = Hauptmotor, b = Eigenerregte Drehstrom-Erregermaschine, c = Antriebsmotor, d = Hauptschalter, e = Spannungsauslöser, f = Umschalter, g = Anlasser, h = Anlaßwiderstand, i = Fliehkraftschalter, k = Schütz, l = Kurzschließer.

Bei derartigen Verhältnissen verwendet man daher gern Sicherheitschaltungen, die sich der jeweiligen Anordnung und Betriebsweise anpassen. Bild 57 zeigt ein Beispiel. Der Umschalter und der Anlasser sind mit Kontakten versehen, die unter allen Umständen den Hauptschalter nur dann zum Einschalten frei geben, wenn der Umschalter in der richtigen Stellung steht. Ein vorzeitiges Umschalten auf die Erregermaschine ist ebenfalls nicht möglich. Die Kontrolle des richtigen Laufes des Erregersatzes wird durch ein Spannungsrelais bewirkt, das auf die Spannungsauslösung des Hauptschalters arbeitet. Dieses Relais liegt an den Klemmen des Antriebsmotors. Wird dieser aus irgendeinem Grunde spannungslos, besteht also die Gefahr des Durchgehens der Erregermaschine, so schaltet das Relais selbsttätig den ganzen Antrieb ab. Solche Sicherheitschaltungen haben sich im Betrieb bestens bewährt.

Der sekundäre Stromkreis des Antriebsmotors wird hinsichtlich der Anlaßapparate mit besonderer Sicherheit ausgeführt, um auch die letzte Gefahrenquelle, die hier vielleicht vorhanden sein könnte, zu beseitigen. In manchen Fällen zieht man sogar dem gewöhnlichen Anlasser einen festen Widerstand vor. Man erspart sich dadurch den Handgriff beim Anlassen des Erregersatzes und nimmt die Verluste in Kauf. Kurzschlußläufermotoren können nur in verhältnismäßig geringem Maße zum Antrieb von Erregermaschinen Verwendung finden, da unter Umständen (z. B. bei nicht eingelaufenen Bürsten, nach langem Stillstand, beschlagenem Kommutator usw.) das Reibungsmoment der Ruhe der Erregermaschine so groß ist, daß der Kurzschlußläufermotor das notwendige Moment nicht aufbringen kann, besonders wenn er aus einem schwachen Niederspannungsnetz (Licht) mit Stern-Dreieck angelassen werden muß. Die Verwendung von Fliehkraftkupplungen zwischen beiden Maschinen ist nicht am Platz, da die Erregermaschine durch die feste Kupplung mit ihrem Antriebsmotor vor unzulässigen Drehzahlen bewahrt bleiben muß.

Die Antriebsleistung derartiger eigenerregter Erregermaschinen geht in vielen Fällen über den Eigenverbrauch der Erregermaschine, also über deren Verluste hinaus. Dies hängt mit einer generatorischen Wirkung der Erregermaschine zusammen; sie gibt nicht nur Blindleistung, sondern auch einen gewissen Wirkleistungsanteil an den Schlupfstromkreis des Hauptmotors ab, und diese Doppelspeisung muß natürlich durch den Antriebsmotor des Erregersatzes aufgebracht werden. Die tatsächliche Ausnutzung der Antriebsleistung des Erregersatzes wurde im Betrieb dadurch nachgewiesen, daß beim Umschalten von der Erregermaschine auf den kurzgeschlossenen Anlasser sich bei gleichbleibender Leistungsabgabe des Hauptmotors seine Leistungsaufnahme erhöhte.

Diese generatorische Wirkung der eigenerregten Drehstrom-Erregermaschine kann dadurch gesteigert werden, daß der Ständer eine kurzgeschlossene Wicklung erhält. Durch die dann überwiegende Selbsterregung der Maschine wird ihre Wirkungsweise weit unabhängiger vom Belastungstrom und damit von der Belastung des Hauptmotors. Diese *selbsterregte Drehstrom-Erregermaschine* vermag den Leistungsfaktor des Hauptmotors auch bei den niedrigsten Belastungen auf 1 oder auf voreilenden Werten zu halten. Sie liegt in ihrem Blindleistungsverhalten also zwischen der eigenerregten und der später beschriebenen fremderregten Drehstrom-Erregermaschine. Die Antriebsleistung ist infolge der stärkeren Generatorwirkung höher, sonst gilt für sie im wesentlichen das gleiche wie für die eigenerregte Maschine.

Sind eine größere Anzahl von Hauptmotoren gleicher Größe vorhanden, so besteht die Möglichkeit, eine Umschaltbarkeit des Erregersatzes vorzusehen. Bei wechselndem Betrieb der Hauptmotoren kommt man so mit weniger Erregersätzen aus. Die Anordnung bedeutet auch eine gewisse Reserve gegenüber Ausfall einzelner Erregersätze.

Für Motoren, die mit Schlupfwiderstand in ihrer Drehzahl geregelt werden, sind eigenerregte Drehstrom-Erregermaschinen nur in gewissen Grenzen anwendbar. Die Spannung der Erregermaschine hat hauptsächlich nur den Ohmschen Widerstand des Läuferstromkreises zu überwinden. Dieser muß auf ein Vielfaches erhöht werden, wenn ein nennenswerter Drehzahlabfall erreicht werden soll. Um aber einen Erregerstrom auch bei diesem Betrieb zu erhalten, muß die Erregerspannung etwa in gleichem Maße wie der sekundäre Widerstand wachsen. Die Erregermaschine erhält dabei außerordentlich große Abmessungen, so daß nur unter ganz besonderen Verhältnissen eine Erregung dann noch wirtschaftlich ist. Diese Tatsache schließt auch die Verwendung der Erregermaschine in allen intermittierenden Antrieben aus, in denen die Zeit des Anlaufes, also des Arbeitens mit Widerstand, einen beträchtlichen Teil der gesamten Betriebszeit ausmacht.

Durch den Anbau von eigenerregten Drehstrom-Erregermaschinen wird, wie aus Bild 52 hervorgeht, die Drehzahlcharakteristik des Hauptmotors beeinflußt. Dies kann bei Motoren, die auf die gleiche Welle arbeiten, dazu benutzt werden, ihre Drehzahlcharakteristik so zu beeinflussen, daß beide Maschinen sich an der verlangten Leistung gleichmäßig beteiligen. Man wird hierzu den Antrieb der Erregermaschine regelbar gestalten und durch Veränderung der Erregermaschinendrehzahl die Drehzahl- und Drehmomentencharakteristik der Hauptmotoren in der gewünschten Weise einstellen.

Auch für *Asynchron-Generatoren* hat die eigenerregte Drehstrom-Erregermaschine eine gewisse Bedeutung. Wie bei Motoren kommt sie aber nur dann in Frage, wenn die Leistung zwischen 50 und 125 %, bei Langsamläufern zwischen 70 und 110 % schwankt. Die unangenehme Eigenschaft der Asynchrongeneratoren, das Netz mit Blindleistungsverbrauch zu belasten, wird dadurch vermieden. Für die Ausnutzung kleiner Wasserkräfte können derartige Generatoren z. B. mit angebauten Erregermaschinen (Bild 56) sehr wohl Verwendung finden. Schwieriger werden die Verhältnisse, wenn solche Maschinen abwechselnd motorisch und generatorisch arbeiten sollen. Da der Strom beim Wechsel der Betriebsweise umkehrt, wird eine Erregermaschine, die im Generatorbetrieb erregend wirkt, den Leistungsfaktor des Hauptmotors beim Motorbetrieb noch verschlechtern. Um bei beiden Betriebsarten erregende Wirkung zu erreichen, muß eine Umschaltung im Läuferstromkreis vorgenommen werden. Diese Schwierigkeit kann aber durch andere Erregermaschinenarten einfacher behoben werden.

Was im Vorstehenden über die eigenerregte Drehstrom-Erregermaschine gesagt ist, trifft in manchen Fällen auch für andere, besonders die fremderregte Drehstrom-Erregermaschine zu. Die eigenerregte Drehstrom-Erregermaschine hat durch später entwickelte Anordnungen manches an Bedeutung verloren. Sie ist aber bis heute für gut belastete Antriebe immer noch das einfachste und billigste Mittel zur Erregung der Drehstrommaschinen. Sie wird bis zu Leistungen der Hauptmotoren von etwa 2000 kW gebaut.

Schließlich sei noch eine Abart der eigenerregten Drehstrom-Erregermaschine erwähnt, die auch bereits vor dem Kriege bekannt wurde, der *Kappsche Vibrator*. Er ist durch die Leblancsche eigenerregte Drehstrom-Erregermaschine verdrängt worden. Er besteht aus drei Einphasenläufern, die vom Schlupfstrom durchflossen werden und in je einem Ständer mit Gleichstrom-Erregerwicklung schwingen können. Der Schlupfstrom erzeugt zusammen mit dem Gleichstromfeld ein Drehmoment, und da der Schlupfstrom seine Richtung in jeder Periode zweimal wechselt, so wechselt auch das Drehmoment, und die drei Anker schwingen im doppelten Takte der Periodenzahl hin und her. Die dadurch erzeugte Relativgeschwindigkeit zwischen Läuferstäben und Gleichstromfeld verursacht genau wie bei der eigenerregten Drehstrom-Erregermaschine eine dem Schlupfstrom um 90° voreilende Spannung. Der Kappsche Vibrator wird heute nicht mehr verwendet, bedeutet aber in der Geschichte der asynchronen Blindleistungserzeugung einen der ersten Entwicklungschritte.

Der Frequenzwandler.

Die Forderung, auch bei geringen Belastungen und womöglich beim Leerlauf des Hauptmotors den Leistungsfaktor zu verbessern, gab die Veranlassung, neue Drehstrom-Erregermaschinen zu entwickeln. Die früher benutzte Eigenerregung scheiterte an dieser Aufgabe, da zur Erzeugung der Erregerspannung Schlupfstrom, mithin Belastung, vorhanden sein muß. Soll die Erregung unabhängig von der Belastung sein, so muß sie unabhängig von dieser mit anderen Mitteln aufgebracht werden. Der nächstliegende Weg ist derjenige, den ebenfalls Leblanc in seinem *Frequenzwandler* angab (Bild 58). Die Erregung, d. h. die dem Läufer zuzuführende Blindleistung wird hier dem Netz entnommen, mit einem Transformator auf die dem Läuferkreis entsprechenden Spannungswerte gebracht und durch einen Kommutator-Frequenzwandler auf die Schlupfperiodenzahl umgeformt. Der Frequenzwandler selbst besteht in der

Hauptsache aus einem Läufer mit Gleichstromwicklung, der an der einen Seite einen Kommutator, an der andern Seite Schleifringe trägt. Diese sind im Abstande von 120 elektrischen Graden an die Läuferwicklung gelegt. Es handelt sich bei einer solchen Anordnung um eine läufergespeiste Maschine. Die umlaufende Wicklung ist als primäre anzusehen. Eine auf dem Ständer etwa aufgebrachte Wicklung würde dann einen Strom führen, der entsprechend der Abweichung von der synchronen Drehzahl Schlupfperiodenzahl hat. An den Bürsten einer Kommutatormaschine herrscht aber immer dieselbe Periodenzahl wie in der Ständerwicklung. Beim Frequenzwandler tritt also an den Bürsten Schlupffrequenz auf. Wird nun der Frequenzwandler mit dem Hauptmotor fest gekuppelt, so geben die Bürsten eine dem Schlupf entsprechende Periodenzahl ab, und bei geeigneter Polpaarzahl gegenüber dem Hauptmotor läßt es sich stets erreichen, daß die vom Frequenzwandler abgegebene Periodenzahl genau der Schlupfperiodenzahl entspricht. Die früher aufgestellte Forderung der selbsttätigen Anpassung der Erregerperiodenzahl an den Schlupf ist also hierdurch erfüllt.

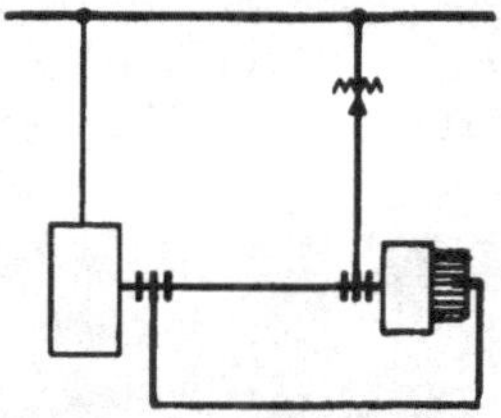

Bild 58. Motor mit Frequenzwandler (direkter Antrieb).

Zunächst scheint für die Blindleistungsbilanz einer solchen Maschine verhältnismäßig wenig gewonnen zu sein. Statt die notwendige Blindleistung dem Ständer mit 50 Hertz zuzuführen, wird sie über den Frequenzwandler dem Läufer zugeleitet, aber schließlich doch ebenfalls mit 50 Hertz über die Schleifringe des Frequenzwandlers vom Netz aufgenommen. Die Zwischenschaltung des Kommutators bedeutet aber eine ganz wesentliche Herabsetzung der aus dem Netz entnommenen Blindleistung (Bild 59).

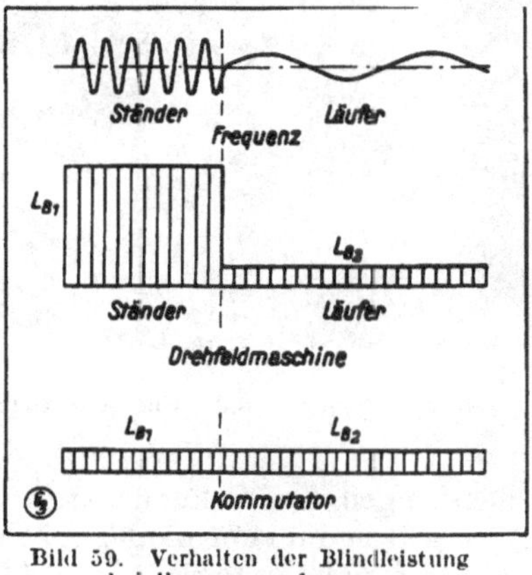

Bild 59. Verhalten der Blindleistung bei Frequenzumformung.

Zur *Umformung der Periodenzahl* eines Blindleistungsflusses stehen wie bei der Wirkleistung zwei Mittel zur Verfügung, einmal eine Drehfeldmaschine, indem man die Blindleistung in den Ständer schickt und vom Läufer mit Schlupfperiodenzahl abgeben läßt, das andere Mal eine Kommutatormaschine, der man die Blindleistung über Schleifringe zuführt und am Kommutator mit veränderter Periodenzahl wieder abnimmt. Im ersten Fall handelt es sich um eine induktive, im zweiten um eine konduktive Umformung. Infolge des durch die Periodenzahlen gegebenen Spannungsverhältnisses in der Drehfeldmaschine verändern sich die Blindleistungswerte in BkVA vor und nach der Umformung im Verhältnis dieser Spannungen, denn das Stromübersetzungsverhältnis ist von dem Periodenverhältnis unabhängig und konstant. Die Blindleistung verändert sich also im Verhältnis der Periodenzahlen. Würde man z. B. im vorliegenden Falle an Stelle eines Frequenzwandlers eine Asynchronmaschine setzen, die mit dem Ständer am Netz und mit den

Bild 60. Frequenzwandler der Gewerkschaft Ickern in Ickern bei Rauxel, Schacht I II.

Schleifringen am Sekundärkreis des Asynchronmotors angeschlossen ist, so würde die vom Läufer geforderte Blindleistung geringer Periodenzahl auf eine hohe Periodenzahl übersetzt werden und dementsprechend die Blindleistungsentnahme aus dem Netz einen hohen Wert annehmen; es wäre nichts gewonnen. Bei der konduktiven Umformung des Frequenzwandlers ist die Spannung an den Schleifringen stets ebenso groß wie die an den Bürsten; auch der Strom fließt von den Schleifringen über die Läuferwicklung zum Kommutator. Spannung und Strom können sich bei der Umformung nicht verändern, der Blindleistungswert in BkVA bleibt also der gleiche.

Soll ein Motor durch einen Frequenzwandler erregt werden, so nimmt dieser diejenige Blindleistung unverändert aus dem Netz auf, die im Läuferstromkreis des Hauptmotors verlangt wird. Da die Erregung mit Schlupfperiodenzahl nur wenige Prozent der Erregung vom Ständer aus beträgt, wird mit dem Frequenzwandler tatsächlich eine erhebliche Ersparnis an Blindleistung herbeigeführt. Derartige Anordnungen wurden von den Siemens-Schuckertwerken bereits im Jahre 1912 ausgeführt (Bild 60). Wenn diese Anlagen auch heute noch im Betrieb sind, so wurde die Weiterentwicklung dieser Maschinen dadurch erschwert, daß die Kommutierungsverhältnisse des Frequenzwandlers ungünstig sind. Der sekundäre Strom des Hauptmotors durchfließt den Läufer des Frequenzwandlers, es entstehen hierdurch Oberfelder, die die Kommutierung außerordentlich ungünstig beeinflussen. Diese Oberfelder sind dabei nicht konstant, sondern wechseln mit der Lage der Kommutatorbürsten zu den Anschlüssen der Schleifringe an der Läuferwicklung, also periodisch, ihre Amplitude.

Durch Anwendung von Wendepolen und durch mehrphasige Ausführung, z. B. mit sechs Schleifringen, hat man die Schwierigkeiten zu bekämpfen versucht, mußte aber stets innerhalb bestimmter Grenzen bleiben. Aus diesem Grunde mußte der Frequenzwandler nach dem Kriege der LK-Maschine das Feld überlassen, wenn auch von mancher Seite heute noch auf den Frequenzwandler zurückgegriffen wird.

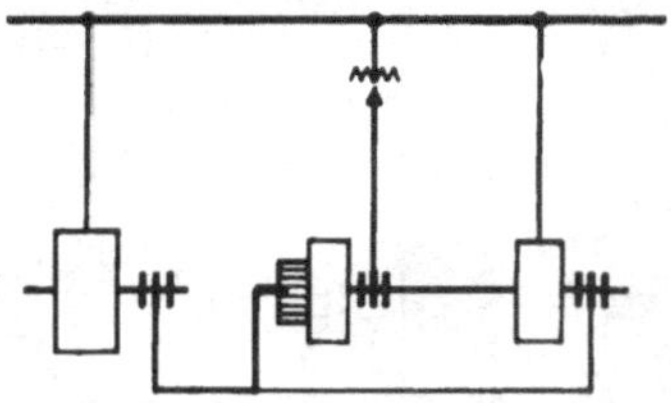

Bild 61. Motor mit Frequenzwandler (Antrieb durch Kopiermotor).

Geschichtlich bemerkenswert sind Ausführungen dieses Frequenzwandlers mit Fremdantrieb. Zur Aufrechterhaltung der richtigen Periodenzahl muß der Frequenzwandler stets mit der Drehzahl des Hauptmotors laufen. In Fällen, in denen eine direkte Kupplung mit dem Hauptmotor nicht möglich war, hat man einen sogenannten *Kopiermotor* verwendet. Der Kopiermotor liegt mit seinem Ständer am Netz und ist mit seinen Schleifringen mit dem Läuferstromkreis des Hauptmotors verbunden (Bild 61). Dadurch müssen Hauptmotor und antreibender Kopiermotor gleiche Schlupfperiodenzahl führen und deshalb mit genau gleichen Drehzahlen und sogar gleichbleibenden räumlichen Läuferlagen laufen. Diese Anordnung hat sich ebenfalls nur teilweise bewährt, da diese elastische synchrone Kupplung zwischen Haupt- und Kopiermotor bei Pendelungen im Netz und Belastungstößen des Hauptmotors zum Pendeln neigt. Auch beim Anlaßvorgang, der das richtige Einspringen des Kopiermotors bewirken muß, ergeben sich unter Umständen Schwierigkeiten. Wenn der Frequenzwandler heute an Bedeutung viel verloren hat, so hat doch nur über ihn der Weg zu den neuesten fremderregten Drehstrom-Erregermaschinen geführt.

Die fremderregte Drehstrom-Erregermaschine (LK-Maschine).

Die Beherrschung großer Leistungen und damit großer Läuferströme der zu erregenden Motoren konnte nur durch eine weitgehende Verbesserung der Kommutierungsverhältnisse an Erregermaschinen erreicht werden. Der Entwicklungsweg ist dabei ein ähnlicher gewesen wie bei den Gleichstrommaschinen, man hat zu *kompensierten Drehstrom-Erregermaschinen* gegriffen. Sie tragen im Ständer eine Wicklung, die mit den Kommutatorbürsten in Reihe geschaltet ist, also vom gleichen Strom wie der Läufer durchflossen wird. Bei einem Windungsverhältnis von 1 : 1 zwischen Ständer und Läufer und einer entsprechenden Einstellung der Bürsten heben sich Ständer- und Läuferfeld vollkommen auf. Diese kompensierende Wirkung ergibt ebenso wie bei Gleichstrommaschinen die besten Kommutierungsverhältnisse.

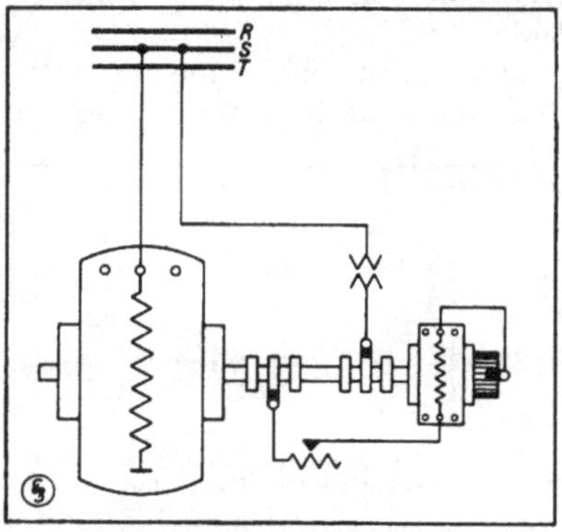

Bild 62. Schaltung des Asynchronmotors mit fremderregter LK-Drehstrom-Erregermaschine.

In dieser Schaltung ist aber die Maschine nicht imstande, durch den Belastungstrom oder selbsterregend ein Feld und damit eine Spannung hervorzubringen, vielmehr muß dies durch eine besondere Erregung bewirkt werden.

In der von *Kozisek* entwickelten *läufererregten kompensierten Drehstrom-Erregermaschine* (*LK-Maschine*) wird die Erregung über Schleifringe zugeführt (Bild 62). Die Anordnung unterscheidet sich von dem Frequenzwandler äußerlich nur durch die Kompensationswicklung. Infolge der Aufhebung von Ständer- und Läuferfeld kann ein Strom von den Bürsten über die Schleifringe nicht mehr fließen. Der sekundäre Stromkreis des Hauptmotors endigt also praktisch in der Läuferwicklung der LK-Maschine. Deren Schleifringe können nur einen Erregerstrom führen, der zum Aufbau eines Feldes in der LK-Maschine selbst dient. Dieses Feld ist in Phase mit dem Erregerstrom und hat gegenüber dem Läufer eine relative Drehzahl entsprechend der zugeführten Periodenzahl. Die Periodenverhältnisse liegen dabei genau wie beim Frequenzwandler, so daß bei Kupplung der Erregermaschine mit dem Hauptmotor die Schleifringe ohne weiteres über einen spannungangleichenden Transformator an das Netz gelegt werden können.

Das über dem Läufer sich mit Netzperiodenzahl drehende Feld der LK-Maschine erzeugt in diesem eine Spannung, die an den Klemmen der LK-Maschine zur Wirkung kommt. Bei der geringen Schlupfperiodenzahl, mit der diese Erregermaschine und damit ihr Feld räumlich läuft, ist die im Ständer durch das gleiche Feld induzierte EMK so gering, daß sie hier vernachlässigt werden kann. Wird die Phasenlage der an die Schleifringe angeschlossenen Erregerspannung so gewählt, daß die Klemmenspannung der LK-Maschine senkrecht steht zum Wirkstrom, also zur sekundären EMK des Hauptmotors, so erzeugt die Erregermaschinenspannung reine Magnetisierungströme im Läufer des Hauptmotors und bewirkt dadurch seine Erregung. Die Einstellung der richtigen Phasenlage für die Erregerspannung wird zumeist durch eine verstellbare Kupplung zwischen Hauptmotor und LK-Maschine erreicht. Nachdem bei der Inbetriebsetzung die Kupplungseinstellung vorgenommen worden ist, läuft die ganze Anordnung mit unveränderter räumlicher Lage zwischen beiden Läufern weiter. Lediglich bei Demontage und Wiederaufbau des Maschinensatzes ist darauf zu achten, daß die alte Kupplungstellung wiederhergestellt wird.

Der Vorteil der LK-Maschine liegt zunächst darin, daß der Arbeitstrom des Hauptmotors nicht über die Schleifringe fließt, sondern daß diese nur mit dem Magnetisierungstrom der LK-Maschine selbst belastet werden. Dieser beträgt aber nur etwa $^1/_4$ bis $^1/_3$ des beim Frequenzwandler vorhandenen Vollaststromes an den Erregerschleifringen. Abgesehen von dieser Erleichterung für die Bemessung wird auch nur eine geringere Blindleistung dem Netz entnommen. Die von der LK-Maschine benötigte Blindleistung steht im gleichen Verhältnis von $^1/_4$ bis $^1/_3$ zu derjenigen Blindleistung, die sie an den Motor abgibt.

Die *Kompensationswicklung* verhindert die Ausbildung von Oberfeldern, die beim Durchgang des Hauptmotorstromes von den Bürsten zu den Schleifringen entstehen. Auch durch die sekundären Ströme des Hauptmotors können Oberfelder in die Kommutatormaschine hineingetragen werden; sie haben ihre Entstehung in der Nutung des Hauptmotors. Diese Oberfelder werden durch die Kompensationswicklung für die Kommutierung ebenfalls praktisch ausgeschaltet. Die Verbesserung der Kommutierungsverhältnisse hat den weiteren Vorteil, daß man die Maschine mit sehr kleinem Luftspalt ausführen kann. Der Magnetisierungsbedarf der Maschine wird hierdurch auf ein Mindestmaß beschränkt; auch dies trägt dazu bei, daß von den Schleifringen nur ein geringer Strom vom Netz aufgenommen wird.

Gegenüber der eigenerregten Drehstrom-Erregermaschine bestehen hinsichtlich der Kommutierung weitere Vorteile, da die Spannungen in der jeweils von den Bürsten kurzgeschlossenen Spule günstiger liegen. Während sich bei der eigenerregten Drehstrom-Erregermaschine Transformatorspannung und Stromwendespannung algebraisch addieren, trifft dies bei der LK-Maschine nur für die Transformatorspannung und diejenige Stromwendespannung zu, die auf den Wirkstrom im Läuferkreis des Hauptmotors zurückzuführen ist. Der Erregerstrom, der von der

LK-Maschine selbst erzeugt wird, hat eine Stromwendespannung, die gegenüber der Transformatorspannung um 90° versetzt ist, also sich mit dieser nur geometrisch addiert und die Kommutierungsverhältnisse nicht so stark beeinträchtigt.

Bild 63. Fremderregte LK-Drehstrom-Erregermaschine.

Besondere Bedeutung erhalten sowohl die geringeren Schleifringströme der LK-Maschine wie die günstigere Stromwendespannung der Erregerströme, wenn es sich um verhältnismäßig hohe Erregerströme wie bei Blindleistungsmaschinen handelt. Eine Ausführung solcher Anlagen ist wohl überhaupt nur mit kompensierten Erregermaschinen möglich.

Die Fremderregung der LK-Maschine bringt es mit sich, daß die Lage ihrer Klemmenspannung gegenüber der Schleifringspannung des Hauptmotors unveränderlich ist. Es ist dies die eigentliche Forderung, wenn von der Erregermaschine nur eine erregende Wirkung ausgeübt werden soll. Bei der eigenerregten Drehstrom-Erregermaschine steht die Erregerspannung stets senkrecht auf dem Schlupfstrom. Sie sollte eigentlich senkrecht auf der Wirkleistungskomponente des Schlupfstromes stehen, sie ist also um denjenigen Teil nicht ausgenutzt, der auf die Blindleistungskomponente des Schlupfstromes zurückzuführen ist. Aus diesem Grunde fällt die eigenerregte Drehstrom-Erregermaschine stets größer aus als die fremderregte LK-Maschine. Diese Erscheinung

Bild 64. LK-Maschine.

tritt um so deutlicher hervor, je größer der Blindleistungsanteil im Betrieb ist. Im Falle von reinen Blindleistungsmaschinen müßte die eigenerregte Maschine unendlich groß werden, eine weitere Bestätigung der schon besprochenen Tatsache, daß die eigenerregte Drehstrom-Erregermaschine im Leerlauf unwirksam ist.

Das äußere Bild einer LK-Maschine (Bild 63 und 64) ist wie bei allen Erregermaschinen durch das Überwiegen der stromführenden Teile gekennzeichnet. Man hat, insbesondere bei mittleren und kleinen Ausführungen, die Schleifringe auch außerhalb der Lager verlegt und die Erregerströme durch die durchbohrte Welle der Läuferwicklung zugeführt. Bei großen Maschinen geht man ebenso wie beim Einankerumformer zu Doppelkommutatoren über. Zur besseren

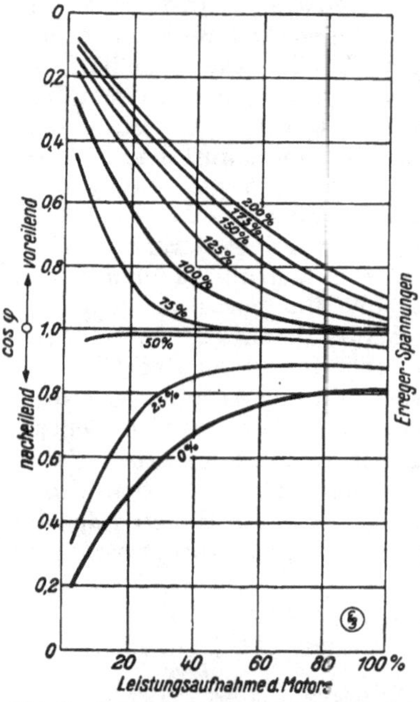

Bild 65. Leistungsfaktor eines Asynchronmotors mit fremderregter Erregermaschine bei verschiedenen Erregerspannungen.

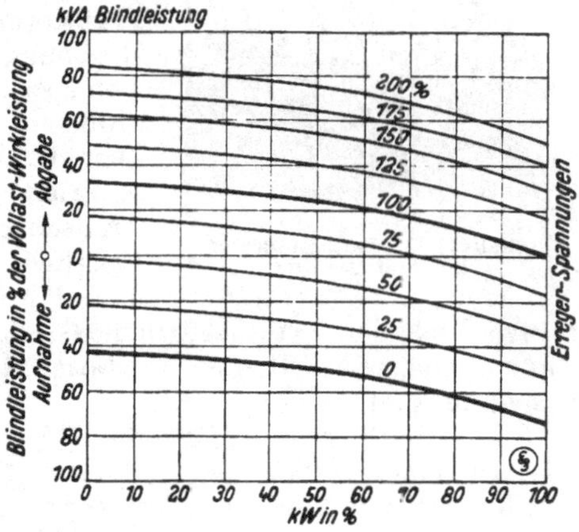

Bild 66. Blindleistungsverhalten einer Asynchronmaschine mit LK-Erregermaschine bei verschiedenen Erregerspannungen.

Kühlung erhält der Bürstenapparat stets eine freie Lage. Durch Verwendung bewährter Bürstenmarken, zuweilen auch Bürstenhalter in Reaktionsstellung, ist ein praktisch völlig funkenfreier Lauf auch bei Überlastungen gewährleistet.

Die Blindleistungsverhältnisse, die für eine Asynchronmaschine durch den Anbau einer LK-Maschine geschaffen werden, sind ähnlich wie diejenigen der Synchronmaschine. Leistungsfaktor und Blindleistungserzeugung sind in Bild 65 und 66 dargestellt. Ebenso wie bei den synchron laufenden Maschinen tritt bei Entlastung ein Magnetisierungsüberschuß ein, da der Blindleistungsverbrauch der Maschine sinkt und die Erregung durch die ihrerseits fremderregte LK-Maschine konstant bleibt. Auch eine solche Anordnung belastet sich also bei sinkender Wirkleistung selbsttätig mit Blindleistung. Allerdings sind die Verhältnisse nicht so günstig wie beim synchronisierten Asynchronmotor. Will man bei schwachen Belastungen die Hauptmaschine im Ständer voll ausnutzen, so muß die Erregung verstärkt werden. Dies kann durch regelbare Transformatoren zwischen Schleifringen und Netz leicht erreicht werden (Bild 67). Die Regelbarkeit wird zumeist in Form von Anzapfungen des Transformators ausgeführt. Durch einen Stufenschalter, den man auf den Transformator aufbauen kann, werden die Schleifringe der LK-Maschine an die einzelnen Transformatorstufen gelegt. Eine solche Regelung genügt in fast allen Fällen, auch wenn es sich um Blindleistungserzeugung größeren Ausmaßes handelt. Es bleiben aber die Möglichkeiten dieser Regelart beschränkt, da sowohl die Anzapfungen des Transformators wie die Stufen eines Schalters nur bis zu einer gewissen Zahl ausgeführt werden können, wenn der Preis sich in wirtschaftlichen Grenzen halten soll. Höhere Regelansprüche, wie z. B. die selbsttätige Regelung in Abhängigkeit von der Spannung oder vom Gesamtleistungsfaktor eines Netzteiles, ist mit solchen verhältnismäßig groben Stufentransformatoren schwer zu bewältigen. Es würde ein dauerndes Pendeln eintreten, da nur selten die verlangte Spannung oder der verlangte Leistungsfaktor gerade genau einer Stufe entspricht. Man greift dann zu stufenlos regelbaren Transformatoren, wie sie als Drehtransformatoren und andere Anordnungen bekannt sind. Bei diesen Apparaten muß aber meist darauf geachtet werden, daß sich mit der

Bild 67. Stufentransformator mit Stufenschalter.

Bild 68. Synchron-Erregermaschine (25 kVA bei 70 V, 50 Hertz).

Regelung die Phasenlage der Erregerspannung nicht verändert. Weicht nämlich die Erreger- und damit die Klemmenspannung von der geforderten Lage senkrecht zur sekundären EMK des Hauptmotors ab, so erhält die LK-Maschine eine drehzahlregelnde Wirkung auf Kosten der erregenden. Man erreicht also mit einer bestimmten Klemmenspannung nicht mehr die volle Erregerwirkung. Bei Antrieben, deren Drehzahlen nicht auf einem bestimmten Wert gehalten werden müssen, besteht diese Forderung nicht, und es können auch spannungregelnde Einrichtungen verwendet werden, die mit der Größe der Erregerspannung gleichzeitig ihre Phasenlage verändern. Die dabei bewirkte Drehzahlregelung bleibt zumeist innerhalb weniger Prozent der Drehzahl.

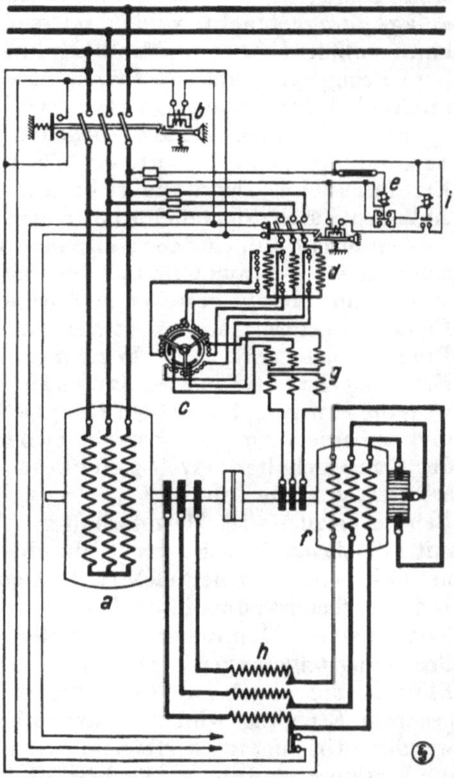

Bild 69. Asynchronmotor und fremderregte Drehstrom-Erregermaschine für Wirk- und Blindleistungsabgabe mit stufenweiser Regelung der Blindleistung. a = Hauptmotor, b = Spannungsauslöser, c = Stufenschalter, d = Spannungsteiler, e = Spannungsteigerungsrelais, f = Drehstrom-Erregermaschine, g = Erregertransformator, h = Anlasser, i = Hilfsrelais.

Werden besonders hohe Anforderungen an Schnelligkeit und Feinstufigkeit der Erregung gestellt, so können auch besondere Erregerumformer zur Verwendung kommen (Bild 68). Sie bestehen aus zwei miteinander gekuppelten Synchronmaschinen und einer zugehörigen Gleichstrom - Erregermaschine. Die eine Maschine liegt am Netz, die andere speist die Schleifringe der LK-Maschine, infolgedessen werden dieser wiederum 50 Hertz zugeführt. Von derartigen Umformern können im Verein mit Eil- und Schnellreglern die gleichen Regelbedingungen erfüllt werden wie von gleichstromerregten Maschinen.

Die praktische Ausführung derartiger Anlagen für Blind- und Wirkleistungsabgabe zeigt das Schaltbild 69. Die verhältnismäßig hohen Erregerstromstärken bei niedrigsten Spannungen an den Schleifringen der LK-Maschine ergeben für die Bemessung des Stufentransformators und des Stufenschalters ungünstige Verhältnisse. Man verwendet deshalb einen besonderen Erregertransformator, der von normalen Spannungen (220 . . . 500 V) die Erregerleistung für die Verhältnisse des Läuferkreises umformt. Man vermeidet dabei lange Leitungen großen Querschnittes, wenn Stufenschalter und Stufentransformator in einer entfernten Schaltanlage untergebracht werden müssen, denn der Erregertransformator kann unmittelbar am Maschinenfundament unter den zugehörigen Schleifringen Aufstellung finden. Da mit einem Stufentransformator mit 6 kVA Leistungen von etwa 600 kW bei n = 1000 und cos $\varphi = 1$ beherrscht werden können, bedeutet diese Regeleinrichtung für die Schaltanlage keine Belastung. Wie bei der eigenerregten Drehstrom-Erregermaschine wird die richtige Reihenfolge der Handgriffe beim Anlassen durch Sicherheitschaltungen gewährleistet. Der Anlasser ist wiederum mit aufgelöstem Nullpunkt ausgeführt, so daß eine Umschaltung im Läuferstromkreis nur vorgenommen zu werden braucht, wenn es sich um bereits bestehende Anlagen handelt. Ein Einschalten des Erregertransformators bei stehenden Maschinen würde die unter den Bürsten kurzgeschlossenen Windungen aufs Höchste beanspruchen. Die Erregung darf also nur bei laufenden Maschinen möglich sein. Hierzu wird die Erregung hinter dem Hauptschalter des Antriebes abgenommen und außerdem am Anlasser ein Sicherheitskontakt angebracht. Wird der Erregerschalter vorzeitig eingelegt, so schaltet sich der ganze Antrieb selbsttätig wieder ab.

Beim Ausfallen des Hauptschalters bleibt eine asynchrone Maschine mit LK-Maschine selbsterregt, da über die Erregertransformatoren ein in sich geschlossener elektrisch - magnetischer Kreis geschaffen ist. Diese Selbsterregung führt bei Ausfall des Netzes und infolgedessen leerlaufender Hauptmaschine unter Umständen zu beträchtlichen Spannungsteigerungen. Die während des Betriebes stattgefundene Blindleistungsabgabe an das Netz ist plötzlich unterbunden, und die gesamte Erregung wird zur Magnetisierung der Hauptmaschine verwendet. Die hierdurch steigende Klemmenspannung erhöht wiederum die Erregung, und dieses Wachsen der Selbsterregung findet erst durch die Sättigung der beteiligten magnetischen Kreise eine Grenze. Die Spannungsteigerung beansprucht zunächst die Anordnung selbst. Ist aber nicht der Hauptschalter der blindleistungerzeugenden Einrichtung, sondern etwa ein anderer zur Stromquelle führender Schalter gefallen, so können auch andere Maschinen und Apparate dieser Spannungsteigerung ausgesetzt sein. Glühlampen laufen Gefahr durchzubrennen. Sicherheitsvorrichtungen, die wie bei Fördermaschinen auf Ausbleiben der Spannung ansprechen, würden versagen. Die Verhältnisse liegen zwar nicht schlechter als bei Synchronmaschinen. Die erst in letzter Zeit ausgedehnte Verwendung erregter Maschinen für motorische Antriebe hat aber zuerst bei Asynchronmaschinen Hilfs-

Bild 70. LK-Drehstrom-Erregermaschine für Asynchronmotor 700 kW, $\cos \varphi = 1$.

Bild 71. Motorgenerator. Asynchronmotor 2200 kW bei 500 V, 50 Hertz, 600 U/min, kompensiert durch LK-Drehstrom-Erregermaschine.

mittel gegen diese Betriebstörungen entwickelt. Sie bestehen im Beispiel Bild 69 in einem Spannungsteigerungsrelais, das bei einer Überschreitung der Klemmenspannung um etwa 10 . . . 20 % des normalen Wertes selbsttätig die Erregung unterbricht und die Spannung der Maschine innerhalb weniger Perioden, also innerhalb von Bruchteilen einer Sekunde, zum Zusammenbrechen bringt. Die Praxis hat gezeigt, daß solche Sicherheitseinrichtungen schneller auslösen als andere selbsttätige Einrichtungen, die z. B. auf Kurzschlüsse oder Überströme ansprechen sollen.
Zur Sicherung der Erregerkreise kleinerer Leistung gegen verhältnismäßig hohe Kurzschlußströme sind gegebenenfalls Drosselspulen von

Bild 72. Asynchronmaschine für 600 kVA, 500 V, 50 Hertz, 250 U min, mit LK-Maschine (Kegelradantrieb).

2 . . . 3 % Reaktanz zwischen Erregertransformator und Netz einzubauen. Ebenso wie die eigenerregte Drehstrom-Erregermaschine ist die LK-Maschine wenig geeignet, wenn der Hauptmotor mit Schlupfwiderständen in seiner Drehzahl geregelt werden soll. Wie früher gezeigt, wird die LK-Maschine dann außerordentlich groß und deshalb unwirtschaftlich. Nur in seltenen Fällen kommen LK-Maschinen auch in diesem Fall zur Verwendung (Bild 70).
Die LK-Maschine ist ebenso wie der Frequenzwandler an eine Kupplung mit der Hauptmaschine gebunden, wenn nicht der Vorteil der einfachsten Erregung aus dem Netz mit 50 Hertz verloren gehen soll. Infolgedessen spielt die Kupplungsfrage bei allen diesen Maschinen eine ganz wesentliche Rolle. Für Umformer, Rotationspumpen, Venti-

latoren usw. kann bei der hohen Drehzahl der Hauptmotoren die direkte Kupplung verwendet werden (Bild 71). Die Platzverhältnisse der Umformerräume gestatten fast immer die Vergrößerung der Baulänge. Bei langsam laufenden Maschinen oder bei großen Leistungen und sehr hohen Drehzahlen ist es meist wirtschaftlicher, die Erregermaschine über ein Getriebe mit festem spielfreien Übersetzungsverhältnis zu kuppeln (Bild 70). Bei beschränkten Platzverhältnissen, die eine Vergrößerung der Baulänge nicht zulassen, kann die Erregermaschine mit ihrer Achse senkrecht zur Hauptachse des Umformers aufgestellt werden. Man verwendet hierzu Kegelradgetriebe, die gegebenenfalls das notwendige Übersetzungsverhältnis gleichzeitig herstellen (Bild 72). Unter ganz schwierigen Verhältnissen, bei denen die angewinkelte Erregermaschine seitlich zu weit ausladet, muß man die beiden Maschinen nebeneinander mit parallelen Wellen anordnen. Bei Verwendung von Getrieben würde dies ein Doppel - Kegelradgetriebe von außerordentlich hohem Preis erfordern. Man löst diese Aufgabe durch Verwendung von Zahnketten (Bild 73). Zunächst verwendete man diese in öldichten Behältern unter dauernder Ölschmierung, die von einer besonderen Ölpumpe gespeist wurde.

Bild 73. Kettenantrieb einer LK-Maschine.

Nach den neueren Erfahrungen ist es möglich, frei laufende Ketten zu verwenden, allerdings darf hierbei der Achsabstand nicht zu groß werden. Diese Ketten werden regelmäßig mit Fett oder schwerstem Öl geschmiert. Eine Blechbedeckung verhindert das Herumschleudern des Schmiermittels und schützt gleichzeitig vor Berührung. Die Zahnkette wird aber in ihrer Anwendung sehr beschränkt bleiben, denn sie erfordert eine außerordentlich gute Ausführung und vor allem sorgfältigste Montage. Durch Schieflaufen und durch Längung der Kette ergeben sich leicht Schwierigkeiten.

Trotz aller dieser Hilfsmittel können Fälle vorkommen, in denen eine direkte Kupplung mit dem Hauptmotor überhaupt nicht möglich ist. Neben den Platzverhältnissen können ätzende Gase, Feuchtigkeit, Staub usw. die Aufstellung einer Kommutatormaschine in mechanischer Kupplung mit dem Hauptmotor verhindern. Für solche Verhältnisse ist ein Fremdantrieb der LK-Maschine geschaffen worden. Kommt als Antriebsmotor eine Synchronmaschine zur Verwendung, so würde bei Netzerregung die LK-Maschine wie ein Einankerumformer wirken und an ihren Bürsten Gleichstrom abgeben. Kuppelt man aber mit dem Hauptmotor eine kleine Synchron-Erregermaschine, so erhält man eine Erregerperiodenzahl, die immer gerade um den Schlupf des Hauptmotors von der Netzperiodenzahl abweicht. Bei dieser Anordnung wird selbsttätig erreicht, daß die Spannung der LK-Maschine die gleiche Periodenzahl wie der Hauptmotor besitzt. Der synchrone Antrieb der LK-Maschine hat aber gewisse Nachteile, da infolge der synchronen Kupplung des Netzes mit dem Läuferstromkreis Pendelungen auftreten können. Vollkommen betriebsicher wird eine Anlage erst dann, wenn die LK-Maschine durch einen Asynchronmotor angetrieben wird. Im Vergleich mit der eben geschilderten Anordnung stimmt aber dann die Erregerperiodenzahl um den Schlupf der LK-Maschine nicht. Nach Bild 74 kann dies dadurch ausgeglichen werden, daß die mit dem Hauptmotor gekuppelte Erregermaschine nicht durch

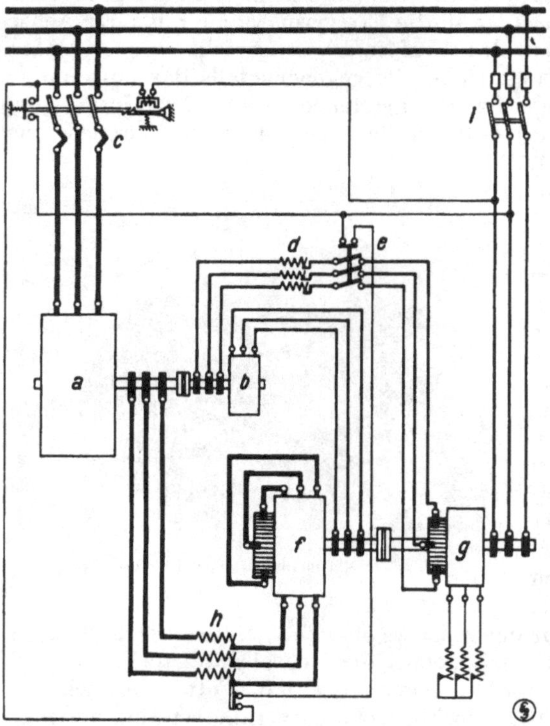

Bild 74. Asynchronmotor mit elektrisch gekuppelter asynchron angetriebener, fremderregter Drehstrom-Erregermaschine.
a = Hauptmotor, b = Erregermaschine, c = Spannungs-Rückgangs-Höchststromschalter, d = Regler, e = Erregerschalter, f = Drehstrom-Erregermaschine, g = Antriebsmotor, h = Anlasser, i = Ausschalter.

Gleichstrom, sondern mit der Schlupfperiodenzahl des die LK-Maschine antreibenden Asynchronmotors erregt wird. Man kann hierzu einen läufergespeisten Asynchronmotor verwenden, der die LK-Maschine antreibt. Man hat dann für die LK-Maschine eine Erregerperiodenzahl geschaffen, die sich durch die Erregermaschine dem Schlupf des Hauptmotors und über den läufergespeisten Antriebsmotor dem Schlupf des

Erregersatzes selbsttätig anpaßt. Wenn die Erregermaschine und der Antriebsmotor auch verhältnismäßig sehr kleine Abmessungen gegenüber dem Hauptmotor haben, so wird die ganze Anordnung doch erheblich verteuert. Diese Schaltung hat heute durch die Entwicklung der selbsterregten Drehstromerregermaschine an Bedeutung verloren.

Die Verwendung der LK-Maschine ist nicht auf Drehstrommaschinen beschränkt; bei anderen Stromarten wird aber der Läuferstromkreis des Hauptmotors und damit die LK-Maschine für Drehstrom ausgeführt. Es besteht also zunächst nur die Aufgabe, für die Schleifringe der LK-Maschine einen erregenden Drehstrom zur Verfügung zu stellen. Bei Zweiphasenanlagen wird dies durch einen Scott-Transformator erreicht, der zwischen das Netz und die Schleifringe der Erregermaschine gelegt wird. Allerdings muß dabei ein gutes Zweiphasennetz gewährleistet sein, da natürlich bei ungleichen oder nicht senkrecht aufeinanderstehenden Spannungsvektoren des Zweiphasensystems die Erregerverhältnisse der LK-Maschine ganz wesentlich beeinflußt werden. Dies drückt sich zumeist in einer erhöhten Erwärmung und damit einer geringeren Ausnutzung der ganzen Anordnung aus, ebenso wie es bei gewöhnlichen Motoren der Fall ist, die an so unvollkommene Netze gelegt werden.

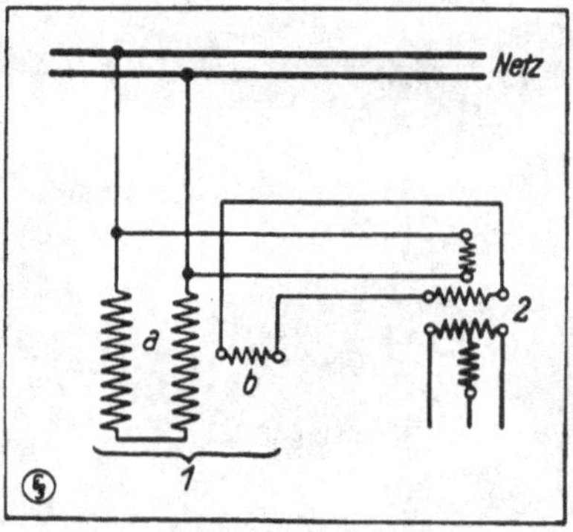

Bild 75. Anschluß und Schaltung des Erregertransformators.
1 = Ständer der Hauptinduktionsmaschine: a = Hauptwicklung, b = Anlaßwicklung,
2 = Erregertransformator.

Bei Einphasenanlagen ist die Speisung der LK-Maschinen aus dem Netz nicht ohne weiteres möglich. Zur Erzeugung des Drehstromes wird hier die stets vorhandene Anlaßwicklung des Hauptmotors zu Hilfe genommen. Die Achse dieser Wicklung steht meist senkrecht auf derjenigen der Arbeitswicklung, so daß man Zweiphasenstrom erhält, der über einen Scott-Transformator in Drehstrom umgeformt wird (Bild 75). Mit Rücksicht auf den späteren Ausbau der Einphasennetze zum Drehstrombetrieb werden heute z. T. Drehstrommotoren verwendet, die zunächst nur zweiphasig angeschlossen sind, während die dritte, mit den anderen in Stern geschaltete Phase nur zum Anlauf benötigt wird. Diese dritte Phase ermöglicht es, an den drei Klemmen des Hauptmotors ohne weiteres Drehstrom abzunehmen, der, durch einen Erregertransformator auf die richtigen Spannungsverhältnisse gebracht, ohne weiteres zur Erregung der LK-Maschine geeignet ist.

Die Verwendung der Kompensationswicklung hat für die *Erregung von einphasigen Hauptmotoren* eine besondere Bedeutung. Die Oberfelder, die durch den Hauptmotor hervorgerufenen höheren Harmonischen, sind bei einphasigen Maschinen infolge des inversen Drehfeldes besonders stark ausgebildet, sie werden ebenso wie andere höhere Harmonische durch die Kompensationswicklung der LK-Maschine für die Kommutierung praktisch unschädlich gemacht. Ausführungen haben gezeigt, daß die LK-Maschine für Einphasennetze ohne weiteres zu verwenden ist. Gerade im Bahnbetrieb treten häufig Kurzschlüsse und stärkste Frequenz- und Spannungschwankungen auf, so daß Synchronmaschinen nicht im Betrieb gehalten werden können. Der asynchrone Antrieb ist hier unbedingt am Platz. Um auch bei längeren Störungen

Bild 76. Motorgenerator. Einphasenmotor 380 kW, $16^2/_3$ Hertz, $\cos\varphi = 1$, mit LK-Drehstrom-Erregermaschine (automatischer Betrieb).

wieder schnell in Betrieb zu kommen, wurde eine Umformeranlage mit LK-Maschine vollautomatisch ausgeführt (Bild 76). Bei Kurzschluß oder Ausfallen des Kraftwerkes gehen sämtliche Anlaßorgane selbsttätig in ihre Ausgangstellung. Nach Wiederkehr der Spannung ist der Umformer nach $^1/_2$ Minute wieder in vollem Lauf und richtig erregt.

Die Möglichkeit, auch Einphasenmotoren mit LK-Maschine zu erregen, öffnet diesen Anordnungen ein weiteres Gebiet, den sogenannten *Arno-Umformer*. Bisher wurden diese Maschinen, die, an das Einphasennetz angeschlossen, eine dritte Phase erzeugen, zumeist als gewöhnliche Asynchronmotoren ausgeführt. Da diese Arnoumformer ihrer Leistung nach einen beträchtlichen Teil des gesamten Anschlußwertes ausmachen und als Einphasenmaschinen noch dazu große Abmessungen erhalten müssen, wird der Leistungsfaktor eines solchen Betriebes durch den Umformer stark verschlechtert. Die Verwendung gleichstromerregter, also synchron laufender Maschinen bringt alle Nachteile des synchronen Laufes mit sich und ist besonders dann schwer möglich, wenn die Arnomaschine nicht nur die dritte Phase zu speisen, sondern als größte Maschine im Betrieb selbst noch einen Antrieb zu übernehmen hat. Die Anlaufverhältnisse einphasiger Synchronmaschinen sind so schwierig, daß sich die notwendigen Anlaufmomente mit ihnen nicht erreichen lassen. Alle diese Schwierigkeiten fallen fort, wenn eine Asynchronmaschine verwendet wird, die mit einer LK-Maschine gekuppelt ist (Bild 77). Der Anlauf erfolgt über einen Anlasser mit aufgelöstem Nullpunkt; die dritte Phase im Ständer wird unter Vorschaltung einer Drosselspule als Hilfsphase benutzt. Nach Erreichen der asynchronen Betriebsdrehzahl wird die dritte Ständerphase auf die dritte Phase des Arnonetzes umgeschaltet. Aus diesem Netz wird nun der Erregertransformator gespeist, der die LK-Maschine erregt. Mit der Welle einer solchen Anordnung kann irgendeine Arbeitsmaschine gekuppelt werden. Die Erregung des Arnoumformers durch die LK-Maschine braucht sich dabei nicht auf $\cos \varphi = 1$, also auf die Blindleistung des Umformers selbst zu beschränken, sondern durch Übererregung ist es ohne weiteres möglich, Blindleistung an das Einphasennetz und das Arnonetz abzugeben, so daß der Gesamtleistungsfaktor des verbrauchten Einphasenstromes auf jeden gewünschten Wert gebracht werden kann. Bild 78 zeigt einen Arnoumformer, der für 60 kVA Arnoleistung, also Umformung von Einphasen- in Drehstrom bemessen ist. Er vermag gleichzeitig 14 kW an einen Kolbenkompressor abzugeben und wird außerdem so stark erregt, daß er den Blindleistungsverbrauch im Arnonetz bis zu 60 BkVA deckt. In dieser Anlage sind also Arnoumformer, Blindleistungsmaschine und Antriebsmotor in einer einzigen Maschine vereinigt.

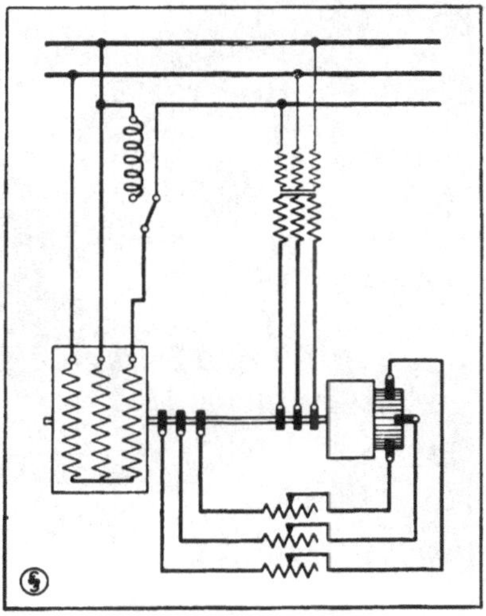

Bild 77. Asynchroner Arno-Umformer mit LK-Maschine.

Die außerordentlich vielseitige Verwendungsmöglichkeit, die vorzügliche Bewährung im Betrieb haben den LK-Maschinen in der Reihe der Blindleistungserzeuger eine bedeutungsvolle Rolle zugewiesen.

Leistungen und schwierige Anlagen, wie sie mit ihr ausgeführt wurden, werden von anderen Drehstrom-Erregermaschinen bei weitem nicht beherrscht. Es kommen für diese Verhältnisse, bei denen die eigenerregten Drehstrom-Erregermaschinen nicht mehr ausreichen, eben nur kompensierte Erregermaschinen in Frage. Grundsätzlich besteht auch die Möglichkeit, die Erregung nicht über Schleifringe vom Läufer aus, sondern über den Ständer durch eine besondere Erregerwicklung vorzunehmen. Der grundlegende Nachteil aller derartiger Anordnungen liegt zunächst darin, daß dann die Erregung mit Schlupfperiodenzahl aufgebracht werden muß, da natürlich die Erregerwicklung im Ständer

Bild 78. Arno-Umformer (60 BkVA + 14 kW bei 200 V, 45,3 Hertz, 890 U/min).

die gleiche Periodenzahl führen muß wie die im Läuferstromkreis liegende Kompensationswicklung. Ein solcher Erregerstrom von Schlupfperiodenzahl muß stets durch besondere Einrichtungen erzeugt werden. Seine Entnahme aus dem Läuferkreis der Hauptmaschine ist nicht ohne weiteres möglich, da bei Entlastung der Schlupf und damit die Schleifringspannung des Hauptmotors außerordentlich gering wird und deshalb im Leerlauf eine Erregung ohne weiteres nicht möglich wäre. Auch selbsterregende Einrichtungen, die z. B. mit Hilfe von besonderen Bürstensätzen eine Selbsterregung derartiger kompensierter Erregermaschinen bewirken, haben die Erfolge der LK-Maschine bisher bei weitem nicht erreichen können. Über die Bedeutung der Blindleistungserzeugung hinaus ermöglicht die LK-Maschine in vielen Fällen den asynchronen Lauf und trägt dadurch zur Sicherheit im Betrieb der Kraftverteilungsanlagen bedeutend bei.

Die asynchrone Blindleistungsmaschine.

Wird eine leerlaufende Asynchronmaschine mit einer LK-Maschine gekuppelt und durch diese so stark erregt, daß die Blindleistungsabgabe an das Netz die Ausnutzungsgrenze der Asynchronmaschine erreicht, so erhält man eine *asynchrone Blindleistungsmaschine.*

Der elektrische Vorgang einer solchen Anordnung kann als die Frequenzumformung einer geringen niederfrequenten Blindleistung in eine solche höherer Frequenz und entsprechend höherer kVA-Zahl aufgefaßt werden. Man erzeugt in der LK-Maschine durch Erregung aus dem Netz eine verhältnismäßig kleine Blindleistung. Diese wird nach Bild 58b in einer Drehfeld-Maschine (der Hauptmaschine) von der Schlupfperiodenzahl auf die Netzperiodenzahl umgeformt. Hierbei steigt unter Beibehaltung des übersetzten Stromwertes die Spannung im Verhältnis der beiden Periodenzahlen, und die Blindleistung wächst in entsprechendem Maße. Dadurch ist es möglich, bei Entnahme eines verschwindenden Blindleistungsbetrages aus dem Netz durch Umformung zu erreichen, daß ein 100facher oder sogar 400facher Blindleistungsbetrag an das Netz abgegeben werden kann.

Der Aufwand, der für diese Umformung notwendig ist, besteht nur in der Deckung der Eisen-, Kupfer- und Reibungsverluste der beteiligten Maschinen. Es ist dies vielleicht der offensichtlichste Unterschied zwischen Blind- und Wirkleistung, daß jene gleichsam aus dem Nichts geschaffen werden kann, während die Wirkleistung dem Satz von der Aufrechterhaltung der Energie streng unterliegt. Schon aus diesem Grunde ist es nicht gerechtfertigt, Blind- und Wirkleistung nach demselben Maß, z. B. beide nach kW zu messen. Das Kreisdiagramm einer so stark *übererregten Asynchronmaschine* zeigt Bild 79. Der Kreismittelpunkt einer erregten Maschine verlegt sich gegenüber dem gewöhnlichen Kreisdiagramm nach der Ordinatenachse hin. Der Kreisradius wird dadurch beträchtlich vergrößert und der Strom nimmt voreilende Werte an. Die Erregung kann soweit gesteigert werden, daß der Leerlaufstrom mit $\cos \varphi = 0{,}0$ voreilend die Grenze der höchstmöglichen Ausnutzung erreicht. Die Vergrößerung des Kreisdurchmessers zeigt, daß auch bei der LK-Maschine durch starke Erregung eine bedeutende Erhöhung des Kippmomentes bewirkt wird. Dies bedeutet einen außerordentlich stabilen Lauf, der von Spannung- und Frequenzschwankungen in hohem Maße unabhängig ist.

Man kann den Erregertransformator nach Bild 80 so ausführen, daß die sekundäre Wicklung über den Sternpunkt hinaus verlängert ist. Werden an einen solchen regelbaren Transformator Stufen eingeschaltet, die jenseits des Sternpunktes liegen, so wird die Erregerspannung beim Überschreiten des Sternpunktes um 180° umgekehrt. Die Erregerströme im Läuferstromkreis der Blindleistungsmaschine fließen in entgegengesetzter Richtung, es tritt die sogenannte *Gegenerregung* ein. Im Kreisdiagramm (Bild 79) äußert sich dies durch eine Verlegung des Kreismittelpunktes in der entgegengesetzten Richtung wie bei der Erregung. Der Kreis wird erheblich kleiner, das Kippmoment niedriger und der vom Netz aufgenommene Magnetisierungstrom wächst weit über denjenigen hinaus, der nach dem normalen Kreisdiagramm zum Aufbau des Hauptfeldes notwendig ist. Es wird also ein künstlicher Blindleistungsverbrauch geschaffen. Nach Bild 58 wird die hohe, dem Netz entnommene Blindleistung in der Drehfeldmaschine (der Hauptmaschine) von Netz- auf Schlupfperiodenzahl umgeformt — sie geht dabei

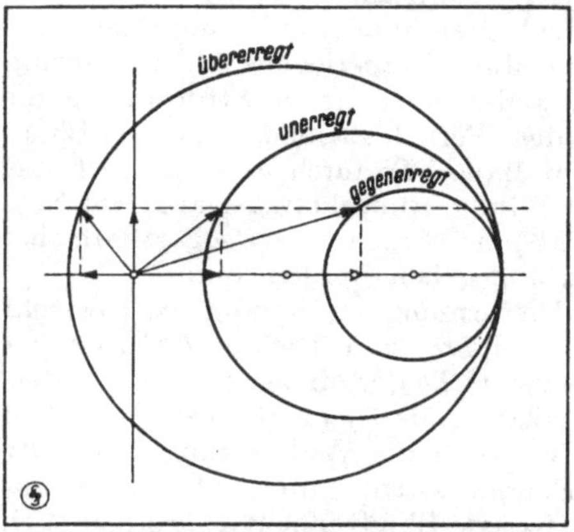

Bild 79. Stromdiagramm der über- oder gegenerregten Asynchronmaschine.

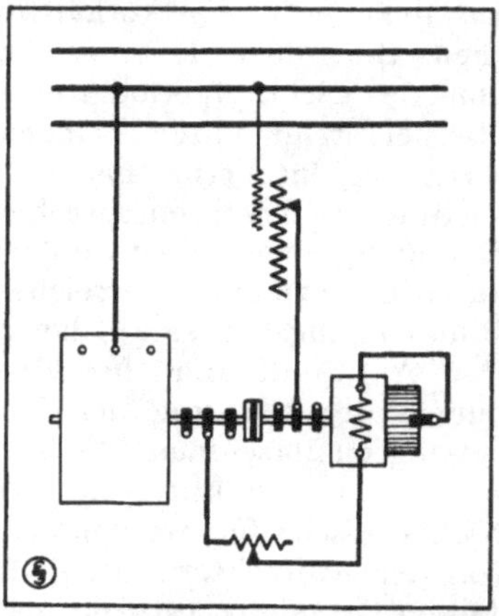

Bild 80. Asynchronmaschine mit LK-Maschine für Über- und Gegenerregung.

auf weniger als 1 % ihrer Leistung zurück — erregt mit dieser die LK-Maschine noch verhältnismäßig hoch, und diesem Magnetisierungsvorgang wird durch eine ganz geringe Blindleistungsabgabe über den Transformator an das Netz das Gleichgewicht gehalten. Es ist also ein genau umgekehrter Vorgang wie bei der Blindleistungserzeugung, ein künstlicher Blindleistungsverbrauch mit *Blindleistungsvernichtung*.

Die starke Erregung der asynchronen Blindleistungsmaschine bedeutet hohe Stromstärken im Läuferkreis. Die LK-Maschine, die schon bei gewöhnlicher Erregung hohen Strom führen muß, würde bei größeren Leistungen für mehrere 1000 A bemessen sein müssen. Der Aufwand an Kupfer und die große Länge der Kommutatoren würden solche Anordnungen unwirtschaftlich gestalten. Durch Heraufsetzung der Läuferspannung hat man jedoch ein Mittel in der Hand, mit dem die Läuferstromstärken innerhalb gewöhnlicher und beherrschbarer Grenzen gehalten werden. Bei Steigerung der Läuferspannung tritt im Augenblick des Einschaltens der stillstehenden Maschine ein sehr hoher Spannungswert von mehreren 1000 V auf. Wenn auch die Läuferkonstruktion genügend isoliert werden kann, so ist man in einem solchen Fall nicht mehr in der Lage, gewöhnliche Anlasser mit aufgelöstem Nullpunkt (Bild 80) zu verwenden. Bei etwa 1500 bis 2000 V ist Flüssigkeitsanlassern eine Grenze gesetzt. Die Verwendung von Ölwiderständen mit Stufenanlassern verbietet sich aus wirtschaftlichen Gründen, da die Walzen oder Flachbahnkontakte für Hochspannung ausgeführt werden müßten. Asynchrone Blindleistungsmaschinen mit hohen Läuferspannungen werden deshalb nach Bild 81 mit festen Widerständen angelassen. Das Anlaufmoment sinkt während des Anlaufs, da die Schlupfspannung und der Läuferstrom mit steigender Drehzahl fallen. Trotzdem benötigt der Anlauf auch bei größten Maschinen nicht mehr als 1 bis 2 Minuten. Nachdem sich die Drehzahl der betriebsmäßigen asynchronen genähert hat, wird durch einen Trennschalter die LK-Maschine auf den Läuferkreis geschaltet. Die plötzliche Verringerung des Widerstandes im Läuferstromkreis könnte immer noch einen gewissen Stromstoß für das Netz bedeuten, man kann deshalb vor die LK-Maschine noch einen Anlasser mit aufgelöstem Nullpunkt legen, der den Übergang zum völligen Kurzschluß des Läuferkreises sanfter gestaltet. Dieser Anlasser, der erst eingeschaltet wird, wenn die Schlupfspannung auf einen geringen Betrag herabgegangen ist, braucht nur für einen kleinen Bruchteil der gesamten Anlaßleistung bemessen zu werden. Durch diese Anordnung wird der Anlauf nicht nur vereinfacht, sondern auch die Anlagekosten verringert. Ein Fliehkraftschalter löst den Hauptschalter aus, falls der Trennschalter vorzeitig, d. h. bei zu niedriger Drehzahl, eingelegt werden sollte.

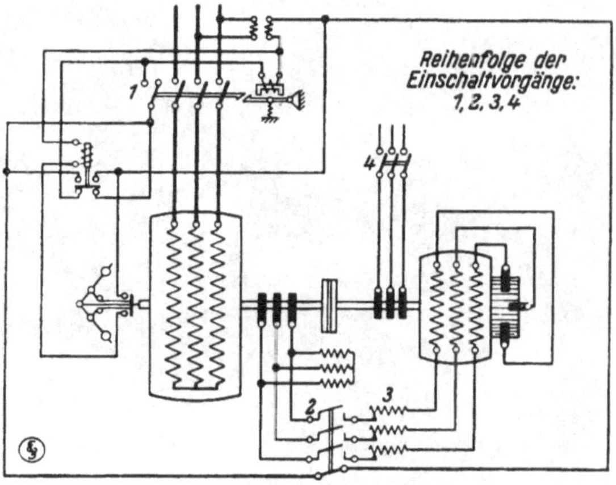

Bild 81. Anlaßschaltung für asynchrone Blindleistungsmaschine.

Bei höheren Läuferspannungen verwendet man zuweilen die Stern-Dreieckschaltung im Läuferkreis, um die Stillstandspannung herabzusetzen. Die Maschine wird dann in Dreieck mit festen Widerständen hochgefahren und später mit der LK-Maschine in Sternschaltung erregt. Auch durch Anzapfung der Läuferwicklung oder Anordnung besonderer Anlaufwicklungen kann die Spannung für die Anlaßapparate herabgedrückt werden.

Für die Regelung der Blindleistung gilt das gleiche, was für die LK-Maschine im allgemeinen gesagt wurde. Zumeist reichen Stufentransformatoren aus, nur bei selbsttätigen Anordnungen muß man zu stufenlos regelbaren Transformatoren oder Umformern greifen.

Die asynchrone Blindleistungsmaschine erlebte infolge ihrer vorzüglichen Eigenschaften eine selten schnelle Entwicklung. Bald, nachdem sie von *Schenkel* angegeben wurde, erreichte sie bereits die

Bild 82. Asynchrone Blindleistungsmaschine für 5000 BkVA, 6300 V, 50 Hertz, 1000 U/min mit Erregermaschine.

Leistung von 5000 BkVA (Bild 82). Die Anwendung von Blindleistungsmaschinen an sich war bei ihrem Erscheinen nicht unbekannt, jedoch wurde dieses Gebiet ausschließlich von synchron laufenden Maschinen bestritten. Diesen gegenüber hat die asynchrone Anordnung entscheidende Vorteile. Das Anlassen, das bei Synchronmaschinen Anlaßtransformator und Stufenschalter, bei größeren Leistungen Anwurfmotoren und Synchronisierungsvorgang bedingt, wird bei der asynchronen Blindleistungsmaschine beinahe noch einfacher beherrscht als beim gewöhnlichen Asynchronmotor, denn sie läuft mit festen Läuferwiderständen bis zu hoher Drehzahl völlig selbsttätig hinauf.

Die Anlaßströme so großer Einheiten, wie sie mit 15000 BkVA asynchron ausgeführt worden sind (Bild 83), können für die Netzverhältnisse bei Synchronmaschinen außerordentlich unangenehm werden. Diese haben bei Selbstanlauf sehr hohe Anlaufströme, und war ein Netz erst auf hoher Belastung angekommen, so konnten die schwer belasteten Generatoren die hohen Anfahrströme nicht mehr aufnehmen. Das Einsetzen von synchronen Blindleistungsmaschinen im Augenblick der starken Belastungspitzen war dann nicht möglich. Die Maschinen mußten in solchen Fällen bereits zu Zeiten niedriger Belastung, also Stunden vor dem eigentlichen Bedarf, in Betrieb genommen werden, und ihre Verluste waren bis zum Einsetzen der Belastungspitzen ebenfalls in Kauf zu nehmen. Bei asynchronen Blindleistungsmaschinen ist der Anfahrstrom bei geeigneter Bemessung der Anlaßapparate wenig größer als der Magnetisierungstrom, den die Maschine selbst braucht, so daß der Anlauf zu dem Zeitpunkt erfolgen kann, in dem ihre Blindleistungs-

Bild 83. Asynchrone Blindleistungsmaschine für 15000 BkVA, 6000 V, 50 Hertz, 750 U/min mit LK-Erregermaschine.

erzeugung zur Entlastung des Netzes und der Generatoren notwendig ist.

Die bei jeder synchron laufenden Maschine vorhandene Pendelgefahr ist bei der asynchronen Blindleistungsmaschine von Natur aus vermieden. Ein Außertrittfallen ist überhaupt unmöglich, und unter Berücksichtigung des hohen Kippmomentes ist eine ganz besonders große Unempfindlichkeit gegen Spannung- und Frequenzschwankungen vorhanden.

Dieser stabile Lauf der Blindleistungsmaschinen ermöglicht einen der wesentlichsten Vorteile, die *Gegenerregung*. Wird die Blindleistungserzeugung nicht so sehr zur Verbesserung des Leistungsfaktors an sich als vielmehr zur Spannungsregelung auf längeren Leitungen benutzt, so ist es vorteilhaft, wenn mit ihr die Möglichkeit des Blindleistungsverbrauches vereinigt ist. Werden die Spannungsverhältnisse einer

Leitung so eingerichtet, daß bei Leerlauf am Speisepunkt die normale Betriebspannung vorhanden ist, so setzt mit zunehmender Belastung ein Spannungsabfall ein, der durch eine entsprechende Blindleistungserzeugung wieder aufgehoben werden kann. Die Übersetzungsverhältnisse der Transformatoren können aber auch so bemessen werden, daß die richtige Spannung am Speisepunkt bei einer mittleren Belastung vorhanden ist und daß bei Leerlauf der Leitung eine zu hohe, bei Vollast oder gar Überlast eine zu niedrige Spannung am Speisepunkte herrscht. Der unerwünschte Spannungsanstieg kann durch einen Blindleistungsverbrauch, der Spannungsabfall durch eine Blindleistungserzeugung beseitigt werden. Eine Blindleistungsmaschine, die in solchen Fällen verwendet wird, muß also nach der Summe ihrer höchstmöglichen Blindleistungserzeugung und ihres höchstmöglichen Blindleistungsverbrauches gewertet werden.

Die Synchronmaschine kann zwar durch Untererregung zu einem gewissen Blindleistungsverbrauch gebracht werden. Um aber im Synchronismus zu bleiben, muß sie stets wenigstens etwas erregt werden, infolgedessen kann ihr Blindleistungsverbrauch nie denjenigen Wert übersteigen, den sie zu ihrer eigenen Magnetisierung braucht. Außerdem entwickelt die synchrone Blindleistungsmaschine bei Untererregung ein sehr geringes synchronisierendes Moment, sie gibt also allen Pendeleinflüssen außerordentlich leicht nach und fällt schon bei geringen Unruhen im Netz außer Tritt.

Die asynchrone Blindleistungsmaschine kann zunächst völlig unerregt am Netz laufen. Sie nimmt dann ihre volle Magnetisierung aus dem Netz und hat dabei eine bessere Stabilität als eine voll erregte Synchronmaschine. Darüber hinaus kann sie aber nach Bild 79 durch Gegenerregung zu einem über den eigenen Blindleistungsbedarf hinausgehenden Blindleistungsverbrauch gebracht werden. Dieser Möglichkeit sind nur dadurch Grenzen gesetzt, daß mit wachsender Gegenerregung das Kippmoment abnimmt. Immerhin ist es möglich, bis nahezu an die volle kVA-Ausnutzung auch bei Blindleistungsverbrauch zu gehen. Hierbei läuft die asynchrone Blindleistungsmaschine immer noch weit besser als ein stark untererregter Synchronmotor.

Man ist also in der Lage, mit asynchronen Blindleistungsmaschinen infolge ihres höheren Blindleistungsverbrauches größere Spannungsabfälle zu beherrschen als mit Synchronmaschinen gleicher Größe. Andererseits kommt man bei einem bestimmten Spannungsabfall im asynchronen Betrieb mit erheblich kleineren und billigeren Maschinen bei geringeren Verlusten aus.

Wenn die günstigeren Verhältnisse beim Blindleistungsverbrauch einer asynchronen Blindleistungsmaschine auch nur seltener zur Auswirkung kommen können, so weist die Kurzschlußcharakteristik dieser Maschinenart doch bedeutende Vorteile auf, die wohl stets ins Gewicht fallen.

Bei gleichstromerregten, also Synchronmaschinen, entsteht bei Kurzschlüssen zunächst ein außerordentlich hoher Stoßkurzschlußstrom (Bild 84), der den 12 bis 15fachen Wert der Amplitude des Normalstromes annehmen kann. Es erklärt sich dies dadurch, daß der plötzlich zusammengeknickten Netzspannung ein weit geringeres Feld in der Maschine entspricht und daß beim Übergang von der hohen zur niedrigen Feldstärke eine beträchtliche Energie frei wird, die in einem entladenden, dem Wechselstrom sich überlagernden Gleichstrom abgegeben wird. Gleichzeitig arbeitet natürlich im ersten Augenblick die Maschine mit hoher Spannung auf den Kurzschlußstrom, so daß auch die Amplitude des Wechselstroms selbst hohe Werte annimmt. Die Höhe dieses Kurzschlußstromes wird lediglich durch die Widerstände bestimmt, die er zu überwinden hat; die Reaktanz des Ständers bildet hierbei den Hauptanteil, während die Läuferwicklung infolge des bei allen Synchronmaschinen vorhandenen Dämpferkäfigs sich nur verhältnismäßig gering an der Beschränkung des Kurzschlußstromes beteiligen kann. Dieser hohe Stromwert geht dann allmählich zum Dauerkurzschlußstrom über, denn die Erregung von der Gleichstrom-Erregermaschine hält unverändert an und veranlaßt die synchrone Blindleistungsmaschine, den Kurzschluß dauernd mit einem gewissen, meist weit über dem Normalwert liegenden Strom zu speisen.

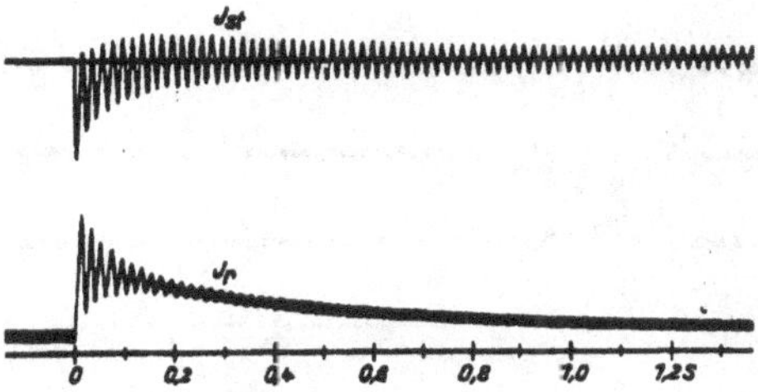

Bild 84. Verhalten einer Synchronmaschine bei dreipoligem Kurzschluß.

Beide Erscheinungen sind insbesondere für die Schaltanlagen der Netze gefährlich. Die außerordentlich hohen Stoßkurzschlußströme beanspruchen die mechanische Festigkeit, da durch die hohen magnetischen Felder dieser höchsten Ströme starke Kräfte hervorgerufen werden. Das Abklingen des Kurzschlußstromes findet so langsam statt, daß bei dem innerhalb 0,3 bis 0,5 Sekunden erfolgenden Abschalten noch verhältnismäßig sehr hohe Stromstärken unterbrochen werden müssen. Selbst wenn besondere Entregungsvorrichtungen wie Schwingungskreise, Kapazitätsmaschinen usw. vorgesehen werden, kann höchstens das Abklingen des Kurzschlußstromes beschleunigt werden; auch dann bleibt eine starke Beanspruchung der Schalter bestehen. Die Schaltanlagen werden also sowohl durch den Stoßkurzschlußstrom als durch den Dauerkurzschlußstrom ganz erheblich beeinflußt.

Bei der asynchronen Blindleistungsmaschine kann der Stoßkurzschlußstrom erheblich niedriger gehalten werden. Besondere Dämpfungseinrichtungen wie Käfige, metallene Nutenverschlußkeile usw. brauchen wegen der Unmöglichkeit jeder Pendelgefahr nicht verwendet zu werden. Die Reaktanz des Läufers kommt also voll zur Geltung. Man ist überhaupt in der Lage, den Asynchronmaschinen höhere Streuungen zu geben, da eine höhere Erregung durch die LK-Maschine keine Schwierigkeiten bietet. Der Aufbau des asynchronen Läufers aus Blechen ist der raschen Änderung des Feldes günstig. Die Kurzschlußverhältnisse liegen also schon aus der Dimensionierung heraus günstiger als bei der Synchronmaschine. Das Abklingen wird aber weiter dadurch beschleunigt, daß die Drehstrom-Erregermaschine aus dem Netz gespeist wird. Da die Netzspannung im Augenblick eines dreipoligen Kurzschlusses fast völlig zusammenbricht, wird die Erregung der Blindleistungsmaschine unmittelbar selbsttätig unterbunden. Infolgedessen klingt der an sich geringe Kurzschlußstrom innerhalb weniger Perioden auf einen unbeträchtlichen Wert ab, und nach der schnellsten Schaltzeit, die mit 0,2 Sekunden kürzestens angenommen werden kann, ist der Kurzschlußstrom praktisch nicht mehr vorhanden (Bild 85).

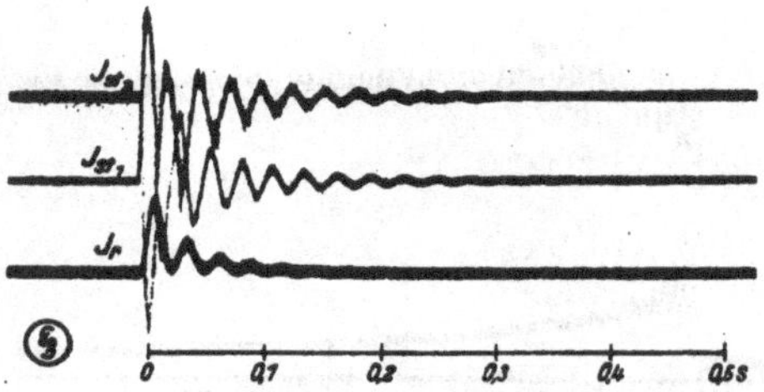

Bild 85. Verhalten einer asynchronen Blindleistungsmaschine bei dreipoligem Kurzschluß.

Diese Kurzschlußcharakteristik erhöht die Verwendungsmöglichkeit der asynchronen Blindleistungsmaschine und die Sicherheit der durch sie gegebenen Kurzschlußverhältnisse beträchtlich. Beim Einbau von Blindleistungsmaschinen hat man es meist mit einer nachträglichen Maßnahme zu tun, wenn durch Erweiterungen oder Überlastungen die vorhandenen Generatoren und Übertragungsmittel nicht mehr ausreichen. Die vorhandenen Schaltanlagen sind bestenfalls auf den Kurzschlußstrom der im Netz vorhandenen Maschinen eingerichtet. Diejenigen Fälle, in denen sie im Kurzschluß erheblich stärker beansprucht werden können, dürften selten sein. Die nachträgliche Aufstellung von synchronen Blindleistungsmaschinen, die die Kurzschlußströme ganz erheblich verstärken, stößt demnach in vielen Fällen auf größte Schwierigkeiten, da eine Blindleistungserzeugung, die den Umbau ganzer Schaltanlagen notwendig macht, von vornherein unwirtschaftlich sein muß.

Die Verluste der asynchronen Blindleistungsmaschinen sind eher geringer als diejenigen der synchronen, sie betragen bei größeren Leistungen nur etwa 3 kW je 100 BkVA. Die geringeren Luftreibungsverluste des im Gegensatz zur Synchronmaschine runden Läufers sowie der niedrigere Magnetisierungstrom infolge kleineren Luftspaltes sind die Gründe für die geringeren Verluste. Man wird bei Maschinen, die hohe Benutzungszeiten aufweisen, durch erhöhten Kupferaufwand und Verwendung hochwertiger Bleche die Verlustziffer auf ein Mindestmaß herabdrücken.

Dem Gebiet der asynchronen Generatoren, dem die asynchrone Blindleistungserzeugung schon an sich sehr nahe steht, hat gerade die LK-Maschine eine weitere Entwicklung gebracht. Der Verwendung von *Asynchrongeneratoren*, für die gegenüber den Synchrongeneratoren sämtliche Vorteile der asynchronen Blindleistungsmaschinen zutreffen, stand bisher immer die Tatsache entgegen, daß durch den Magnetisierungsbedarf die Blindleistungsverhältnisse verschlechtert wurden. Die übrigen Generatoren des Netzes mußten zusätzlich nicht nur diejenige Blindleistung aufbringen, die von den Stromverbrauchern des Asynchrongenerators verlangt wurde, sondern hatten außerdem noch die Magnetisierung des Asynchrongenerators selbst zu übernehmen. Das Verhältnis Wirkleistung zu Blindleistung wurde also in doppelter Weise verschlechtert. Die LK-Maschine beseitigt diesen Nachteil vollkommen, denn sie gestattet nicht nur, den Blindleistungsbedarf des Generators zu decken, sondern dieser kann auch mit jedem beliebigen Leistungsfaktor arbeiten, so daß er die Blindleistungserzeugung für die von ihm belieferten Stromverbraucher selbst übernehmen kann. Darüber hinaus ist es sogar möglich, den Asynchrongenerator für einen besonders niedrigen Leistungsfaktor zu bauen und den älteren Generatoren damit Blindleistung abzunehmen. Gerade diese Vereinigung von Asynchrongenerator und Blindleistungsmaschine kann für ein Netz eine außerordentlich günstige Lösung bedeuten.

Werden Asynchrongeneratoren mit leistungverbrauchenden Maschinen, wie z. B. Transmissionen, Sägewerken usw. gekuppelt, so kann abwechselnd motorischer und generatorischer Betrieb verlangt sein. Überwiegt die von den Arbeitsmaschinen geforderte Leistung die gerade anfallende primäre Energie in Form von Wasser, Abdampf, Abgasen usw., so muß die Asynchronmaschine motorisch arbeiten und den Restbedarf an Arbeitsleistung decken. Tritt dagegen ein Überschuß an primärer Energie ein, so braucht man diese nicht zu vernichten, z. B. als Wasser zu Tal fließen zu lassen, sondern die Asynchronmaschine kann, als Generator arbeitend, diese Energie nutzbringend an das Netz abgeben. Hierbei ist irgendeine Umschaltung am Asynchrongenerator nicht notwendig. Die Erregung über die LK-Maschine wird nach wie vor vom Netz aus bewirkt und der Magnetisierungstrom behält ganz unabhängig von der Richtung des Arbeitstromes und unabhängig von dem über- oder untersynchronen Schlupf seine Richtung stets bei. Die Erregung und Blindleistungserzeugung ist also unabhängig von der jeweiligen Betriebsart der Maschine sichergestellt. Diese Betriebsweise

hat auch Bedeutung für Umformer, z. B. Drehstrom-Gleichstrom-Umformer, die aus den bekannten Gründen asynchron ausgeführt werden müssen und bei denen je nach den Belastungsverhältnissen der einzelnen Netze einmal eine Speisung aus dem Gleichstromnetz an das Drehstromnetz, das andere Mal eine Stromversorgung in umgekehrter Richtung stattfinden muß.
Die Entwicklung der LK-Maschine und damit der Blindleistungsfrage hat auf dem Gebiet der Asynchrongeneratoren einen weiteren Fortschritt gezeitigt, indem es gelungen ist, einen solchen Asynchrongenerator auch takthaltend zu gestalten. Damit ist wenigstens grundsätzlich auch der letzte Vorteil, den die synchrone Anordnung bisher für

Bild 86. Selbständiger Asynchron-Generator 230 kVA, 2000 V, 500 U/min, 50 Hertz, $\cos \varphi = 0{,}90$ mit LK-Erregermaschine.

sich in Anspruch nahm, ebenfalls erreicht. Bild 86 zeigt einen Asynchrongenerator, der mit der konstanten Frequenz von 50 Hertz ein Netz selbständig versorgen kann, ohne daß in diesem irgendwelche Synchronmaschinen laufen.
Wenn man bedenkt, daß die LK-Maschine gleichzeitig für die Ausbildung von Regelsätzen hervorragende Möglichkeiten gegeben hat, übersieht man das große Gebiet, daß durch diese Maschine dem Elektromaschinenbau und der Elektrizitätswirtschaft eröffnet worden ist.

Die kompensierten Motoren.

Für die Erregung sowohl asynchron wie synchron laufender Maschinen besteht die Möglichkeit, den Erregerstrom bzw. die Erregerspannung in der zu erregenden Maschine selbst zu erzeugen. Es bedeutet dies gleichsam eine Vereinigung der Hauptmaschine mit der Erregermaschine. Derartige Anordnungen sind unter dem Namen *kompensierte Motoren* bekannt geworden. Der enge Zusammenhang der Drehzahlregelung und der Erregung von Drehstrommaschinen hat sich auf diesem Gebiet ganz besonders stark ausgewirkt. Es gibt keinen einzigen kompensierten Motor, der nicht bereits seit vielen Jahren seinen Vorgänger in einem verlustlos regelbaren Kommutatormotor hat. Die grundlegenden Erkenntnisse, die für die reine Erregung derartiger Maschinen notwendig waren, wurden zusammen mit der Entwicklung der regelbaren Kommutatormotoren gewonnen. Da aber zum Zeitpunkt dieses Entwicklungsvorganges, um die Jahrhundertwende und später, für die Verbesserung des Leistungsfaktors kein wesentliches Interesse bestand, ist die Anwendung der reinen Erregung bei diesen Maschinen liegen geblieben. Nachdem die Leistungsfaktorfrage in der Nachkriegszeit brennend wurde, konnte auf diese bereits geleistete Arbeit mit Leichtigkeit zurückgegriffen werden. — Es wurden nichtregelbare Kommutatormaschinen herausgebracht, die mit $\cos \varphi = 1$ liefen und die unter dem Namen kompensierte Motoren vielfach als vollständige Neuerscheinungen hingestellt wurden. Ihre Bedeutung wurde zunächst weit überschätzt. Der Ruf nach dem guten Leistungsfaktor ließ an vielen Orten übersehen, daß der Kommutator die Betriebsicherheit einer Maschine recht empfindlich beeinflußt. Wenn vorgeschlagen wurde, an Stelle der normalen Drehstrommotoren nunmehr ausschließlich kompensierte Motoren zu verwenden, selbst bis zu kleinen Leistungen herab, so vergaß man, daß man mit einer solchen Maßnahme gerade den entgegengesetzten Weg einschlagen würde, den man bisher in der Entwicklung des Elektromaschinenbaues beschritten hatte. Das bisherige Bestreben war gewesen, durch die Einführung des Drehstromes und insbesondere durch die Anwendung von Kurzschlußläufermotoren die Kosten auf einen kleinsten Wert und die Betriebsicherheit auf das Höchste zu steigern. Daß die Blindleistungserzeugung an so kleinen Maschinen einen unverhältnismäßig teuren Weg für die angestrebte Verbesserung des Leistungsfaktors darstellt, wird im folgenden noch näher ausgeführt werden.

Die Verhältnisse haben sich heute geklärt. Für die kompensierten Motoren kleinster Leistungen wird sich kaum eine weitgehende Verwendung finden lassen; dies trifft sowohl für Deutschland als auch für das Ausland zu. Lediglich bei Leistungen, die über 10 bis 15 kW liegen, können sich kompensierte Motoren noch behaupten. Für die obere Leistungsgrenze wird ebenfalls nicht nur der Gesichtspunkt ausschlaggebend sein, wie groß man derartige Maschinen überhaupt bauen kann. Auch hier wird die Betriebsicherheit eine wesentliche Rolle spielen. Der konstruktive Zusammenbau des Kommutators mit dem Motor selbst bedingt einen Ausfall der ganzen Maschine, wenn an dem empfindlichsten

Teil, dem Kommutator, eine Störung eintritt. Bei kleineren Leistungen wird sich ein Reservemotor schnell beschaffen lassen, bei größeren ist dies in absehbarer Zeit zumeist ausgeschlossen. Verwendet man Maschinen, die durch besondere Erregermaschinen in ihrem Leistungsfaktor verbessert werden, so kann der Motor unabhängig von seiner Erregung im Betrieb bleiben, denn die Erregermaschine kann ohne weiteres abgeschaltet werden. Wo die obere Leistungsgrenze der kompensierten Motoren zu ziehen ist, kann natürlich im allgemeinen nicht entschieden werden. Bei 50 kW mag bereits die Leistung überschritten sein, für die man in jedem Fall noch kompensierte Motoren vorschlagen kann.

Der ständergespeiste kompensierte Motor.

Der seit langem bekannte *Winter-Eichberg-Motor* wird in seiner Drehzahl dadurch geregelt, daß seinem Läufer über einen Kommutator

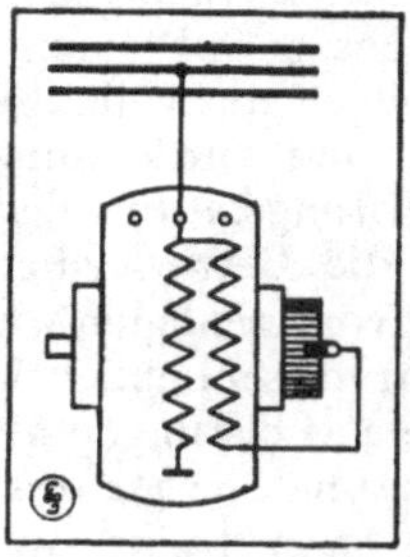

Bild 87. Ständergespeister kompensierter Motor.

Bild 88. Ständergespeister kompensierter Motor.

eine Spannung aufgedrückt wird, die in Phase mit der in der Läuferwicklung induzierten EMK liegt. Die Erkenntnis, daß in einer derartigen Anordnung die reine Erregung der Maschinen dadurch möglich ist, daß die Kommutatorspannung senkrecht zu der sekundären EMK gelegt wird, führte *Heyland* bereits im Jahre 1900 zu seinem *ständergespeisten kompensierten Motor* (Bild 87 u. 88). Auf dem Ständer dieser Maschine ist eine zweite Wicklung aufgebracht, die mit den Kommutatorbürsten verbunden ist. Durch die transformatorische Wirkung der beiden Ständerwicklungen wird eine für die Erregung geeignete Spannung erzeugt. Werden die Bürsten in eine solche Lage gebracht, daß diese Spannung senkrecht zu der im Läufer induzierten Spannung steht, so entnimmt der Läufer dem Netz über den Ständer einen Erregerstrom. Da dieser durch den Kommutator auf die niedrige Schlupfperiodenzahl umgeformt wird, handelt es sich dabei nur um außerordentlich geringe Blindleistung.

Praktisch wird dem Läufer eine zweite Wicklung aufgebracht, und zwar zumeist in der Form eines Kurzschlußkäfigs. Dieser führt dann im Betriebe die Arbeitströme, während die Kommutatorwicklung im wesentlichen nur zur Aufnahme der Erregerströme dient.

Die Kurzschlußwicklung hat ihre größere Aufgabe in der Verbesserung der Kommutierung. Beim Anlauf werden die unter den Bürsten kurzgeschlossenen Spulen vom Ständerfeld im Takt der Netzfrequenz (50 Hertz) durchflutet. Diese für eine Kommutatormaschine hohe Frequenz erzeugt unter den Bürsten eine hohe Transformatorspannung, die ein erhebliches Bürstenfeuer im Stillstand und bei niedrigen Drehzahlen verursacht. Durch das Vorhandensein eines Dämpferkäfigs wird diese Feldwirkung auf ein geringstes Maß beschränkt, die Transformatorspannung kann sich nicht in betriebstörendem Maße ausbilden, so daß die Maschine völlig funkenfrei anläuft.

Wenn grundsätzlich die Möglichkeit besteht, durch Verwendung von Schleifringen und Anlasser oder durch Einschalten von Widerständen in den Bürstenstromkreis den Anlaßvorgang zu beherrschen, so sind, wie die Erfahrung gezeigt hat, alle diese Anlaßverfahren stets mit einem starken Feuern verbunden, die Kommutierung wird aber hierdurch insbesondere bei häufigerem Anlassen erheblich beeinträchtigt. Praktisch wird deshalb der ständergespeiste kompensierte Motor nur als Kurzschlußläufermotor Verwendung finden können.

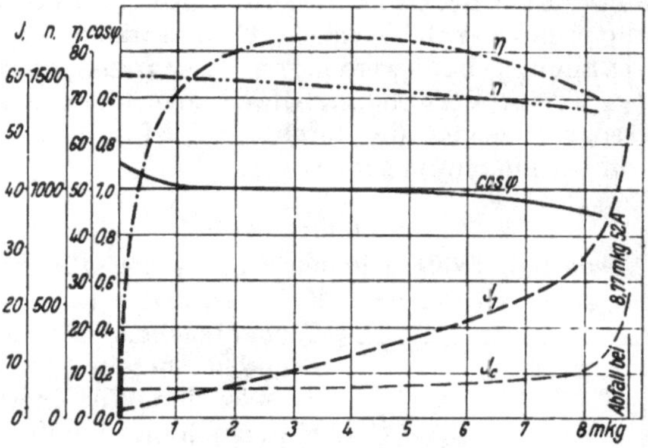

Bild 89. Betriebskurven eines ständergespeisten kompensierten Motors.

Diese Beschränkung hat selbsttätig seine obere Leistungsgrenze festgesetzt, da zu Zeiten, in denen dieser kompensierte Motor eine Rolle spielte, die Elektrizitätswerke den Anschluß von Kurzschlußläufermotoren nur bis 5,5 kW zuließen. So hat im allgemeinen seine Entwicklung bei dieser Grenze Halt gemacht.

Gewöhnlich wird der ständergespeiste kompensierte Motor mit $\cos \varphi = 1$ bei Vollast ausgeführt, bei Entlastung bleibt dieser Leistungsfaktor annähernd bestehen (Bild 89). Da die Anlaufverhältnisse dieses Motors nicht so günstig sind wie diejenigen von Kurzschlußläufermotoren neuester Ausführung, so empfiehlt es sich, besonders wenn sie mit Stern-Dreieck-Schaltung angelassen werden, einen Fliehkraftanlasser vorzusehen. Das Kippmoment dieser Maschinen ist infolge der Erregung größer als bei gewöhnlichen Drehstrommotoren. Beim Drehrichtungswechsel müssen wie bei Drehstrommotoren zwei Phasen im Ständerstromkreis vertauscht werden. Gleichzeitig wird aber auch eine Umkehrung im Läuferstromkreis notwendig, die am einfachsten durch eine Verstellung der Bürstenbrücke vorgenommen wird. Durch Anschlüsse und Marken mit Drehrichtungspfeilen wird die richtige Stellung der Bürsten jeweils gekennzeichnet. Bei häufigerem Drehrichtungswechsel tritt an Stelle der Bürstenverschiebung eine Umschaltung im Erregerstromkreis. Wird eine dieser Maßnahmen im Erregerstromkreis beim Drehrichtungswechsel versäumt, so läuft die Maschine mit Gegenerregung, hat einen erhöhten Blindleistungsverbrauch und kann unter Umständen zu hohe Temperaturen annehmen.

Der ständergespeiste kompensierte Motor hat sich im Betrieb besonders hinsichtlich der Kommutierung gut bewährt, da die Erregerspannung nur wenige Volt beträgt. Grundsätzlich kann er für jede beliebige Spannung gebaut werden; der Ausnutzung dieses Vorteils wie überhaupt der weiten Verwendung dieser Maschinen stand die obere Leistungsgrenze entgegen, die durch die Ausführung als Kurzschlußläufermotor von vornherein gegeben war.

Der läufergespeiste kompensierte Motor.

Wesentlich größere Bedeutung als der ständergespeiste hat der *läufergespeiste kompensierte Motor* erlangt. Bereits im Jahre 1902 hat sich *Osnos* eingehend mit dieser Maschine beschäftigt, nachdem bereits vor der Jahrhundertwende *Blondel* den Weg hierfür gewiesen hatte. Die Untersuchungen liefen damals sowohl auf das Ziel der Erregung wie der Drehzahlregelung hinaus. Wie beim Winter-Eichberg-Motor lag auch hier die erste praktische Anwendung auf dem Gebiet der Drehzahlregelung, und unter Weiterentwicklung der von Osnos gegebenen Gedanken führten die Siemens-Schuckertwerke im Jahre 1912 ihren *läufergespeisten Drehstrom-Nebenschlußmotor* aus, der auch heute noch das Gebiet der regelbaren Drehstrom-Nebenschlußmotoren beherrscht. Bei diesen läufergespeisten Maschinen (Bild 90) liegt die Sekundärwicklung im Ständer und ist mit den Bürsten des Kommutators verbunden. Dieser liegt nicht an der auf dem Läufer aufgebrachten Primärwicklung, da die Spannungswerte des Netzes für die Erregung nicht geeignet wären, der Läufer hat vielmehr eine zweite Wicklung, die mit dem Kommutator verbunden ist. Diese beiden Läuferwicklungen bilden einen

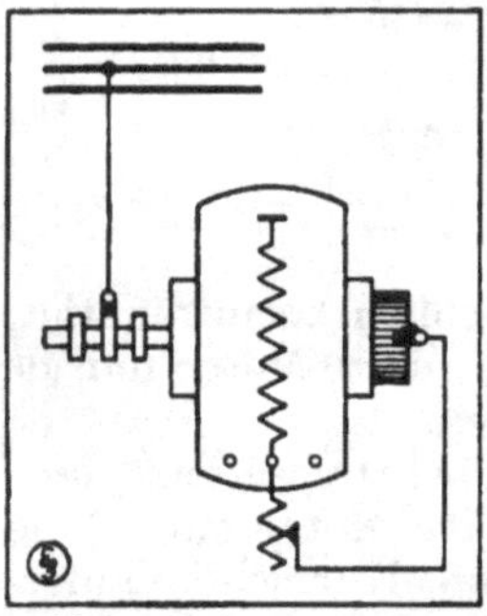

Bild 90. Schaltung des läufergespeisten kompensierten Motors.

sich drehenden Transformator, der den Kommutator mit der Erregerspannung beschickt. Die Läufererregerwicklung erhält infolge der niedrigen Erregerspannung von etwa 10...20 V geringe Abmessungen. Dementsprechend wird auch der Kommutator verhältnismäßig klein, und die Kommutierung ist leicht zu beherrschen.

Der Aufbau dieser Maschine mit Läuferspeisung vermeidet die Kommutierungschwierigkeiten durch hohe Transformatorspannung im Anlauf. Es ist also ohne weiteres möglich, in den sekundären Ständerstromkreis einen Anlasser, z. B. mit aufgelöstem Nullpunkt (wie im Bild 90), anzubringen und den ganzen Anlaufvorgang wie beim gewöhnlichen Drehstrommotor mit Schleifringen zu beherrschen. Dem Vorschlag von Blondel folgend, gibt man dem Ständer des Motors eine zweite kurzgeschlossene Wicklung geringer Abmessung, die einen gewissen Teil der sekundären Arbeitströme führt und verbessernd auf die Kommutierung wirkt.

Die Bürsten erhalten eine solche Lage, daß die von der Läufererregerwicklung der sekundären Ständerwicklung aufgedrückte Erregerspannung senkrecht zur sekundären EMK des Motors steht. Wird diese Phasenlage der Erregerspannung verändert, so tritt Drehzahlregelung ein; man kommt hierbei in den Bereich des läufergespeisten Drehstrom-Nebenschlußmotors. Bei ihm müssen sowohl Größe wie Phasenlage der Erregerspannung beherrscht werden, infolgedessen rüstet man sie mit einem zweiten Bürstensatz aus, der an das andere Ende der Ständerwicklung gelegt wird. Beide Bürstensätze sind verschiebbar angeordnet und ermöglichen so die Regelung zwischen 50 und 150 % der synchronen Drehzahl bei einem Leistungsfaktor, der durchschnittlich im ganzen Regelbereich höher liegt als beim gewöhnlichen Drehstrommotor.

Bild 91. Läufergespeister kompensierter Motor.

Der läufergespeiste kompensierte Motor bedeutete also, als er nach dem Kriege wieder aufgenommen wurde, nur eine vereinfachte Ausführung des seit Jahren in Betrieb befindlichen läufergespeisten Drehstrom-Nebenschlußmotors, ihm kamen alle Erfahrungen zugut, die in der Zwischenzeit mit dem regelbaren Motor gemacht waren.

Im äußeren Aufbau (Bild 91) weicht der läufergespeiste Motor vom gewöhnlichen Drehstrommotor noch dadurch ab, daß die Schleifringe außerhalb der Lager aufgebracht sind. Wie bei der LK-Maschine erreicht man dadurch einen kürzeren Lagerabstand, der sich bei diesen als Motor arbeitenden Maschinen besonders günstig für ruhigen Lauf auswirkt. Durch die Kupplung mit der Arbeitsmaschine oder infolge des Riemenantriebes können leicht Vibrationen der Welle aufgedrückt werden, die die Kommutierung beeinträchtigen. Infolge des kurzen Lagerabstandes wird die Auswirkung dieser Störung auf das kleinste Maß beschränkt.

Die Herausführung der primären Wicklungsenden außerhalb der Lager gestattet ferner die Anbringung einer Buchse, in deren Innerem durch entsprechende Paßstücke die bekannte Stern-Dreieck-Umschaltung bequem und sicher ausgeführt werden kann. Dies bedeutet die Möglichkeit, Motoren für 220/380 V zu bauen und die Anwendungsmöglichkeit der einzelnen Maschinen zu erweitern.

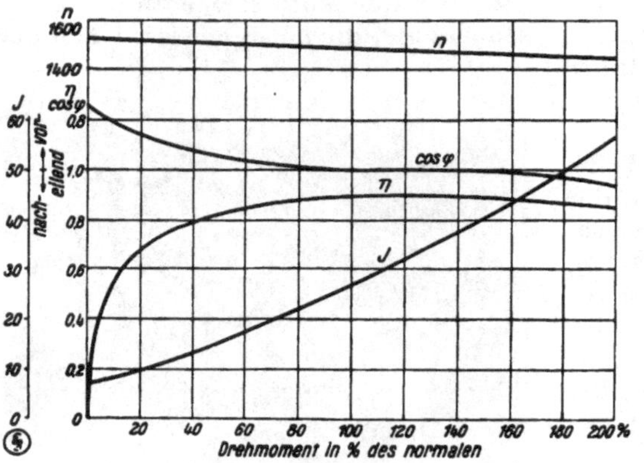

Bild 92. Betriebskurven eines läufergespeisten kompensierten Motors.

Die Trennung von Schleifringen und Kommutator bringt den weiteren Vorteil mit sich, daß der für die Kommutierung nicht zuträgliche feine Bronzestaub der Schleifringe auf den Kommutator nicht einwirken kann. Ferner ist es möglich, durch eine einfache Kappe die Schleifringe abzudecken. Dies ist eine unbedingte Forderung bei sämtlichen läufergespeisten Maschinen, da die Schleifringe die Netzspannung führen und das Bedienungspersonal nicht daran gewöhnt ist, daß während des Laufes an Schleifringen lebensgefährliche Spannungen auftreten können. Die geänderte Lage der Schleifringe ermöglicht ihre Abdeckung, ohne daß der Kommutator hierbei unzugänglich gemacht wird. Die dauernde Beobachtungsmöglichkeit und leichte Bedienung der Kommutatorbürsten ist aber für die Betriebsicherheit eines Kommutators eine unerläßliche Forderung.

Mit Rücksicht auf die günstige Bemessung dieser Motoren wird der Bürstenspannung eine geringe drehzahlregelnde Wirkung im Leerlauf gegeben. Die Maschine läuft also bei Leerlauf um ein Geringes übersynchron, erreicht bei Belastungen den Synchronismus und geht erst bei Vollast zum normalen untersynchronen Betrieb über (Bild 92). Der Leistungsfaktor beträgt bei Vollast 1 und geht bei Entlastung auf voreilende Werte, also zur Blindleistungserzeugung über. Wenn man grundsätzlich wohl die Möglichkeit hätte, die Maschinen so zu bemessen,

daß der Leistungsfaktor bei allen Belastungen gleich 1 ist, so soll man sich den Vorteil des voreilenden Leistungsfaktors nicht entgehen lassen, da ja die Maschine sich mit Blindleistung selbsttätig belastet, wenn die Wirklast zurückgeht. Es bedeuten diese voreilenden Leistungsfaktorwerte eine bessere Ausnutzung des angewendeten Kapitals.
Die Erregerspannung kann so bemessen werden, daß auch bei Vollast voreilende Leistungsfaktorwerte erreicht werden, die Maschine also Blindleistung erzeugt. Bei den geringen Leistungen, die auch dieser Maschine vorbehalten sind, werden solche Ausführungen verhältnismäßig selten vorkommen, und die hierdurch bedingte Einzelfabrikation würde den Preis dieser Maschine bei richtiger Kalkulation unverhältnismäßig in die Höhe treiben. Bei Maschinen so kleiner Leistung ist es auch nicht zu empfehlen, durch Bürstenverschiebung die Blindleistungserzeugung regelbar zu gestalten, da die Ausführung betriebsicherer regelbarer Bürstenbrücken entsprechende Konstruktionen verlangt, die die Maschine komplizieren und verteuern.

Das Anlaufmoment der läufergespeisten kompensierten Motoren ist ebenso groß wie dasjenige der gewöhnlichen Drehstrommotoren, das Kippmoment ist infolge der Erregung stark erhöht. Durch die gute Ausnutzungsmöglichkeit einer läufergespeisten Maschine unterscheidet sich der Wirkungsgrad nur wenig von demjenigen des gewöhnlichen Drehstrommotors; auch verhältnismäßig große Luftspalte sind ohne weiteres ausführbar, da die Erregung für den erhöhten Magnetisierungsbedarf aufkommt; dies ist für Betrieb mit schwereren Beanspruchungen von Wichtigkeit.

Einen Nachteil für diese Motoren bedeutet entschieden die Läuferspeisung, da für die Isolierung im Läufer nicht derselbe Platz zur Verfügung steht wie im Ständer. Große Maschinen oder mangelhaft isolierte Primärwicklungen sind die Folgen dieses Aufbaues. Die Ausführung für Hochspannung stößt aus dem gleichen Grunde auf größte Schwierigkeiten, so daß die Motoren nur bis 500 V gebaut werden können; besonders für große Leistungen erfährt ihre Anwendung hierdurch eine Einschränkung.

Dem ständergespeisten ist der läufergespeiste Motor durch seinen Wirkungsgrad und seine günstigeren Anlaufverhältnisse weit überlegen. Für kleine Leistungen trifft dies jedoch nicht zu, da die Unterbringung der Läufer-Erregerwicklung auf die Abmessungen der Maschine erheblichen Einfluß gewinnt und die Wicklung selbst nicht so sehr mit Rücksicht auf ihre elektrische Beanspruchung als ihre mechanische Ausführbarkeit bemessen werden muß. Die Bereiche kleinster Leistungen werden also praktisch dem ständergespeisten Motor überlassen bleiben, falls hier überhaupt kompensierte Motoren zur Anwendung kommen sollen.

Eine Abart vom läufergespeisten kompensierten Motor wurde zuerst von *Fynn* angegeben. Hier wird an Stelle der Dreibürstenschaltung (Drehstrom) auf dem Kommutator Zweibürstenschaltung verwendet. Die Folge hiervon ist ein Einspringen des Motors in den Synchronismus, die Maschine wird im Ständer über den Kommutator durch Gleichstrom erregt. Der Fynn-Motor verhält sich im großen und ganzen wie ein synchronisierter Asynchronmotor. Nachdem die asynchron laufenden kompensierten Motoren zum praktischen Gebrauch kamen, ist der Fynn-Motor so gut wie bedeutungslos geworden, da für die Wahl zwischen beiden Maschinen alle die Gesichtspunkte maßgebend sind, die über den Unterschied zwischen synchronem und asynchronem Betrieb angeführt wurden.

c) Kondensatoren.

Der physikalisch einfachste und deshalb nächstliegende Weg zur Blindleistungserzeugung ist die Verwendung von *Kondensatoren.* Rein äußerlich unterscheidet sich dieses Mittel von den bisher behandelten dadurch, daß es sich hier um einen ruhenden Apparat handelt, während bisher stets von Maschinen gesprochen wurde, die umlaufende oder wenigstens hin- und hergehende Bewegungen in ihrem Läufer ausführen. In Amerika wird diese bevorzugte Stellung des Kondensators dadurch allgemein gekennzeichnet, daß die synchronen Blindleistungsmaschinen, die einzigen, die dort Eingang gefunden haben, mit „*synchronous condensers*" bezeichnet werden. Zur Unterscheidung von diesen hat man den gewöhnlichen Kondensator zur Blindleistungserzeugung mit dem Namen „*static condenser*" belegt.

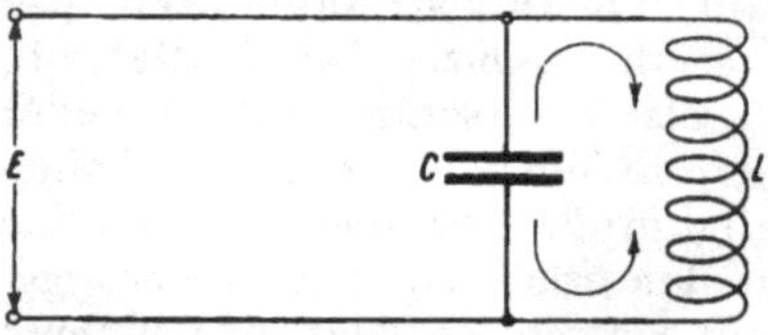

Bild 93. Erzeugung von Blindstrom durch Kondensatoren.

Wird ein Kondensator an eine Wechselspannung gelegt, so hat er für das Netz und den Stromerzeuger eine kapazitive Wirkung; sein Strom eilt der Spannung um 90° voraus, er erzeugt also Blindleistung. Ein solcher Kondensator C liegt, wie in Bild 93 gezeigt, parallel zu den Induktivitäten L des Netzes, die in den Maschinen und Apparaten vorhanden sind. Der Magnetisierungstrom J_L, der zur Erzeugung des magnetischen Feldes dieser Induktivitäten notwendig ist, eilt der Netzspannung E um 90° nach, ist also dem Kondensatorstrom um 180° phasenverschoben. Nimmt man eine solche Kapazität des Kondensators an, daß der Kondensatorstrom J_C in seiner Amplitude gerade ebensogroß ist wie der Magnetisierungstrom für die Induktivität L, dann erhält man ein Strombild nach Bild 94. Die Voreilung bzw. Nacheilung der beiden wattlosen Ströme drückt sich in dem Strombild dadurch aus, daß sie gleichzeitig den Nullwert durchschreiten und ihre Amplituden stets gleich aber entgegengesetzt gerichtet sind.

$$J_L = -J_C \tag{21}$$

Für den Stromerzeuger der Spannung E macht sich irgendeine Wirkung der wattlosen Ströme J_C und J_L nicht mehr bemerkbar, da diese sich in jedem Augenblick völlig aufheben. Der Magnetisierungstrom, also die Blindleistung der Induktivität L, wird durch den Kondensator C völlig gedeckt, und der Stromerzeuger hat nur noch die Ohmschen Verluste und den sonstigen Energieverbrauch aufzubringen, der in den Maschinen und Apparaten (L) und dem Kondensator (C) entsteht. Das Netz arbeitet mit $\cos\varphi = 1$.

In den zwischen dem Kondensator C und den Blindleistungsverbrauchern L liegenden Leitungen bleibt der Blindstrom natürlich bestehen. Die Blindleistung bedeutet also hier ein Hin- und Herpendeln zwischen den Blindleistungsverbrauchern und dem Kondensator. Dieser muß also in der Lage sein, eine bestimmte Energie zeitweise aufzunehmen. Die Wirkung des Kondensators beruht auf dem *elektrischen Feld*, das zwischen zwei Belegen entsteht, die, durch ein Dielektrikum getrennt, unter Spannung gesetzt werden. Je höher die Spannung, desto größer ist das elektrische Feld, und damit die in dem Kondensator aufgespeicherte Energie.

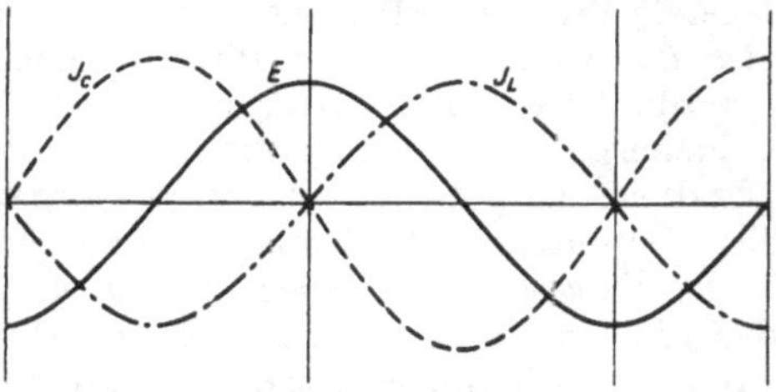

Bild 94. Magnetisierungstrom (J_L) und Kondensatorstrom (J_C).

Die größte Energiemenge muß also dann vorhanden sein, wenn die Wechselspannung den höchsten Amplitudenwert erreicht hat. Das magnetische Feld wird hervorgerufen durch den Magnetisierungstrom (Blindstrom). Es erreicht also seinen höchsten Energiewert, wenn der Strom seinen höchsten Amplitudenwert durchschreitet. Da Spannung und Strom um 90°, also um $^1/_4$ Periode zeitlich verschoben sind, liegen auch ihre höchsten Amplitudenwerte um diese Zeit auseinander. Infolgedessen ist es ohne weiteres möglich, daß eine bestimmte Energiemenge wechselnd im elektrischen oder magnetischen Feld auftritt. Bild 3, S. 3, zeigt bereits deutlich diese Verhältnisse. Im Augenblick der höchsten Spannung ist die gesamte Pendelenergie der Blindleistung im elektrischen Feld aufgespeichert. Der Blindstrom durchschreitet in diesem Augenblick den Nullwert, so daß ein magnetisches Feld und damit eine entsprechende Energiespeicherung an dieser Stelle unmöglich ist. Unmittelbar darauf setzt ein Leistungsfluß (L) steigenden Wertes ein, der die Energie aus dem elektrischen Feld abführt und in der mit steigendem Strom wachsenden Energie des magnetischen Feldes aufspeichert. Im Augenblick des höchsten Stromwertes erreicht die Energie des magnetischen Feldes den gleichen Höchstwert wie vorher beim elektrischen Feld, die Spannung durchschreitet in diesem Augenblick den Nullwert, so daß ein elektrisches Feld nicht vorhanden ist. Im nächsten Moment setzt ein Leistungsfluß entgegengesetzter Richtung wie vorher ein und führt die Energie aus dem magnetischen in das elektrische Feld zurück. Der dann eintretende Höchstwert der Spannung findet die gesamte Pendelenergie im elektrischen Feld vor. Diese Energiependelung findet während jeder Periode zweimal, also bei positiven und negativen Augenblickswerten der Spannungen und Ströme statt.

Im Gegensatz hierzu werden bei erregten, blindleistungerzeugenden Maschinen die wechselnde Aufnahme und Abgabe der Energie durch Verstärkung und Schwächung des eigenen Feldes erreicht. Der von der Maschine abzugebende Blindstrom hat für sie eine entregende Wirkung. Im Augenblick des höchsten Stromwertes durchläuft also die Feldenergie der Blindleistungsmaschine ihr Minimum. Geht der Blindstrom durch Null, so ist das volle Feld vorhanden und hat die Feldenergien der Stromverbraucher aufgenommen. Die Energie der Blindleistung pendelt zwischen zwei magnetischen Feldern hin und her. Bei Verwendung von Kondensatoren erfolgt ein dauerndes Pendeln von Energie zwischen elektrischen und magnetischen Feldern. Es ist dies der gleiche Vorgang, der aus der Hochfrequenztechnik bekannt ist, wo in Schwingungskreisen der Einrichtungen für drahtlosen Verkehr eine dauernde Umsetzung von Energie aus den elektrischen in magnetische Felder und umgekehrt stattfindet.

Der Blindstrom eines Kondensators errechnet sich aus der Gleichung

$$J_B = E \cdot \omega C. \tag{22}$$

Hierbei bedeutet E die angelegte Spannung, ω die Winkelgeschwindigkeit des Spannungsvektors bei der Periodenzahl f, $\omega = 2\pi f$, und C die Kapazität des Kondensators. Multipliziert man diese Gleichung mit der Spannungsgleichung

$$E = J_B \cdot \frac{1}{\omega C},$$

so erhält man die Blindleistung

$$L_B = \frac{E \cdot J_B}{1000} = \frac{E^2 \cdot \omega C^F}{1000} \text{ BkVA}. \tag{23}$$

Die Kapazität des Kondensators muß hierbei in *Farad* (F) eingesetzt sein. Diese Größe ist für den praktischen Gebrauch zu groß, man rechnet daher meist mit dem millionensten Teil dieser Maßzahl, dem *Mikrofarad* (μF).

$$1 F = 10^6 \mu F.$$

Die Gleichung 23 geht dann in die gebräuchliche Form über

$$L_B = 2\,\pi\,f \cdot E^2 \cdot C^{\mu F} \cdot 10^{-9}\,\mathrm{BkVA}. \qquad (24)$$

Im elektrostatischen Maßsystem gibt es eine weitere Einheit für die Kapazität, das *Centimeter*. 1 Farad entspricht $0{,}9 \cdot 10^{12}$ cm, so daß in die Gleichung 24 statt 10^{-9} $1{,}11 \cdot 10^{-15}$ eingeführt werden muß, wenn die Kapazität statt in μF in cm gemessen ist.

Für die Zusammenschaltung zwischen Selbstinduktionen und Kapazitäten gibt es grundsätzlich zwei Möglichkeiten. Die eine besteht in einer Reihenschaltung (Bild 95), die andere in einer Parallelschaltung (Bild 96). In beiden Fällen sind die Wirkungen der Selbstinduktion (L) und der Kapazität ($1 : \omega\,C$) einander entgegengesetzt. Bei der Reihenschaltung besteht demnach die Gleichung

$$E = J \cdot \sqrt{R^2 + \left(\omega\,L - \frac{1}{\omega\,C}\right)^2} \qquad (25)$$

R bedeutet hierbei den Widerstand, der sowohl in der Selbstinduktion wie in der Kapazität enthalten ist. Nimmt man wiederum an, daß

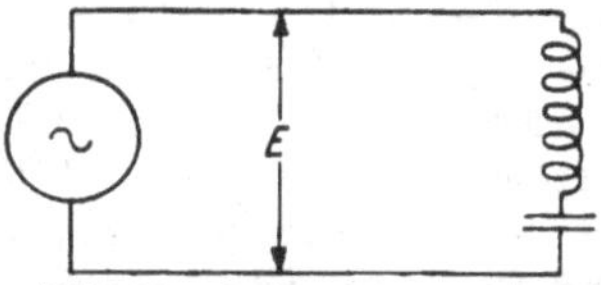

Bild 95. Reihenschaltung von Selbstinduktion und Kapazität.

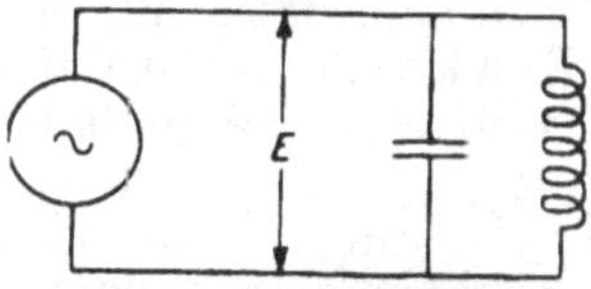

Bild 96. Parallelschaltung von Selbstinduktion und Kapazität.

die induktive und die kapazitive Wirkung bei einer bestimmten Frequenz einander gleich sind, so erhält man die Beziehung

$$\omega\,L = \frac{1}{\omega\,C}. \qquad (26)$$

Diesen Fall bezeichnet man als **Resonanz**, er wirkt sich praktisch in besonders hohen Stromstärken und Spannungen aus. Da sich Selbstinduktion und Kapazität in ihrer Wirkung aufheben, wirkt die Spannung E nur noch auf den sehr geringen Widerstand R und erzeugt infolgedessen außerordentlich hohe Stromstärken. Dieser Fall ist stets zu vermeiden, da er größte Störungen zur Folge haben kann.

Die Hintereinanderschaltung von Kondensatoren mit Selbstinduktion kommt bei der Leistungsfaktorverbesserung im allgemeinen nicht vor. Es interessiert deshalb hauptsächlich die zweite Möglichkeit der Parallelschaltung (Bild 96). Hier heben sich zwar auch die Wirkungen von Selbstinduktion und Kapazität auf, indem, wie bereits geschildert wurde, die Blindleistung nur zwischen elektrischen und magnetischen Feldern hin und her pendelt, die Spannung E hat aber infolge der Parallelschaltung einerseits den induktiven Widerstand ωL und andererseits am Kondensator den kapazitiven Widerstand $\frac{1}{\omega C}$ zu überwinden, eine Steigerung des Stromes oder der Spannung tritt also hierbei nicht ein. Der Generator beteiligt sich an den Blindströmen eines solchen Netzes nicht mehr, er führt in seinen Zuleitungen nur noch denjenigen Wirkstrom, der die durch den Widerstand R hervorgerufenen Ohmschen Verluste decken muß. Diese zunächst völlig gefahrlose Schaltung wird allgemein bei der Blindleistungserzeugung mit Kondensatoren angewendet. Bei Drehstrom- oder Mehrphasennetzen werden ebensoviel Kondensatoren oder Kondensatorgruppen verwendet wie Phasen vorhanden sind, bei Drehstrom können sie sowohl zwischen den einzelnen Phasen, also in Dreieck, als auch in Stern mit eigenem Nullpunkt verwendet werden.

Bild 97. Geschichteter Kondensator.

Die Kondensatoren selbst, die heute zur Blindleistungserzeugung herangezogen werden, gehen fast ausschließlich von den Konstruktionen aus, die in der Schwachstrom- oder Hochfrequenztechnik seit langem entwickelt worden sind. Bei jeder Kondensatorkonstruktion kommt es darauf an, mit möglichst geringen Mitteln eine große Kapazität, also eine große Blindleistungserzeugung zu erreichen. Die Kapazität eines Kondensators ist um so höher, je größer die einander gegenüberstehenden Belegflächen sind, und in je geringerem Abstande die Belege voneinander angeordnet werden. Überall findet man also das Bestreben, große Flächen mit möglichst geringem Abstand aneinander zu bringen. Man erreicht dies z. B. dadurch, daß man die Belege und das Dielektrikum wechselnd aufeinanderschichtet, so daß die Reihenfolge: Beleg 1 — Dielektrikum — Beleg 2 — Dielektrikum — Beleg 1 usw. gewährleistet ist (Bild 97).

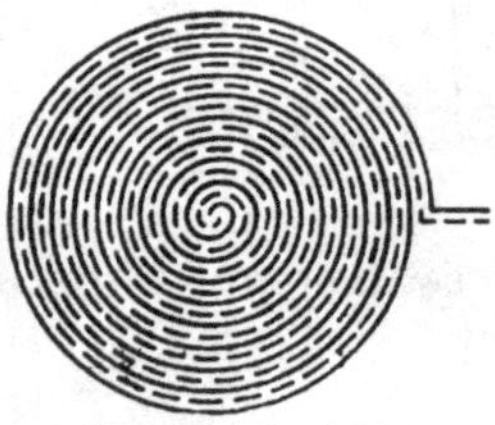

Bild 98. Gewickelter Kondensator.

Diesen geschichteten Ausführungen stehen die sogenannten Wickelkondensatoren gegenüber (Bild 98), bei denen lange Bänder, die aus abwechselnd geschichteten Belegen und Dielektrikum bestehen, aufgewickelt werden und so im Querschnitt die gleiche Reihenfolge von Beleg 1, 2 und Dielektrikum erhalten wie beim geschichteten Kondensator. In beiden Fällen muß dafür gesorgt werden, daß zwischen den Belegen und dem Dielektrikum die geringsten Luft- und Feuchtigkeitsmengen entfernt werden; auch ist es notwendig, daß der Kondensator eine innere Festigkeit besitzt, um ein Lockern infolge der magnetischen Kräfte beim Betrieb zu verhindern. Bei hohen Spannungen ist noch besondere Rücksicht auf die Randerscheinungen zu nehmen, damit die

Kondensatoren im Betrieb nicht sprühen und einen Über- oder Durchschlag vorbereiten.
Für das Dielektrikum sind eine große Anzahl von Stoffen vorgeschlagen und auch früher verwandt worden; in neuerer Zeit nimmt man fast überall das bei den älteren Kondensatoren vorzüglich bewährte Papier. Die Pakete oder Wickel werden je nach der Konstruktion und den Spannungsverhältnissen vergossen oder auch unter Öl gesetzt.
Die Verwendung des Kondensators für Hoch- oder Niederspannung beeinflußt maßgebend seine konstruktive Form. Kennzeichnend für alle Kondensatorkonstruktionen ist die Begrenzung der Leistung für das einzelne Kondensatorelement. Nachdem man zunächst Einphasen-Elemente sehr kleiner Einheitsleistung, herab

Bild 99.
Drehstromkondensator
10 BkVA, 500 V, 50 Hertz.

Bild 100. Drehstromkondensator 12 BkVA zur Verbesserung des Leistungsfaktors eines mantelgekühlten Kurzschlußläufermotors 30 kW, 500 V, 50 Hertz.

bis zu 1 BkVA, gewählt hatte, ging man später zu Drehstromausführungen größerer Kapazität über. Bei diesen sind die drei Wickel der einzelnen Phasen in einem Gefäß vereinigt. Bild 99 stellt einen solchen Drehstromkondensator von 10 BkVA bei 500 V und 50 Hertz dar, während Bild 100 einen Drehstromkondensator von 12 BkVA zur Verbesserung des Leistungsfaktors eines mantelgekühlten Drehstrom-Kurzschlußläufer-Motors für 30 kW, 500 Volt und 50 Hertz zeigt. Die gleiche Konstruktion kann auch für noch größere Einheiten beibehalten werden. Bei größeren Leistungen wird eine Anzahl von Kondensatorelementen zusammengeschaltet, die mit den zugehörigen Schaltern und Meßinstrumenten in einem Gerüst vereinigt werden können (Bild 101).
Ganz ähnlich ist der Aufbau von Hochspannungsbatterien. Auch hier wird eine größere Anzahl von Kondensatorelementen in einem Gestell zusammengefaßt. Die Schaltung derartiger Kondensatorbatterien gibt Bild 102 wieder. Jedes einzelne Kondensatorelement ist mit einer

Sicherung versehen, die eine Störung auf das verursachende Einzelelement begrenzt. Bei größeren Batterien und insbesondere bei Hochspannung ist es notwendig, für die einzelnen Kondensatorgruppen Trennschalter vorzusehen. Zwischen dem Hauptschalter und der Kondensatorbatterie ist ein in Dreieck oder Stern zu schaltender Widerstand anzuordnen. Abgesehen von einer später zu erläuternden Aufgabe dient er als Entladevorrichtung. Nach Abschalten der Batterie vom Netz gleichen sich die auf dem Kondensator stehenbleibenden Restspannungen über diesen Widerstand aus und ermöglichen eine gefahrlose Berührung der stromführenden Teile.

Bild 101. Drehstromkondensator-Anlage zur Verbesserung des Leistungsfaktors. 100 BkVA, 500 V, 50 Hertz.

Die Vorteile derartiger Kondensatoren bestehen einmal in dem geringen Aufwand an Bedienung, die sich auf eine Beobachtung der etwa vorhandenen Sicherung beschränkt. Am stärksten fallen die geringen Verluste ins Gewicht, die dieser Art der Blindleistungserzeugung eigen sind. Bei Niederspannungskondensatoren werden nur höchstens etwa 10 Watt je BkVA an Verlusten verbraucht. Bei Hochspannungskondensatoren kann dieser Wert bis auf 5 Watt/BkVA und weniger heruntergehen. Eine so niedrige Verlustziffer kann bei Maschinen nur erreicht werden, wenn die Blindleistungserzeugung in wirkleistungführenden Maschinen vorgenommen wird. Reine Blindleistungsmaschinen haben auch bei großen Leistungen immer noch ein Vielfaches dieser Verluste.

Die Kondensatoren können so verwendet werden, daß den blindleistungverbrauchenden Maschinen, z. B. kleineren Motoren, jeweils eine gewisse Kapazität in Kondensatoren beigegeben wird, man erhält dann ein Äquivalent zu den kompensierten Motoren. Diese Anordnung würde da angebracht sein, wo viele kleine Motoren mit verhältnismäßig schlechtem Leistungsfaktor laufen. Weiter besteht die Möglichkeit, die Blindleistungserzeugung in größeren Batterien zusammenzufassen. Dieser Weg wird heute mehr und mehr beschritten.

In der Frage der Hoch- oder Niederspannungskondensatoren weisen die heutigen Erfahrungen darauf hin, daß den Niederspannungskondensatoren die größere Bedeutung beizumessen ist. Da für Hochspannungskondensatoren wohl meist größere Leistungen in Frage kommen, wird auf eine Regelbarkeit nur in wenigen Fällen verzichtet werden können. Dies bedeutet die Aufstellung einer Reihe von Ölschaltern. Die hierdurch entstehende Verteuerung der Anlage ist erheblich. Hochspannungskondensatoren sind außerdem allen den Überspannungs- und Kurzschlußerscheinungen ausgesetzt, die in den Netzen häufiger auftreten. Sie bedeuten für die Kondensatoren eine Gefahr, die lange Zeit ihre Verwendung in Hochspannungsnetzen völlig verhindert hat. Bei Niederspannungskondensatoren tritt außerdem der Vorteil hinzu, daß auch die Transformatoren und Niederspannungsleitungen vom Blindstrom entlastet werden. Verwendet man Hochspannungskondensatoren in Niederspannungsnetzen so, daß sie über einen Transformator angeschlossen werden, so wird man die Kondensatoren vor den zusätzlichen Beanspruchungen der Störungen in Hochspannungsnetzen sichern. Der Preis des Transformators und seine Verluste sind aber in die Wirtschaftlichkeitsberechnung mit einzuführen. Der von diesen Zuschlägen nicht betroffene Niederspannungskondensator wird in vielen Fällen dann doch die größere Wirtschaftlichkeit ergeben. In Amerika, wo man verschiedentlich aus Fabrikationsrücksichten Kondensatoren einheitlicher Spannung ohne Zwischenschaltung von Transformatoren verwendet hat, ist man von diesem Prinzip aus wirtschaftlichen Gesichtspunkten bereits wieder abgegangen.

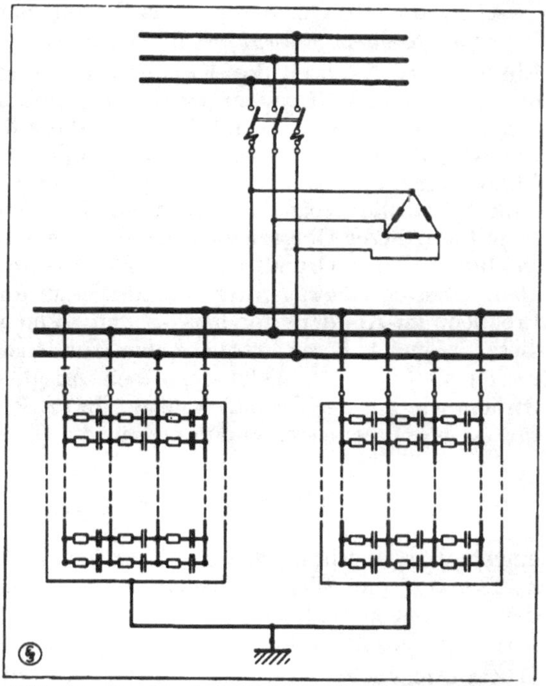

Bild 102. Kondensatorbatterie zur Blindleistungserzeugung.

Wenn es demnach scheint, daß die Kondensatoren insbesondere bis 500 V vorzüglich geeignet sind, die Blindleistungserzeugung besonders in viel verzweigten Netzen zu übernehmen, so tritt dem vor allem der verhältnismäßig hohe Anschaffungspreis der Kondensatoren entgegen. Konstruktionen, die allen Schwierigkeiten im Kondensatorbetrieb gewachsen sind, weisen Preise für das installierte BkVA auf, die erheblich über denen von blindleistungerzeugenden Maschinen liegen. Diese hohen Kosten werden jedoch durch die außerordentlich geringen Verluste wieder ausgeglichen.

Die Energie des elektrischen Feldes im Kondensator vermag sich in außerordentlich kurzer Zeit zu entladen. Der geringe Ohmsche Widerstand bietet der abfließenden Energie kein Hindernis. Auf Kurzschlüsse und Schaltvorgänge, also auf plötzliche Veränderung der Netzspannung sprechen die Kondensatoren mit hohen Stromstärken an. Solchen Beanspruchungen müssen sie in ihrem Aufbau gewachsen sein.

Ein weiterer Nachteil des Kondensators besteht darin, daß er nicht nur auf die Grundfrequenz der Netzspannung, sondern auch auf alle höheren Harmonischen, und zwar auf diese besonders stark anspricht. Aus der Gleichung 22 geht hervor, daß der vom Kondensator erzeugte Blindstrom proportional der Frequenz wächst. Führt z. B. die Spannungskurve die dreizehnte Harmonische, so wird für 1 V Spannungsamplitude dieser Oberschwingung ein 13 mal größerer Strom entstehen als für 1 V der Grundfrequenz. Hieraus folgt, daß verhältnismäßig kleine Oberschwingungen der Spannungskurve sehr starke Ströme höherer Frequenz im Kondensator hervorrufen können. Abgesehen davon, daß diese Ströme höherer Frequenz den Kondensator selbst beanspruchen, finden sie im Netz nicht denselben Ausgleich durch die induktiven Ströme wie bei der Grundfrequenz. Ist z. B. die Kondensatorbatterie für $\cos \varphi = 1$ bemessen und damit für die Grundfrequenz das Gesetz

$$\omega L = \frac{1}{\omega C}$$

eingehalten, so stimmt dieses Gesetz für alle übrigen Frequenzen nicht, da L und C ihre Werte beibehalten und ω sich ändert. Ein Ausgleich der induktiven und kapazitiven Ströme findet also bei den höheren Harmonischen keineswegs wie bei der Grundfrequenz statt.

Dieses Ansprechen des Kondensators auf die höheren Harmonischen der Spannungskurve ist ein grundlegender Unterschied gegenüber jeder Blindleistungserzeugung mit Maschinen. Diese arbeiten mit einem erzwungenen magnetischen Feld, das dem gewöhnlichen induktiven Feld entgegengesetzt gerichtet ist; sie stellen also gleichsam eine negative Selbstinduktion dar $(-\omega L)$. Da das fremde aufgezwungene Feld dieser Maschine mit der Geschwindigkeit ω umläuft, so können von ihm auch nur Ströme dieser, also der Grundfrequenz, erzeugt werden. Höhere Harmonische sind bei der Blindleistungserzeugung durch Maschinen nur soweit vorhanden, als ihr eigenes Feld höhere Harmonische besitzt. Auf die Oberschwingungen der Generatoren und Motoren des Netzes sprechen blindleistungerzeugende Maschinen überhaupt nicht an. Dies bedeutet für den Betrieb einen außerordentlichen Vorteil.

Zur Unterdrückung der Ströme höherer Ordnung in den Kondensatoren hat man die Vorschaltung von Drosselspulen empfohlen. Sie werden zwischen der Kondensatorbatterie und dem Netzschalter in jeder Phase angebracht. Hierdurch entsteht aber eine Reihenschaltung von Stromerzeuger, Drosselspule und Kondensator, wie sie in Bild 95 gezeigt wurde. Für solche Anordnungen besteht die Möglichkeit der Resonanz. Die Drosselspulen müssen so gewählt werden, daß die Resonanzlagen und auch diesen angenäherte Betriebspunkte unter allen Umständen vermieden werden. In Bild 103 sind die Stromwerte der verschiedenen höheren Harmonischen n = 3, n = 5, n = 7 usw. in Abhängigkeit von der Größe der Drosselspule aufgetragen. Die Induktivität der Drosselspule ist hierbei in Prozenten der Kondensatorkapazität gemessen. Da für die Abszissenachse eine logarithmische Teilung vorgesehen ist, kann der Abszissenwert 0, d. h. das Arbeiten des Kondensators ohne Drosselspule nicht gezeigt werden, jedoch nehmen die höheren Harmonischen dann Stromwerte an, die ihrer Ordnungszahl entsprechen. Die Stromwerte sind als Vielfaches des Stromwertes der Grundfrequenz aufgetragen, wobei vorausgesetzt ist, daß die entsprechenden Spannungen höherer Ordnung die gleiche Größe haben wie die Spannung der Grundfrequenz. Die Darstellung ergibt also nur einen Vergleich. In Wirklich-

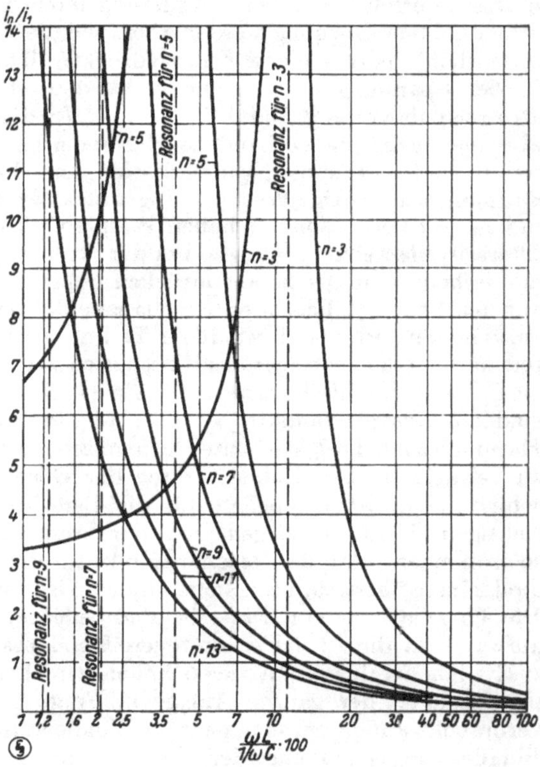

Bild 103. Stromwerte der höheren Harmonischen bei Reihenschaltung von Kondensatoren und Drosselspulen.

keit nehmen natürlich die höheren Harmonischen ganz verschiedene Werte an, je nachdem, welche Amplitude die höheren Harmonischen der Spannungskurve besitzen.

Schaltet man z. B. eine Drosselspule vor die Kondensatorbatterie, deren Induktivität 23 % der Kapazität des Kondensators beträgt, so erhält man für die dritte Harmonische (n = 3) den Stromwert 3, die dritte Harmonische erfährt also keine Änderung ihrer Amplitude. Die Harmonischen höherer Ordnung werden aber, wie die Kurven zeigen, auf außerordentlich niedrige Werte herabgedrückt. Ist eine dritte Harmonische in der Spannungskurve nicht vorhanden, so kommt man mit einer Drosselspule von 8 % Induktivität aus. In diesem Falle hat die fünfte, also die niedrigste vorhandene Harmonische, den gleichen Stromwert wie ohne Drosselspule, während wiederum die Harmonischen höherer Ordnung auf niedrige Werte herabgedrückt werden. Hat die fünfte Harmonische einen besonders hohen Wert, so wird man eine etwas größere Drosselspule nehmen müssen, um die Stromamplitude der fünften Harmonischen ebenfalls herabzudrücken. Man läuft aber hierbei Gefahr, auf den bei 13 % liegenden Resonanzpunkt der dritten Harmonischen zu kommen. Praktisch ist dieser Fall zu vermeiden, da man nie sicher sein kann, daß durch späteres Einschalten von Apparaten und Maschinen die dritte Harmonische nachträglich in das Netz gebracht wird. Demnach sind die Resonanzpunkte bei 13 % (dritte Harmonische), 4 % (fünfte Harmonische), 2,5 % (siebente Harmonische) usw. unter allen Umständen zu vermeiden. Die Induktivitäten der Generatoren und anderer Maschinen sind, wenn möglich, für die Berechnung ebenfalls zu berücksichtigen. Völlig sicher geht man nur dann, wenn man die Drosselspule so groß macht, daß der Resonanzpunkt für die dritte Harmonische, also die kleinste überhaupt mögliche, um ein Gewisses überschritten ist.

Die Vorschaltung von Drosselspulen bedeutet einen weiteren Kapitalaufwand für die an sich schon teuere Kondensatoranlage und außerdem zusätzliche Verluste. In vielen Fällen wird bereits hierdurch die Wirtschaftlichkeit der ganzen Anlage in Frage gestellt. Die Drosselspule verbraucht außerdem eine gewisse Blindleistung und setzt dadurch die Blindleistungserzeugung der Kondensatorbatterie, also deren Wirtschaftlichkeit, herab. Eine Drosselspule, deren Induktivität 20 % der Kapazität der Kondensatorbatterie beträgt, verbraucht $^1/_5$ der von den Kondensatoren erzeugten Blindleistung.

Diesem Blindleistungsverbrauch der Drosselspule steht andererseits eine Spannungsteigerung der Kondensatorbatterie gegenüber, und da nach Gleichung 23 die Blindleistungserzeugung eines Kondensators mit dem Quadrat der Spannung wächst, so wird der Blindleistungsverbrauch der Drosselspule anscheinend wieder aufgehoben. Dies trifft aber nicht zu, denn — richtige Bemessung der Kondensatoren vorausgesetzt — ist es nicht möglich, bei Vorschaltung von Drosselspulen dieselbe Kondensatortype beizubehalten, es muß vielmehr ein Kondensator gewählt werden, der für die durch die Drosselspule erzeugte Spannungserhöhung geeignet ist. In jedem Fall ist die Blindleistungserzeugung des Kondensators bei Vorschaltung von Drosselspulen nicht voll ausgenutzt. Angesichts dieser Tatsache und infolge der erhöhten Anschaffungskosten und Verluste wird die Anwendung von Drosselspulen zur Unterdrückung der höheren Harmonischen und zur sonstigen Schutzwirkung auf Einzelfälle beschränkt bleiben.

Ein gewisser Schutz für Kondensatoren gegen Überspannungen und gegen das Eintreten von Strömen höherer Ordnung in das Netz ist durch Vorschaltung von Widerständen möglich. Solche wurden in Bild 102 bereits als Ableitungswiderstände gezeigt. Sie bieten für die höheren Harmonischen infolge ihres rein Ohmschen Charakters gegenüber den mit Selbstinduktion behafteten Stromkreisen in den Maschinen und Apparaten einen verhältnismäßig geringen Widerstand und werden die höheren Harmonischen zum großen Teil aufnehmen. Auch Überspannungen, die durch das Vorhandensein von Kondensatorbatterien noch verstärkt werden können, finden in derartig vorgeschalteten Widerständen ebenfalls eine gewisse Ableitung.

Obgleich die geringen Verluste des Kondensators eine große Wirtschaftlichkeit bedingen, so stellten sich seiner praktischen Verwendung bisher betriebstechnisch eine ganze Reihe von Schwierigkeiten entgegen. Sie sind teilweise in den physikalischen Eigenschaften der Kapazität an sich begründet und wirken sich insbesondere bei jeder Störung und Unregelmäßigkeit im Netz aus.

Diese Tatsachen haben die Verwendung von Kondensatoren vorläufig beschränkt. Die Erforschung und Überwindung dieser Schwierigkeiten schreiten aber fort und verhelfen dem Kondensator, diesem ältesten Mittel der Blindleistungserzeugung, zu immer größerer Verwendung.

VI. Die Wahl der Mittel zur Blindleistungserzeugung.

Für die Verbesserung des Leistungsfaktors durch Blindleistungserzeugung bietet sich stets eine große Zahl von Möglichkeiten. Es ist zunächst zu entscheiden, an welcher Stelle des Netzes die Blindleistungserzeugung vorgenommen werden soll. Die Mannigfaltigkeit der vorhandenen blindleistungerzeugenden Maschinen und Apparate gibt selbst nach Festlegung des Ortes eine weitere Anzahl verschiedener Wege. Wenn die Wahl des Mittels im einzelnen Fall erst nach eingehender Untersuchung erfolgen kann, so gibt es doch Gesichtspunkte, nach denen eine allgemeine Beurteilung und ein Vergleich der einzelnen Mittel möglich ist. Man wird den Wert einer blindleistungerzeugenden Maschine nach zwei Gesichtspunkten, nämlich nach Betriebsicherheit und Wirtschaftlichkeit beurteilen, ebenso wie es betriebstechnische und wirtschaftliche Ziele sind, denen die Blindleistungserzeugung in jedem Fall dienen muß. Die Frage der Betriebsicherheit spielt bei allen blindleistungerzeugenden Maschinen deshalb eine so große Rolle, weil die Erregung elektrischer Maschinen ohne Zuhilfenahme eines *Kommutators* nicht durchzuführen ist. Sowohl die niederfrequente Drehstromerregung asynchron laufender Maschinen als auch die Gleichstromerregung bei Synchronmaschinen erfordert Einrichtungen, die die Magnetisierungströme nur mit Hilfe eines Kommutators herstellen können. Eine Ausnahme hiervon bilden lediglich Synchronmaschinen, die aus einem bestehenden Gleichstromnetz oder über einen Gleichrichter erregt werden können. Diese Fälle sind jedoch sehr selten.

Dieser Notwendigkeit des Kommutators sollte große Beachtung geschenkt werden. Es ist nicht der geringste Vorteil der Drehstromnetze, daß durch sie die Kommutatoren der Gleichstrommaschinen vermieden worden sind. Wenn man in neuester Zeit von allen Seiten auf die weitest gehende Verwendung von Kurzschlußläufermotoren drängt, so geschieht dies nicht nur wegen des niedrigeren Preises und des besseren Leistungsfaktors und Wirkungsgrades, sondern auch deshalb, weil mit dem Kurzschlußläufer die letzte gleitende Stromzuführung, Schleifringe und Bürsten, vermieden werden können. Ganz abgesehen von allen Anlagen, die infolge von Schmutz, Staub, Feuchtigkeit und säurehaltigen Gasen und Dämpfen die Vermeidung aller blanken Leitungsteile erfordern, bedeutet der Kurzschlußläufer auch im gewöhnlichen Betrieb eine erhebliche Ersparnis an Wartungs- und Ersatzteilkosten und verhindert, mit Wälzlagern ausgerüstet, eigentlich die letzten in einem Motor noch möglichen Störungen. Die Beeinträchtigung der Betriebsicherheit durch die Aufstellung von Kommutatormaschinen zur Blindleistungserzeugung muß deshalb auf ein Mindestmaß beschränkt werden. Man soll die Blindleistungserzeugung in möglichst wenige und damit möglichst große Maschinen zusammenfassen. Die Verwendung von kleinen kompensierten Motoren, insbesondere kleinster Leistung bis zu wenigen kW, bedeutet in fast allen Fällen eine Herabsetzung der Betriebsicherheit, die beim Einschlagen anderer Wege vermieden werden kann. Obwohl unmittelbar nach dem Auftreten der ersten Konstruktionen kompensierter Motoren ihrer Anwendung von vielen Seiten ein außerordentlich weites Feld zugesprochen wurde, so ist es diesen betriebstechnischen Überlegungen hauptsächlich zuzuschreiben, daß diese erste Ansicht nicht in die Tat umgesetzt worden ist.

Bei allen Konstruktionen kompensierter Motoren ist es durch Abheben der Bürsten oder durch eine ganz einfache Umschaltung möglich, bei Störungen am Kommutator dessen Arbeiten und damit die Erregung auszuschalten. Werden also bei einem ausgedehnten Netz mit vielen kleinen Anschlüssen ohne besondere Messung des Blindleistungsverbrauches Tarifvergünstigungen für die Aufstellung kompensierter Motoren gewährt, so hat diese Maßnahme nur dann einen tatsächlichen Erfolg, wenn das Elektrizitätswerk diese Motoren laufend unter Kontrolle hält und alle Eingriffe unterbindet, die den Stromabnehmer von den Störungen betriebsunsicherer Kommutatoren vertragswidrig befreien.

Der Betrieb beeinflußt die Blindleistungserzeugung und ihren Ort auch dann, wenn die Spannungsverhältnisse die Aufstellung erregter Maschinen fordern. Die Blindleistungserzeugung muß dann natürlich so erfolgen, daß die in ihrer Verbraucherspannung zu regelnde Leitung zwischen Generatoren und Blindleistungserzeuger liegt. Die unbedingte Notwendigkeit, Spannungsabfälle von 30 und 40 %, wie sie bei Leistungsfaktoren von 0,3 und 0,4 in landwirtschaftlichen Netzen vorgekommen sind, zu beseitigen, erübrigt in diesen Fällen irgendeine Wirtschaftlichkeitsberechnung. Die Höhe der Blindleistungserzeugung ist lediglich durch die betriebstechnischen Verhältnisse bestimmt. Eine wirtschaftliche Überlegung kann hier nur soweit stattfinden, als das eine oder andere Mittel zur Blindleistungserzeugung geringere Unkosten verursacht.

Wesentlich anders liegen die Verhältnisse in Anlagen, in denen die Blindleistungserzeugung aus betriebstechnischen Rücksichten allein nicht zu rechtfertigen ist. Bestehende Anlagen, die mit schlechtem Leistungsfaktor arbeiten, sowie Neuanlagen müssen daraufhin untersucht werden, ob die Blindleistungserzeugung wirtschaftliche Vorteile bietet. Solche sind vorhanden, wenn die aufgewendeten Kosten einen geringeren Wert ergeben als der aus der Blindleistungserzeugung entstehende *Nutzen*. Dieser hat nach den jeweiligen Verhältnissen verschiedene Ursachen. Es lassen sich hierbei drei Fälle unterscheiden:

1. Selbstverbrauchende oder nur stromerzeugende Anlagen, die mit schlechtem Leistungsfaktor arbeiten, die aber den auftretenden Blindstrom ohne weiteres bewältigen können und auch groß genug sind, um weitere Belastungen an Blind- und Wirkstrom zu übernehmen (auch neue Anlagen).
2. Selbstverbrauchende oder nur stromerzeugende Anlagen, die infolge hohen Blindleistungverbrauches die Grenze ihrer Belastungsfähigkeit erreicht haben.
3. Anlagen mit Strombezug aus fremder Quelle, denen durch Tarif Vergünstigungen für Blindleistungserzeugung gewährt werden.

Im ersten Fall wird eine Blindleistungserzeugung durch besondere Maschinen die Stromstärke im Netz, in den Transformatoren und Generatoren herabsetzen. Der Nutzen besteht also lediglich in der Verminderung der Verluste, die der Blindstrom in Übertragungsorganen und

Generatoren verursacht. Dieser Nutzen ist, wie bereits früher gezeigt wurde, außerordentlich klein, besonders wenn es sich um Anlagen mit geringen Leitungslängen handelt. In vielen Fällen, unter die auch die Neuanlagen zu rechnen sind, werden die Kosten der Blindleistungserzeugung durch den entstehenden Nutzen nicht aufgewogen werden. Nur wenn durch besondere Verhältnisse außerordentlich schlechte Leistungsfaktoren bedingt sind, kann die Blindleistungserzeugung hier wirtschaftlich werden. Auch dies mag nur unter der Einschränkung gelten, daß ein ausgedehnteres Leitungsnetz vorhanden ist.

Wesentlich anders stellt sich der Nutzen, wenn die Anlage infolge hohen Blindstromes nicht weiter belastet werden kann. Diese Fälle stellen unbedingt die Mehrzahl dar, weil Kraftverteilungsanlagen zumeist für einen Leistungsfaktor von 0,8 gebaut und der Blindstrom damit zu gering veranschlagt wurde. Der schlechtere Leistungsfaktor bringt die Anlage auf den Zustand der elektrischen Vollast, ehe die geplante Wirkleistung erreicht ist und die maschinentechnischen Teile des Erzeugungswerkes voll ausgenutzt sind. Der Nutzen einer Blindleistungserzeugung ist in diesen Fällen nur schwer zahlenmäßig zu berechnen. Hierzu muß eine Annahme für den jährlichen Verbraucherzuwachs des Netzes gemacht werden. Kann man eine solche auf Grund von Erfahrungen sicher voraussetzen, so ist es möglich, die Einnahmen des Kraftwerkes für die kommenden Jahre im voraus zu errechnen. Sie haben steigende Tendenz und werden schließlich einer Krafterzeugung des Werkes entsprechen, die der vollen Ausnutzung des vorhandenen maschinentechnischen Kraftwerkteils entspricht. Diese bis zu einem Höchstwert steigenden Mehreinnahmen stellen nach Abzug der Mehrkosten im Betriebe (Kohle usw.) den Nutzen für eine Blindleistungserzeugung dar, die die volle Ausnutzung des Kraftwerkes bis zur geplanten Leistung ermöglicht. Der mittlere Jahresnutzen ergibt sich also als Nutzenmittelwert für die Jahre bis zum Erreichen des Höchstwertes und die darauffolgenden. Man wird aber nur bis zu demjenigen Zeitpunkt rechnen können, in dem die blindleistungerzeugenden Maschinen durch ihre Amortisationsquote abgeschrieben sind.

Eine solche Berechnung ist nur dann maßgebend, wenn eine Vergrößerung des Werkes und der Übertragungsorgane aus betriebstechnischen oder finanziellen Rücksichten unmöglich ist. Anderenfalls ergibt sich der Nutzen dadurch, daß die geplante Erweiterung der gesamten Anlage bis zu demjenigen Zeitpunkt hinausgeschoben werden kann, in dem voraussichtlich der Strombezug den maschinentechnischen Teil des Kraftwerkes voll belastet. Als Nutzen sind dann Amortisation und Verzinsung desjenigen Anlagekapitals einzusetzen, das zur geplanten Erweiterung des Werkes notwendig ist. Dieser Fall steht in der Mitte zwischen einer Neuanlage und einer solchen, die ohne Erweiterungsabsichten bis zum höchsten Belastungswert gelangen will. Die Berechnung des Nutzens ist schwierig, da die Größe der Erweiterung mit der geforderten Blindleistungserzeugung nicht unmittelbar zusammenhängt und durch andere elektrizitätswirtschaftliche Gesichtspunkte gegeben sein muß. Die Erweiterung der Anlage müßte natürlich so erfolgen, daß die Generatoren und Übertragungsorgane den von der alten Anlage nicht gedeckten Blindleistungsverbrauch übernehmen können. Der sich ergebende Nutzen muß so groß sein, daß er bis zum Zeitpunkt der Erweiterung die gesamten Kosten der Blindleistungserzeugung mindestens deckt.

Eine Erweiterung ist in jedem Fall auch eine Kapitalfrage. Die Möglichkeit sowie der Zeitpunkt und die Bedingungen der Kapitalbeschaffung werden bei allen diesen Überlegungen eine ausschlaggebende Rolle spielen. Der rechnerischen Erfassung des zahlenmäßigen Nutzenwertes stellen sich demnach in diesen Fällen oft große, zuweilen nicht lösbare Schwierigkeiten entgegen.

Am einfachsten und sichersten ist die Errechnung des Nutzens einer Blindleistungserzeugung, wenn durch Verträge oder Tarife mit dem stromerzeugenden Werk der verbrauchten Blindleistungstunde oder dem Höchstwert des Blindleistungsverbrauches ein bestimmter wirtschaftlicher Wert zugeordnet ist. Diese Nutzenberechnung beim Stromverbraucher stellt aber wirtschaftlich keinen selbständigen und neuen Fall dar. Bei der Anwendung von Blindleistungsverträgen und -tarifen verzichtet das Elektrizitätswerk nur auf die Erstellung eigener blindleistungerzeugender Anlagen und veranlaßt den wirtschaftlich rechnenden Stromverbraucher, blindleistungerzeugende Maschinen aufzustellen. Es darf hierbei nicht übersehen werden, daß Stromverbraucher und Stromerzeuger als wirtschaftliche Einheit anzusehen sind. Es ist schließlich gleichgültig, ob der Stromverbraucher die blindleistungerzeugenden Maschinen bezahlt oder ob der Stromerzeuger durch höhere Stromkosten die Mittel gewinnt, um selbst blindleistungerzeugende Maschinen aufzustellen. Dem letzten Weg ist man stellenweise soweit gefolgt, daß das Elektrizitätswerk blindleistungerzeugende Maschinen nicht nur selbst bezahlt, sondern diese sogar in die Anlagen der Stromverbraucher unter Eigentumsvorbehalt hineingestellt hat. Bei weit verzweigten Netzen mit vielen Stromverbrauchern würde aber das Elektrizitätswerk durch solche selbständige Blindleistungserzeugung in außerordentlichem Maße beansprucht werden und nur schwer ohne Eingriffe in die einzelnen Betriebe zu wirtschaftlichen und betriebsicheren Einrichtungen gelangen. Die Anwendung der Tarife bewirkt ferner, daß weiteste Kreise sich mit der Blindleistungsfrage auseinandersetzen müssen. Hierdurch ist eine gewisse Gewähr gegeben, daß die wirtschaftlichsten Möglichkeiten tatsächlich ausfindig gemacht und ausgeführt werden.

Die Elektrizitätswerke werden bei der Anwendung des Tarifes keineswegs von der Verantwortung entlastet, daß die gesamte Kraftverteilungsanlage vom Kohlenlager bis zur Motorwelle im wirtschaftlichsten Betrieb arbeitet. Sie haben es in der Hand, durch entsprechende Gestaltung des Tarifs und individuelle Behandlung der einzelnen Verträge die Auswahl der blindleistungerzeugenden Mittel bei den Stromverbrauchern maßgebend und entscheidend zu beeinflussen.

Die Kosten der Blindleistungserzeugung fallen bei einer derartigen Betrachtung der Verhältnisse unter allen Umständen der gesamten wirtschaftlichen Einheit von Stromerzeuger und -verbraucher zur Last. Da die Blindleistungserzeugung im Wirtschaftsleben eines bestimmten Landes wie z. B. Deutschland unter keinen Umständen zu entbehren ist, so müssen die Kosten der Blindleistungserzeugung unbedingt als Gestehungskosten der elektrischen Energieübertragung angesehen werden. Infolgedessen muß sich bei Betrachtung eines großen Wirtschaftsbereiches eine bestimmte Zahl ergeben, die dem durchschnittlichen Anteil der Blindleistungserzeugung an den Gesamtgestehungskosten entspricht und die sich letzten Endes im Strompreis für die Blindleistungstunde (BkVAh) ausdrückt. Man kann nicht sagen, daß sich bereits heute ein allgemeiner Preis für die BkVAh herausgearbeitet hat. Die völlig verschiedenen Verhältnisse der wirtschaftlichen Einheiten von Stromverbraucher und Stromerzeuger lassen den Preis der BkVAh nicht überall auf den gleichen Wert gelangen. In der vergangenen Zeit und auch heute noch beeinflussen den Preis der BkVAh außerdem Maßnahmen der Elektrizitätswerke, die eine rasche und bedeutende Verbesserung des Leistungsfaktors ihres Netzes zum Ziel haben und damit einen gewissen Gleichgewichtszustand bezüglich der Blindleistung erst anstreben. Nach Erreichen dieses Gleichgewichtszustandes kann für einen solchen Bereich der richtige Blindleistungstundenpreis in Erscheinung treten, der den nunmehr vorhandenen Gleichgewichtszustand dann aufrechterhalten soll.

Für die herstellende elektrische Industrie, die dritte Wirtschaftsgröße, die an der Blindleistungsfrage interessiert ist, hat die ungefähre Festlegung des Preises einer BkVAh großen Wert. Die Entwicklung der blindleistungerzeugenden Maschinen und Apparate hat sich hauptsächlich danach zu richten, ob die Aufwendungen, die für die Blindleistungserzeuger notwendig sind, dem wirtschaftlichen Nutzen entsprechen, der mit ihnen erreicht werden kann. Der Preis der BkVAh ist also eine Zahl, die in ihrer Bedeutung weit über die grundsätzlichen Überlegungen hinausgeht, die an vorstehender Stelle über die Errechnung des Nutzens in einzelnen Fällen gemacht wurden. Der wirtschaftliche Wert der BkVAh ist geeignet, alle diese Berechnungen in einem Punkt zusammenzufassen.

Geht man von dem Einheitswert der Blindleistungserzeugung, dem installierten BkVA aus, so ergibt sich unter Multiplikation mit der Benutzungsdauer die Zahl der Blindleistungstunden, die das installierte BkVA während eines Jahres zu leisten vermag. Nimmt man weiter einen bestimmten Preis der BkVAh an, so ist es ohne weiteres möglich, den jährlichen Nutzen zu errechnen, den man für das installierte BkVA einsetzen kann. Er soll als *spezifischer Nutzen* bezeichnet werden. Seine Werte sind in Bild 104 aufgetragen. Für verschiedene Blindstrompreise (0,5 bis 2,5 Pfg/BkVAh) ist der spezifische Nutzen in Reichsmark für verschiedene Benutzungsdauern errechnet. Bei einem Preis von 1,0 Pfg/BkVAh ergibt sich z. B. bei 2000 Stunden ein jährlicher spezifischer Nutzen von 20 M/kVAJ.

Dieser Preis von 1,0 Pfg. kann unter den heutigen Verhältnissen als ein gewisser Mittelwert für die Blindleistungskosten eingesetzt werden. Da die Benutzungsdauern der verschiedenen zur Anwendung kommenden Maschinen sich im voraus etwa bestimmen lassen, ist man in der Lage, den Nutzen eines installierten BkVA annähernd anzugeben.

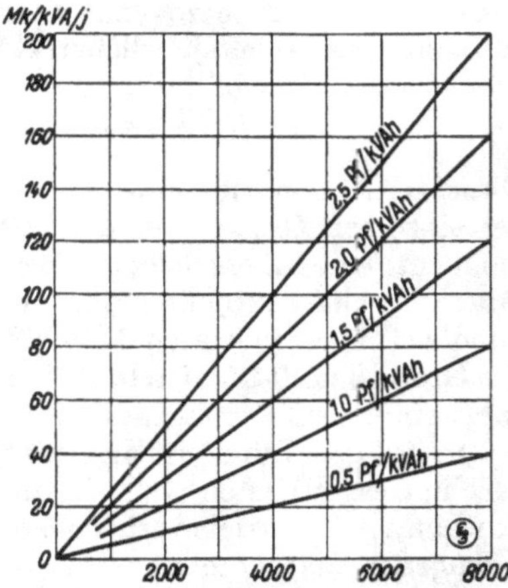

Bild 104. Wirtschaftliche Grenzen der laufenden Jahreskosten für Blindleistungserzeugung.

Die *Kosten* einer blindleistungerzeugenden Anlage bestimmen sich aus den einmaligen Errichtungs-, also Anlagekosten, und aus den laufenden Ausgaben, die durch die Blindleistungserzeugung verursacht werden. Um diese einmaligen und laufenden Ausgaben zusammenzufassen, errechnet man am einfachsten diejenigen Kosten K, die jährlich durch eine solche Einrichtung entstehen. Das Anlagekapital A verursacht jährliche Kosten, die durch Multiplikation mit dem Prozentsatz p der Amortisation und Verzinsung errechnet werden. Die laufenden Kosten bestehen hauptsächlich in den Verlusten V in kW der blindleistungerzeugenden Maschine. Multipliziert man diese Verlustleistung mit der Benutzungsdauer b und dem Preis P der kWh, so erhält man die jährlichen Ausgaben, die durch Eigenverbrauch der blindleistungerzeugenden Maschine entstehen. Ferner sind noch die Wartungskosten W in Rechnung zu stellen, die die übrigen Betriebsmittel (Öl usw.) und außerdem Löhne und allgemeine Unkosten umfassen.

Man erhält so die jährlichen Kosten als

$$K = p \cdot A + V \cdot b \cdot P + W \tag{27}$$

Für allgemeine Betrachtungen und insbesondere für den Vergleich verschiedener Arten und Einrichtungen der Blindleistungserzeugung ist es notwendig, aus einer solchen Kostenberechnung den Einfluß der Blindleistung L_B der Anlage zu beseitigen. Man setzt hierzu an Stelle des Anlagekapitals A die Anlagekosten eines BkVA,

$$a = \frac{A}{L_B}, \tag{28}$$

ebenso führt man die *spezifische Verlustziffer* v ein,

$$v = \frac{V}{L_B}; \tag{29}$$

hierbei ist für L_B die Blindleistung in BkVA einzusetzen. Diese Ziffer v gibt an, wieviel kW Verluste auf die Erzeugung eines BkVA entfallen. Ebenso kann für die Wartungskosten ein auf das installierte BkVA bezogener Wert w eingeführt werden. Man erhält dann die spezifischen jährlichen Kosten k einer blindleistungerzeugenden Anlage zu

$$k = p \cdot a + v \cdot b \cdot P + w. \tag{30}$$

Diese Beziehung gibt einen weitgehenden Aufschluß über den Einfluß der einzelnen Größen auf die Wirtschaftlichkeit einer Anlage. Sie ermöglicht eine überschlägige Beurteilung verschiedener Möglichkeiten innerhalb eines Projektes und vor allem einen Vergleich verschiedener blindleistungerzeugenden Maschinen.

Die Größe k stellt unmittelbar eine Bewertung für die in der Gleichung 30 angenommenen Verhältnisse dar und soll deshalb mit dem Ausdruck *Wertziffer* der Blindleistungserzeugung benannt werden. Sie gibt an, welche Gesamtkosten jährlich durch die Installierung eines BkVA unter bestimmten Betriebsverhältnissen erwachsen. Eine blindleistungerzeugende Maschine ist wirtschaftlich um so höher zu bewerten, je niedriger sich ihre Wertziffer bei einer bestimmten Benutzungsdauer hält. Sieht man von den zumeist schwer zu erfassenden und oft zu vernachlässigenden Wartungskosten ab, so wird, je nach den Verhältnissen, das Glied der festen oder das der laufenden Kosten überwiegen. Sind die Anlagekosten a im Verhältnis zu den Verlustkosten v gering, so muß man mit solchen Einrichtungen Betriebsverhältnisse vermeiden, in denen die Benutzungsdauer b oder der Kilowattstundenpreis P sehr hoch ist. Die laufenden Kosten würden sonst zu hoch werden und die Anlage unwirtschaftlich machen. Maschinen, die zwar ein verhältnismäßig hohes Anlagekapital a, aber sehr niedrige Verlustziffer v aufweisen, sind dagegen für hohe Benutzungsdauer sehr geeignet, denn die laufenden Kosten können infolge der niedrigen Verluste eine erhebliche Vergrößerung der gesamten Wertziffer nicht bewirken. Es muß also bei Anlagen mit geringer Benutzungsdauer auf kleinste Anlagekosten, bei solchen mit großer Benutzungsdauer auf kleinste Verlustziffern der größte Wert gelegt werden.

Die Verlustziffer v ermöglicht in vielen Fällen allein eine Entscheidung der Wirtschaftlichkeit. Die Verlustkosten je Stunde betragen V M · /kWh. Die Ersparnisse errechnen sich aus der Leistung L_B (BkVA), multipliziert mit dem Blindleistungstundenpreis M/BkVAh. Soll die Anlage wirtschaftlich sein, so muß

$$V \cdot \mathrm{M/kWh} < L_B \cdot \mathrm{M/BkVAh} \tag{31}$$

sein. Daraus folgt:

$$\frac{V}{L_B} < \frac{\mathrm{M/BkVAh}}{\mathrm{M/kWh}}. \tag{32}$$

Der rechte Teil dieser Gleichung ist die Verlustziffer v.

$$v < \frac{\mathrm{M/BkVAh}}{\mathrm{M/kWh}} \tag{33}$$

Eine blindleistungerzeugende Anlage kann also nur dann wirtschaftlich sein, wenn die Verlustziffer kleiner ist als das Verhältnis von Blindleistungstundenpreis zu Kilowattstundenpreis. Beträgt die Verlustziffer z. B. 0,1, entstehen also auf 1000 BkVA Verluste von 100 kW, so darf der Kilowattstundenpreis das 10fache des Blindleistungstundenpreises nicht übersteigen. So wird, wenn bereits die Verluste die Anlage unwirtschaftlich machen, eine Beurteilung ermöglicht, ohne daß die Anlagekosten in Rechnung gezogen zu werden brauchen. Diese Berechnungsart ergibt nur dann sichere Resultate, wenn die Blindleistungstunden als solche nach Tarif verrechnet werden. In allen Fällen, in denen der Blindleistungstundenpreis nur mittelbar errechnet wird, z. B. aus einer durch schlechten Leistungsfaktor erhöhten Leistungsgebühr, kann diese Überschlagsrechnung zu falschen Ergebnissen führen und bedarf einer gründlichen Nachrechnung, bei der die tatsächlich in einer blindleistungerzeugenden Anlage entstehenden Kosten und ihr Nutzen gegenübergestellt werden.

Auch die wirtschaftlichen Verhältnisse eines Landes wirken auf die Wirtschaftlichkeit der Blindleistungserzeugung ein. Bei ausgeglichenen Verhältnissen und günstiger Lage des Geldmarktes ist der Prozentsatz der Amortisierung und Verzinsung niedrig, während in Ländern mit schlechter wirtschaftlicher Lage, Inflations- und Deflationserscheinungen höchste Werte für p einzusetzen sind. Dies beeinflußt nicht nur die Wirtschaftlichkeit, also die Wertziffer k als solche, sondern sie verschiebt auch die Beurteilung der blindleistungerzeugenden Mittel. In Ländern mit hohen Zinssätzen wird man eher zu Anlagen mit geringem Anlagekapital greifen müssen, während man bei ausgeglichener Wirtschaftslage es besser vermeiden wird, Maschinen mit hohen Verlustziffern zu verwenden.

Für den Vergleich von Wertziffern verschiedener blindleistungerzeugender Maschinen interessiert zunächst der Einfluß der Anlagekosten. In

Bild 105 sind die Wertziffern verschiedener Blindleistungserzeuger aufgetragen unter Vernachlässigung der Verlust- und Wartungskosten, also gleichsam für die Benutzungsdauer Null. Man erkennt, daß allgemein mit wachsender Blindleistungserzeugung die Wertziffern fallen.

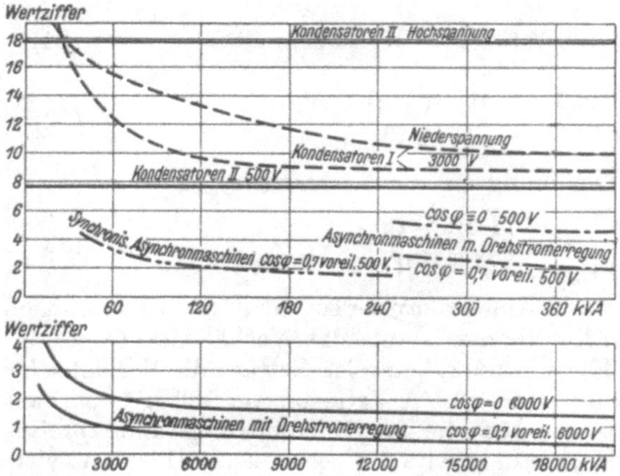

Bild 105. Anlagekosten verschiedener Blindleistungserzeuger.

Ebenso wie bei der Wirkleistungserzeugung durch Generatoren werden die Anlagekosten für das installierte BkVA mit der Größe der Maschineneinheiten geringer. Auch zeigt sich deutlich der große Vorteil der Vereinigung von Wirkleistung und Blindleistung. Gleiche Maschinenarten, die als reine Blindleistungsmaschinen ($\cos\varphi = 0$) oder als Motoren mit voreilendem Leistungsfaktor ($\cos\varphi = 0{,}7$) verwandt werden, zeigen für diesen zweiten Fall ganz erheblich niedrigere Wertziffern, die bis auf Bruchteile der Wertziffer für reine Blindleistungsmaschinen herabgehen.

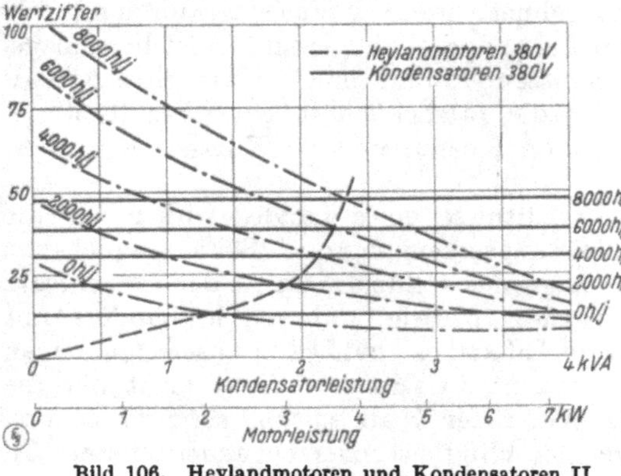

Bild 106. Heylandmotoren und Kondensatoren II bei verschiedenen Betriebstunden.

Bei kleineren Leistungen sind die synchronen den asynchronen Maschinen nach dieser Darstellung vorzuziehen. Diese Tatsache kennzeichnet aber lediglich den augenblicklichen Entwicklungstand unseres Elektromaschinenbaues. Die Asynchronmaschine ist erst seit wenigen Jahren vor die Aufgabe gestellt worden, als erregte Drehstrommaschine zu arbeiten, während die Synchronmaschinen von jeher dieser Anforderung genügen konnten. Aus den größeren Leistungsbereichen ist die Synchronmaschine bereits verdrängt, während sich die Asynchronmaschine bei den kleineren noch auf dem Weg befindet. Kondensatoren zeigen durchweg Wertziffern, die diejenigen der blindleistungerzeugenden Maschinen bei weitem übersteigen. Da derartige Vergleiche von der allgemeinen Preislage der Maschinen, den Währungen der einzelnen Länder, den Verzinsungsquoten usw. abhängig sind, geben die Wertziffern der Abbildungen nicht Preiswerte, z. B. in Reichsmark, sondern nur Vergleichswerte, die für alle Blindleistungserzeuger auf gleichen Grundlagen errechnet wurden.

Die Veränderung der Wertziffern unter dem Einfluß der installierten Leistung und der Benutzungsdauer zeigt Bild 106. Hier sind ständergespeiste kompensierte Motoren mit Kondensatoren verglichen. Die hohen Anlagekosten kleinster Maschinen und die damit verbundenen verhältnismäßig hohen Verluste der Blindleistungserzeugung verursachen bei kleinen Leistungsbereichen höhere Wertziffern der kompensierten Motoren als der Kondensatoren. Erst bei größeren Leistungen, die im vorliegenden Falle bei etwa 2 kW errechnet sind, werden die kompensierten Motoren wirtschaftlicher als die Kondensatoren. Die gestrichelte Linie gibt den Wendepunkt der Wirtschaftlichkeit an; links von ihr sind die Kondensatoren, rechts die kompensierten Motoren wirtschaftlicher. Da die kompensierten Motoren höhere Verluste haben als die Kondensatoren, wird bei höchsten Benutzungsdauern, z. B. 8000 Stunden im Jahr, die Grenze der Wirtschaftlichkeit zugunsten der Kondensatoren, also auf höhere Leistungen, verschoben. Bei geringsten Benutzungsdauern liegt sie in der Nähe von 1 kW. Da bei so kleinen Leistungen kaum höhere Benutzungsdauern in Frage kommen, ist den Kondensatoren nur selten aus wirtschaftlichen Gründen der Vorzug zu geben.

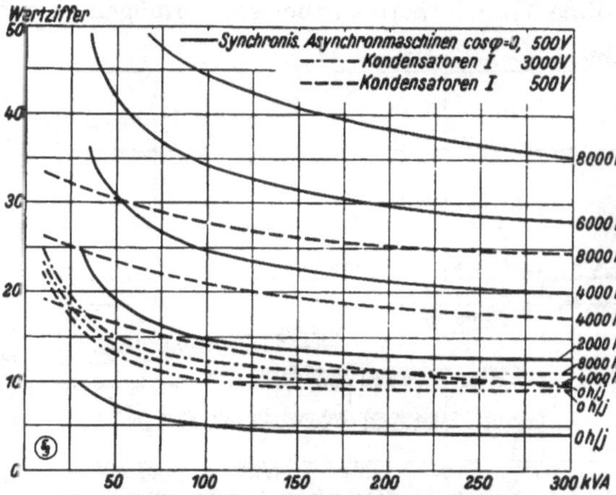

Bild 107. Wertziffern für Blindleistungserzeugung mit synchronisierten Asynchronmaschinen und Kondensatoren I.

Wesentlich anders liegen die Verhältnisse bei kleinen Blindleistungsmaschinen, deren Gesamtverluste voll auf die Blindleistungserzeugung in Anrechnung gebracht werden müssen (Bild 107). Während die Anlagekosten (Betriebsdauer 0 Stunden jährlich) der synchronisierten Asynchronmaschine weit niedriger als diejenigen der Kondensatoren sind, wird dieser Vorteil bei einer Benutzungsdauer von 2000 Stunden bereits mehr als ausgeglichen. Bei höheren Benutzungszeiten ist die wirtschaftliche Überlegenheit der Kondensatoren unverkennbar.

Die Verhältnisse ändern sich jedoch für Blindleistungsmaschinen, wenn man auf größere Leistungen übergeht. Bild 108 zeigt einen Vergleich von Kondensatoren mit großen asynchronen Blindleistungsmaschinen. Es ist hierbei der Fall der höchsten Benutzungsdauer (8000 Stunden jährlich) herausgegriffen, der für die Kondensatoren wegen ihrer geringen Verluste der günstigste ist. Hier zeigt sich, daß Kondensatoren, die über Transformatoren aufs Netz arbeiten müssen, den asynchronen Blindleistungsmaschinen auf jeden Fall unterlegen sind. Kondensatoren, die ohne Transformator arbeiten, vermögen aber bei großen Leistungen bei 8000 Stunden im Jahr ihre höheren Anlagekosten gegenüber asynchronen Blindleistungsmaschinen auszugleichen. Diese außerordentlich niedrige Ziffer der Kondensatoren wird aber noch um 50 % unterschritten durch Asynchronmaschinen, die mit einem voreilenden Leistungsfaktor von 0,7 arbeiten. Wenn man bedenkt, daß der vorliegende Fall von 8000 Stunden wohl nirgends erreicht wird, daß sich also gegenüber der Darstellung die Verhältnisse stets zugunsten der Blindleistungsmaschinen erheblich verschieben werden, so kann man sagen, daß mit Blindleistungserzeugern dieser großen Leistung insbesondere bei Verbindung mit Wirkleistung ($\cos \varphi = 0{,}7$) die niedrigste Wertziffer erreicht wird, die heute für blindleistungerzeugende Maschinen und Apparate als möglich angesehen werden kann.

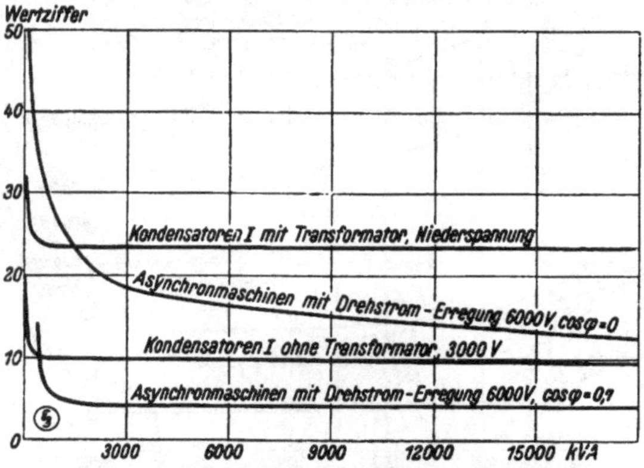

Bild 108. Asynchronmaschinen mit Drehstrom-Erregung und Kondensatoren I bei 8000 jährlichen Betriebstunden.

Die Wertziffern gestatten einen Vergleich der einzelnen Maschinenarten selbstverständlich nur unter Voraussetzung gleicher Benutzungsdauer. Andererseits können sie zur Berechnung der Wirtschaftlichkeit nur dann herangezogen werden, wenn sie mit einem spezifischen Nutzen verglichen werden, für den ebenfalls die einmal angenommene Benutzungsdauer zugrunde gelegt ist. Verändert sich diese Benutzungsdauer, so steigt oder fällt der spezifische Nutzen proportional, da er sich aus dem Produkt von Benutzungsdauer und Blindleistungstundenpreis berechnet. Die Wertziffer hingegen enthält auch die aus dem Anlagekapital erwachsenden Kosten, die von der Benutzungsdauer unabhängig sind. Infolgedessen wird sich die Wertziffer nicht in gleichem Maße ändern wie die Benutzungsdauer. Steigt infolge höherer Benutzungsdauer der spezifische Nutzen, so folgt die Wertziffer nur mit geringerer Erhöhung. Der Unterschied zwischen Nutzen und Kosten (Wertziffer) wächst also mit steigender Benutzungsdauer zugunsten des Nutzens. Je länger eine blindleistungerzeugende Maschine in Betrieb ist, desto größer werden deshalb die Ersparnisse, desto höher ist in jedem Fall die Wirtschaftlichkeit einer Blindleistungserzeugung. Gibt die Wertziffer ein wertvolles Hilfsmittel zur Auswahl der blindleistungerzeugenden Maschine, so wird im einzelnen Fall eine Wirtschaftlichkeitsberechnung notwendig sein, die unter Berücksichtigung aller Betriebseinzelheiten den tatsächlichen Nutzen N und die Kosten K feststellt; aus ihrer Differenz errechnet sich die Ersparnis.

Im allgemeinen muß der Nutzen mit den Kosten etwa ausgeglichen sein. Ist zwischen beiden ein erheblicher Unterschied vorhanden, so kann man dies als Anzeichen dafür ansprechen, daß bereits seit längerer Zeit der Blindleistungsfrage nicht die genügende Beachtung geschenkt worden ist, oder es liegen besondere Verhältnisse vor. Soll ein Stromkäufer zur Aufstellung blindleistungerzeugender Maschinen veranlaßt werden, so wird er dies nur dann tun, wenn ihm ein tatsächlicher Vorteil erwächst. Der durch eine Tarifvergütung entstehende Nutzen bei Blindleistungserzeugung muß also höher gehalten werden als die Kosten. Unter ausgeglichenen Verhältnissen genügt schon eine verhältnismäßig kleine Spanne, um eine mit richtigem Leistungsfaktor arbeitende Übertragungsanlage auf dieser Betriebsweise zu erhalten. Je schlechter der Leistungsfaktor, je größer also das Verlangen der Elektrizitätswerke nach der Aufstellung blindleistungerzeugender Maschinen ist, desto höher muß von diesen die Blindleistungstunde bezahlt, desto größer muß der Nutzen für den Stromverkäufer gehalten werden. So kommt es, daß in manchen Tarifen sich ganz erhebliche wirtschaftliche Vorteile bei Aufstellung von Blindleistungserzeugern ergeben. Zuweilen wird die Blindleistungstunde so hoch berechnet, daß sich die erstellten Anlagen bereits in einem oder wenigen Jahren voll bezahlt machen. Solche Verhältnisse können aber nur als Übergangserscheinungen angesehen werden, da auf die Dauer von den Stromkäufern soviel Blindleistung erzeugt würde, daß schließlich $\cos \varphi = 1$ erreicht wird, eine Betriebsweise, die nur in den seltensten Fällen notwendig ist. Die große Aufgabe für die Tarifabteilungen der Elektrizitätswerke besteht darin, die für den Betrieb ihrer Anlage notwendige Blindleistung auch bei den Stromkäufern auf möglichst billige Art zu erhalten. Die Verträge und Tarife sollen so gestaltet sein, daß ein Anreiz insbesondere auf diejenigen

Stromkäufer ausgeübt wird, bei denen mit verhältnismäßig geringen Mitteln eine Blindleistungserzeugung möglich ist. Maschinen mit hohen Anlagekosten, wie z. B. kompensierte Motoren, oder Anlagen mit hohen Verlusten, wie z. B. kleinste Blindleistungsmaschinen, kommen bei richtiger Tarifgestaltung nicht zur Anwendung, da die Wertziffern solcher Anlagen höher liegen als der nach dem Tarif sich ergebende spezifische Nutzen. Nur die Stromkäufer werden dann Blindleistung erzeugen, die bei größeren Maschinen und langen Benutzungszeiten die Möglichkeit haben, niedrige Wertziffern zu erreichen. Vorschriften, bereits bei kleineren und mittleren Leistungen nur kompensierte Motoren zu verwenden, verhindern diesen wirtschaftlichsten Weg zur Blindleistungserzeugung, denn sie zwingen auch dort zur Aufstellung erregter Maschinen, wo die Wertziffern unverhältnismäßig hoch liegen. Wenn jedoch alle oder die meisten der Stromkäufer nur Maschinen hoher Wertziffer verwenden können, ist die Anwendung auch derartiger Maßnahmen am Platze.

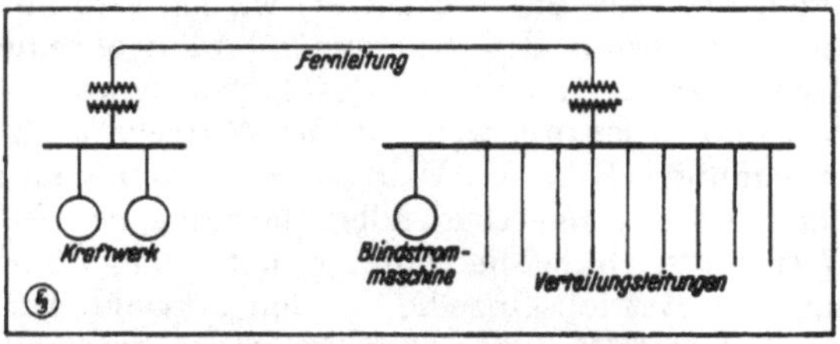

Bild 109. Zentralisierte Verbesserung des Leistungsfaktors.

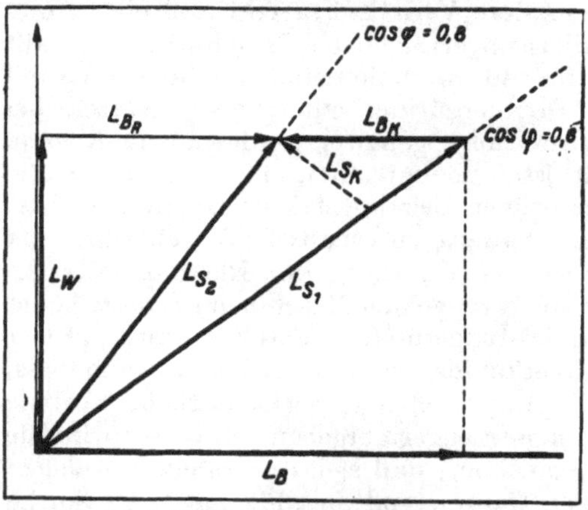

Bild 110. Zentralisierte Verbesserung des Leistungsfaktors.

Die praktische Anwendung der Blindleistungserzeuger ergibt drei verschiedene Fälle. Die älteste und einfachste, wenn auch nicht die beste Art der Blindleistungserzeugung findet bei *zentralisierter Verbesserung* des Leistungsfaktors statt. Bild 109 stellt einen solchen Fall im Schaltbild dar. Die an den Verteilungsleitungen liegenden Stromverbraucher sind über zwei Transformatoren und eine Fernleitung mit dem Kraftwerk verbunden. Der schlechte Leistungsfaktor an den Niederspannungsammelschienen der Transformatorstation am Verbraucherort erzeugt in der Fernleitung einen hohen Spannungsabfall, der mit der Erregung der Generatoren im Kraftwerk nicht mehr auszuregeln ist. Diese sind außerdem infolge der hohen Blindleistung elektrisch voll belastet, während die Turbinen noch weitere Leistung abgeben können. Schließlich treten in der Fernleitung und in den Transformatorstationen auch hohe Wirkverluste auf. Der Leistungsfaktor muß verbessert, d. h. Blindleistung am Verbraucherort erzeugt werden, um Generatoren, Transformatoren und Fernleitung zu entlasten. Zu diesem Zweck ist an den Unterspannungsammelschienen der Transformatorstation am Verbraucherort eine Blindleistungsmaschine eingesetzt worden. Diese wurde für eine solche Blindleistung bemessen, daß der Leistungsfaktor auf den gewünschten Wert gebracht wird. Bild 110

Bild 111. Asynchrone Blindleistungsmaschinen je 5000 BkVA, 6000 V, 50 Hertz, 1000 U/min.

zeigt das Diagramm für die Unterspannungsammelschienen am Verbraucherort. Die Anlage arbeitet mit einer Wirkleistung L_W und mit einer so großen Blindleistung L_B, daß sich ein Gesamtleistungsfaktor von $\cos \varphi = 0{,}6$ ergibt. Mit Rücksicht auf die Generatoren und den Spannungsabfall soll ein Leistungsfaktor von $\cos \varphi = 0{,}8$ erreicht werden. Hierzu muß eine Blindleistung von der Größe L_{BK} erzeugt werden, damit die Scheinleistung L_{S_1} auf den Wert L_{S_2} bei $\cos \varphi = 0{,}8$ zurückgeht. Praktisch wird dies durch Aufstellung einer synchronen oder besser asynchronen Blindleistungsmaschine erreicht.

Diese seit langem bekannte Art der Verbesserung mit leerlaufenden übererregten Maschinen ist, wie die früher gezeigten Kurven angeben, eine der teuersten und damit unwirtschaftlichsten. Die gesamten Verlustkosten und das Anlagekapital dieser Maschine fallen der Blindleistungserzeugung zur Last. Trotzdem muß zu diesem Mittel gegriffen werden, wenn sich wirtschaftlichere Möglichkeiten nicht ergeben. Für den Fall, daß die Blindleistungserzeugung bei verschiedenen Belastungszuständen auf der Fernleitung geregelt werden muß, bleibt ebenfalls nichts anderes übrig, als die Aufstellung einer oder mehrerer Blindleistungsmaschinen (Bild 111). Wirtschaftlich vorteilhafter stellen sich aber die Verhältnisse auch bei der zentralisierten Blindleistungserzeugung, wenn große durchlaufende Maschinen vorhanden sind, die gleichzeitig die Blindleistungserzeugung übernehmen können, oder wenn wenigstens zeitweise die Blindleistungs-

Bild 112. Asynchroner Drehstrom-Gleichstrom-Umformer. Drehstromleistung 2150 kW und 600 BkVA oder als Blindleistungsmaschine 2000 BkVA, 50 Hertz, 750 U/min.

maschine zur Wirkleistungsabgabe herangezogen werden kann. In Bild 110 ist durch die gestrichelte Leistung L_{SK} das Arbeiten einer solchen Maschine gezeigt. Die dann zu erzeugende Blindleistung fällt nicht nur erheblich kleiner aus als bei der Verwendung leerlaufender Blindleistungsmaschinen (L_{BK}), sondern die gesamte elektrische Leistung (kVA) dieser mit Wirkleistung und Blindleistung beaufschlagten Maschine wird sogar kleiner als diejenige der reinen Blindleistungsmaschine. Man kann also eine kleinere Maschine verwenden und erhält gleichzeitig noch eine erhebliche nutzbare Wirkleistung. Die Verbesserung des Leistungsfaktors, in diesem Fall von 0,6 auf 0,8, erfolgt mit geringstem Maschinenaufwand, wenn die Leistung L_{SK} senkrecht auf der ursprünglichen Scheinleistung L_{S1} steht, denn die kleinste Entfernung zwischen der Leistung L_{S1} und dem anzustrebenden Betriebspunkt bei $\cos\varphi = 0{,}8$ ist durch die Normale auf L_{S1} gegeben. Dieser günstigste Fall der Blindleistungserzeugung wird sich nur selten verwirklichen lassen. Bild 112 zeigt einen solchen Drehstrom-Gleichstrom-Umformer für 2000 kW Gleichstromleistung, dessen Drehstromteil als Blindleistungsmaschine ausgebildet ist. Bei voll belasteter Gleichstrommaschine können noch 600 BkVA ans Netz abgegeben werden. Die Blindleistungserzeugung steigert sich, wenn der Umformer nicht voll zur Speisung des Gleichstromnetzes herangezogen zu werden braucht. Im Leerlauf wird die höchste Blindleistungsabgabe von 2000 BkVA erreicht. Derartige Lösungen der zentralisierten Verbesserung sind als ganz außerordentlich wirtschaftlich und wertvoll anzusprechen.

Vielfach ist der Vorschlag gemacht worden, an Stelle besonderer Blindleistungsmaschinen vorhandene in Reserve stehende oder infolge Anschluß an größere Kraftwerke stillgelegte Generatoren zu verwenden. Solchen Betriebsweisen muß man stets sehr argwöhnisch gegenüberstehen. Die Erregung der Generatoren ist nicht für $\cos \varphi = 0$ und volle Ausnutzung bemessen. Die Verluste bleiben etwa die gleichen wie im Vollastgeneratorbetrieb, sie sind also im Verhältnis zur verminderten Gesamtleistung sehr hoch. Da Blindleistungsmaschinen stets hohe Benutzungszeiten aufweisen, fällt diese Erhöhung der Verlustkosten stark ins Gewicht. Der Anlauf solcher Maschinen bringt weitere Schwierigkeiten. Das Mitlaufen von Turbinen, die das Anwerfen übernehmen können, ist unwirtschaftlich, da, abgesehen von den Verlusten der Turbine selbst, auch die ganze Kondensationsanlage in Betrieb gesetzt werden muß. Das Laufen der Schaufeln unter atmosphärischem Druck würde hohe Erwärmungen mit sich bringen und große Verluste erzeugen. Ausrückbare Kupplungen erfordern einen vollständigen Umbau der Anlage, so daß in fast allen Fällen zu besonderen Anwurfsmotoren oder Anlaßtransformatoren gegriffen werden muß. Alle diese Schwierigkeiten erhöhen schließlich die Wertziffer einer solchen Anlage, so daß nur in den wenigsten Fällen eine solche Betriebsweise zu rechtfertigen ist.

Die zentralisierte Verbesserung muß Anwendung finden, wenn andere Möglichkeiten fehlen. Wird z. B. die elektrische Energie hauptsächlich in Öfen verbraucht, wie es in chemischen Anlagen oft der Fall ist, so bleibt zur Beeinflussung des Leistungsfaktors nur die leerlaufende Blindleistungsmaschine übrig. Hierfür sind Anlagen bis zu 30000 BkVA im Betrieb.

Bei Netzen mit vielen kleinen Motoren kann aus betriebstechnischen und wirtschaftlichen Gründen die zentralisierte Verbesserung zur Anwendung kommen. Sollen dabei Kabel- und Leitungsnetze vom Strom entlastet werden, so werden bestimmte Netzgruppen mit kleineren Blindleistungsmaschinen, z. B. synchronisierten Asynchronmotoren, ausgerüstet.

In den meisten Fällen wird sich die Möglichkeit ergeben, auch an Motoren mittlerer Leistung Einrichtungen zur Blindleistungserzeugung vorzusehen oder solche nachträglich anzubringen. Nutzt man diese Verhältnisse aus, so erhält man die *Gruppenverbesserung* des Leistungsfaktors. In Bild 113 ist das Schaltbild einer solchen Gruppenverbesserung wiedergegeben. Eine stromverbrauchende Anlage ist über einen Transformator T an ein Hochspannungsnetz gelegt. Von den Unterspannungsammelschienen S gehen mehrere Verteilungsleitungen zu verschiedenen Gruppen von Stromverbrauchern V_1, V_2 und V_3. Eine solche gruppenweise Verteilung der Stromverbraucher ergibt sich in allen größeren Anlagen bereits durch die Vereinigung in bestimmten Gebäuden oder durch die Zusammenfassung in einzelnen Fabrikationsabteilungen. Auch die Rücksicht auf die Betriebsicherheit und die Bemessung der Niederspannungsübertragungsorgane ergibt Verhältnisse, die dem gezeigten Schema der Gruppenaufteilung annähernd entsprechen. Innerhalb dieser Gruppen wird nun der größte oder mehrere große Motoren M zur Blindleistungserzeugung herangezogen, indem sie mindestens bis zum Leistungsfaktor $\cos \varphi = 1$ erregt werden. Durch diese Kompensierung der größten Blindleistungsverbraucher wird der gesamte Leistungsfaktor so verbessert, daß er durch die übrigen kleineren Motoren nicht mehr unter den angestrebten Wert verschlechtert werden kann. Bild 114 stellt eine solche Gruppenverbesserung im Diagramm dar. Die vorhandene Scheinleistung L_{S_1} hat einen Leistungsfaktor von $\cos \varphi = 0{,}6$ und ist im Diagramm aufgeteilt in die Leistungen der drei größten Motoren und die Summenleistung der kleineren Motoren. Hierbei

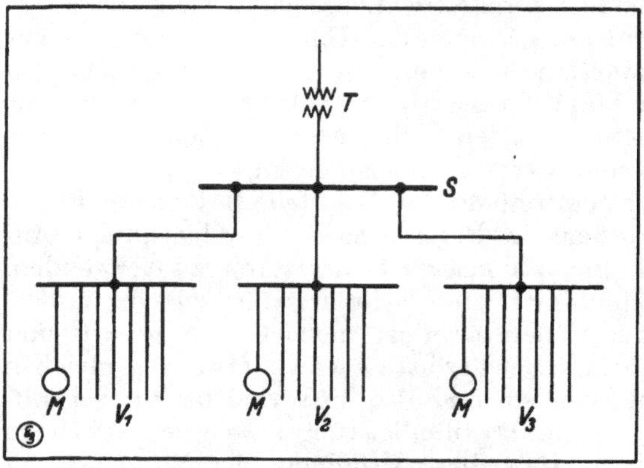

Bild 113. Gruppenverbesserung des Leistungsfaktors.

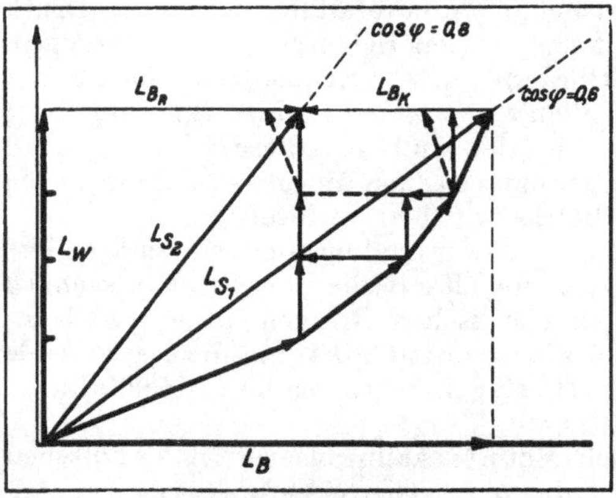

Bild 114. Gruppenverbesserung des Leistungsfaktors.

arbeiten die größten Motoren mit dem weitaus besten Leistungsfaktor, während, wie es allgemein der Fall ist, die kleineren Motoren mit einem bedeutend schlechteren Leistungsfaktor als 0,6 das Netz belasten. Trotzdem genügt es, durch Erregung der drei größten Motoren auf $\cos \varphi = 1$ eine Blindleistung vom Werte L_{BK} zu erzeugen und damit den gesamten Blindleistungsverbrauch auf denjenigen Rest L_{BR} zu verringern, der einem Betrieb mit $\cos \varphi = 0{,}8$ entspricht. Auch bei der Gruppenverbesserung kann natürlich das Mittel der Übererregung angewendet werden, so daß einzelne der größten Motoren mit voreilendem

Bild 115. Synchronisierte Asynchronmotoren je 50 kW und 22 BkVA 380 V, 50 Hertz, 750 U/min.

Leistungsfaktor arbeiten. Im Diagramm ist dies durch die gestrichelten Leistungen angedeutet.

Die Gruppenverbesserung stellt eine der häufigsten Arten der Blindleistungserzeugung und gleichzeitig wohl auch einen der wirtschaftlichsten Wege dar. Sowohl bei neuen wie bei alten Anlagen lassen sich die erforderlichen Maßnahmen zumeist leicht durchführen. Die fremderregten und eigenerregten Drehstrom-Erregermaschinen finden hier ein weites Anwendungsgebiet. Auch der synchronisierte Asynchronmotor ist wegen seiner besonders günstigen Blindleistungsverhältnisse für diese Zwecke hervorragend geeignet (Bild 115). Bei der Auswahl der blindleistungerzeugenden elektrischen Antriebe wird man insbesondere bei industriellen Betrieben nicht auf Schwierigkeiten stoßen. Pumpen, Ventilatoren, Transmissionsantriebe sind besonders geeignet, da sie durchlaufen und infolgedessen eine hohe Ausnutzung der aufgewendeten Mittel gewährleisten. Umformer aller Art, insbesondere auch Leonard-Umformer, Schleifermotoren, Walzenstraßen usw. bieten je nach Art der Fabrikationsstätten günstige Angriffspunkte für die Gruppenverbesserung.

Schließlich können aber auch Verhältnisse eintreten, bei denen eine Gruppenverbesserung nicht möglich ist, da größere Motoren fehlen, und bei denen eine zentralisierte Verbesserung keine durchgreifende Abhilfe schaffen würde, weil das Netz außerordentlich stark verzweigt ist und somit ein Aufstellungsort für die Blindleistungsmaschine nicht gefunden werden kann, der die Übertragungsorgane entlastet, also Spannungsabfall und Verluste vermeidet. Solche Verhältnisse können zuweilen in landwirtschaftlichen Bezirken oder in Gegenden mit verteilten kleinen Industrie- und Gewerbebetrieben auftreten.

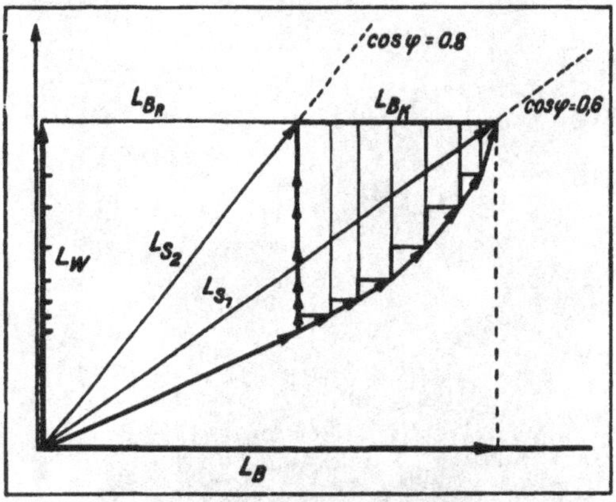

Bild 116. Einzelverbesserung des Leistungsfaktors.

Dann bleibt nichts anderes übrig, als zur *Einzelverbesserung* zu greifen, d. h. die Blindleistungserzeugung in viele kleine Antriebe hinein zu verlegen. Für einen solchen Fall ist das Diagramm im Bild 116 gezeichnet. Hier ist der schlechte Leistungsfaktor von $\cos \varphi = 0{,}6$ durch Aufstellung einer großen Anzahl kleiner Maschinen mit $\cos \varphi = 1$ auf den Wert 0,8 gebracht. Es ist auch unter solchen Verhältnissen noch anzustreben, nach Möglichkeit nur die größeren Motoren zur Verbesserung des Leistungsfaktors heranzuziehen, und hier sind Vorschriften angebracht, die von einer bestimmten Leistung an die Aufstellung kompensierter Motoren vorschreiben. Man soll aber stets besonders bei Neuanlagen versuchen, diese Art der Blindleistungserzeugung nach Möglichkeit zu vermeiden oder wenigstens die Leistungsgrenze der blindleistungerzeugenden Maschinen möglichst hoch zu legen, da die große Zahl der Kommutatoren eine erhebliche Erschwerung der Betriebsführung bedeutet und die Wirtschaftlichkeit dieses Verfahrens infolge der hohen Anlagekosten schlecht ist. Für die Einzelverbesserung des Leistungsfaktors kommen in erster Linie die kompensierten Motoren und in neuester Zeit Kondensatoren in Frage.

Zusammenfassend können für die Blindleistungserzeugung zur Verbesserung des Leistungsfaktors drei allgemeine Grundsätze aufgestellt werden.

Die Blindleistungserzeugung soll erstens nach Möglichkeit in *Maschinen* stattfinden, *die Wirkleistung führen*, ganz gleich, ob es sich dabei um Generatoren oder Motoren handelt. Infolge der geometrischen Zusammensetzung beider Leistungen werden dadurch kleinste Abmessungen der Maschinen und kleinste Verluste erreicht.

Zweitens soll die Blindleistungserzeugung in den *größten Maschinen* stattfinden, die für diese Zwecke nutzbar gemacht werden können. Es darf dabei nicht vergessen werden, daß die Generatoren die größten Einheiten einer Kraftübertragung darstellen, und daß deshalb die Blindleistungserzeugung in den Generatoren, d. h. ihre Bemessung für denjenigen niedrigen Leistungsfaktor, der im Betrieb wirklich auftreten wird, wirtschaftlich große Vorteile bringt. Lediglich der Spannungsabfall und vielleicht auch die Verluste in den Übertragungsorganen können dazu zwingen, auch bei Neuanlagen die Blindleistungserzeugung nicht allein in die Generatoren, sondern auch auf einzelne im Netz verteilte Blindleistungserzeuger zu verlegen.

Als dritter Grundsatz für die Blindleistungserzeugung gilt die Regel, daß zur Blindleistungserzeugung nur solche Maschinen herangezogen werden sollen, die eine *lange Benutzungsdauer* haben, denn es kommt darauf an, mit einer einmal beschafften Einrichtung eine möglichst große Zahl von Blindleistungsstunden im Jahr zu erzeugen. Generatoren und Umformer haben größte Benutzungsdauer, kleinere Motoren, z. B. im Hebezeug- und Landwirtschaftsbetrieb weisen nur kürzeste Benutzungsdauer auf, so daß auch dieser Grundsatz wieder auf die Blindleistungserzeugung in großen Maschinen hinweist. Die Folgerungen aus diesen drei Grundsätzen werden noch dadurch unterstützt, daß durch die Blindleistungserzeugung die Betriebsicherheit der Anlage keinesfalls leiden darf. Der Verwendung von Kommutatormotoren werden mit Rücksicht auf die Betriebsverhältnisse und auf die Nähe von geeigneten Reparaturwerkstätten, wie überhaupt mit Rücksicht auf die Güte der Wartung und Bedienung von vornherein gewisse Grenzen gesetzt. Bei größeren oder größten Maschinen werden diese Voraussetzungen weit öfter zutreffen. Wo elektrische Antriebe in Gegenden zur Aufstellung kommen, die von Reparaturwerkstätten weit entfernt sind oder wo nur wenig ausgebildetes Personal vorhanden ist, müssen diese betriebstechnischen Gesichtspunkte besonders berücksichtigt werden.

Der Blindleistungserzeugung fallen zwei Aufgaben zu. Einmal müssen die vorhandenen elektrischen Anlagen durch Verbesserung des Leistungsfaktors zu höchster Ausnutzung gebracht werden, auf der anderen Seite sollen neue Anlagen von vornherein so geschaffen werden, daß die heute so oft auftretenden betriebstechnischen und wirtschaftlichen Nachteile vermieden werden. Die Lösung der ersten Aufgabe ist in den meisten Ländern der Welt in vollem Gange. Sie wird in absehbarer Zeit wenigstens im notwendigsten Ausmaße gelöst sein. Die zweite Aufgabe wird aber für alle kommenden Zeiten ihre Bedeutung behalten, und ihr werden alle diejenigen Erfahrungen zufließen, die bei Lösung der ersten Aufgabe gewonnen sind oder noch gewonnen werden.

VII. Messung und Verrechnung unter Berücksichtigung der Blindströme.

Das Messen spielt allgemein in der Elektrotechnik eine größere Rolle, als auf anderen Gebieten der Technik, auf denen man viele Vorgänge erst in der neuesten Zeit begonnen hat, messend zu verfolgen. Dieses ist einerseits darin begründet, daß man ohne Zuhilfenahme von Meßgeräten sich überhaupt keine klaren Vorstellungen von elektrischen Vorgängen machen kann; andererseits sind die elektrischen Messungen besonders bequem. Aus diesem Grunde versucht man in immer wachsendem Maße auch Messungen nicht elektrischer Größen unter Zuhilfenahme von elektrischen Meßgeräten auszuführen.

In jedem Kraftwerk ist die Schalttafel mit den auf ihr befindlichen Meßgeräten ein unentbehrliches, wichtiges Glied des Ganzen. Auch an den Verbrauchstellen, besonders dort, wo größere Stromverbraucher angeschlossen sind, werden oft Meßgeräte eingebaut, die über die Spannung und Art der Belastung Aufschluß geben. Vor allen Dingen sind aber in den meisten Verbraucheranlagen ein oder sogar mehrere Elektrizitätszähler eingebaut, die den Verbrauch in der Anlage messen und so die Grundlage für die Verrechnung zwischen dem stromliefernden Werk und dem Abnehmer liefern.

Solange man dem Blindstrom noch keine besondere Beachtung geschenkt hatte, kamen als Meßgeräte in der Hauptsache Spannungsmesser, Leistungsmesser, Frequenzmesser und Kilowattstundenzähler (Wirkverbrauchzähler) in Betracht. Die Zähler wurden nicht selten mit besonderen Tarifhilfseinrichtungen, wie z. B. Maximumzeiger, versehen. Mit der Entwicklung der Blindstromfrage hat sich zwangsweise das Bedürfnis ergeben, besondere Meßgeräte zur unmittelbaren Messung der in Betracht kommenden besonderen Größen zu verwenden.

Noch wichtiger jedoch ist die Anwendung besonderer Zähler, in erster Linie der Blindverbrauchzähler ($\sin\varphi$-Zähler) geworden. Denn nur solche Zähler ermöglichen, den Blindverbrauch bei der Verrechnung zu erfassen, und nur durch die Berücksichtigung des Blindverbrauches bei der Verrechnung ist es möglich, einen Abnehmer zu veranlassen, seinen

Blindverbrauch den Bedürfnissen des stromliefernden Werkes anzupassen, also in den meisten Fällen möglichst einzuschränken. Das Bedürfnis ein in bezug auf Blindstrom richtiges Arbeiten zu erzielen, tritt besonders beim Austausch der Energie zwischen zwei oder mehreren parallel arbeitenden Kraftwerken auf. Die Erfassung des Blindstromes bei solchen Werken ist deshalb eigentlich der Anfang der ganzen neuzeitlichen Blindstromfrage gewesen. Eine Zeitlang war die Blindstromfrage geradezu nur eine Tarif- und Blindverbrauchzählerfrage, in erster Linie bei parallel arbeitenden Kraftwerken.

Der älteste Vorschlag der Berücksichtigung des Blindstromes bei der Messung elektrischer Energie überhaupt dürfte von *Benischke* stammen[2]). In der Praxis wurde jedoch vor dem Kriege nur in Italien und in der Schweiz das von *Arnò* angegebene Verrechnungsverfahren gelegentlich angewendet. Die hierzu erforderlichen Zähler wurden von den Siemens-Schuckertwerken in größerer Zahl geliefert. Die ersten eigentlichen Blindverbrauchzähler wurden wohl von den SSW, und zwar im Jahre 1912 gebaut. Der Anfang der Entwicklung neuzeitlicher Tarife und Meßgeräte zur Berücksichtigung der Blindströme kann auf den von *Bußmann* beim Rheinisch-Westfälischen Elektrizitätswerk (RWE) eingeführten Tarif zurückgeführt werden[3]). Seit dieser Zeit wurde die Frage der Verrechnung der Blindströme und der hierzu dienenden Zähler oft in der Literatur behandelt. Die SSW haben auch an der Entwicklung der meßtechnischen und tariflichen Seite der Blindstromfrage einen wesentlichen Anteil.

Die Blindstromfrage stellt, vom Standpunkte der Messung und Verrechnung betrachtet, gewissermaßen ein getrenntes Gebiet dar, deshalb erscheint eine zusammenhängende Behandlung von allem, was zum Verständnis dieser Frage beiträgt, zweckmäßig. Aus diesem Grunde werden im folgenden zuerst die grundlegenden Begriffe in einer Form, wie sie hier besonders zweckmäßig erscheint, nochmals kurz zusammengestellt, wobei eingehend die Vorzeichenfrage erörtert wird.

Diese Ausführungen bedeuten zum Teil eine Wiederholung dessen, was im Abschnitt I gesagt worden ist. Diese Wiederholung ist jedoch deshalb nicht überflüssig, weil bei der Behandlung der Verrechnungsfrage gewissermaßen ein anderer Standpunkt notwendig ist, als der bis jetzt eingenommene.

Anschließend an diese allgemeinen Betrachtungen werden zuerst einige für die Messung der Phasenverschiebung und der Blindlast in Betracht kommenden direkt zeigenden und schreibenden Meßgeräte, dann die

[2]) Benischke: „Berechnung des Strompreises bei Wechselströmen". Vortrag gehalten auf der 7. Jahresversammlung des V. D. E. in Hannover. ETZ. **20**, S. 454, 1899.

[3]) Bussmann: „Die Phasenverschiebung in Drehstromnetzen und ihre Berücksichtigung bei Verbrauchsmessung". ETZ **39** S. 93 und 105, 1918.

zur Erfassung des Blindstromes dienenden Zähler eingehender behandelt und zum Schluß wird die Tariffrage erörtert.

a) Grundbegriffe.

Definitionen und Bezeichnungen.

Bild 117 zeigt das Strom-Spannungsdiagramm einer Wechselstromanlage. E ist die Netzspannung, J der entnommene Strom (beides Effektivwerte), der um den Winkel φ gegen E verschoben ist, und zwar ist angenommen, daß der Strom der Spannung nacheilt (φ positiv). Die Drehrichtung des Diagramms ist die umgekehrte wie die in den früheren Abschnitten gewählte, weil dies einerseits das Studium der einschlägigen Zählerliteratur, in der diese Richtung angewandt worden ist, erleichtert, andererseits deshalb, weil, wie noch weiter gezeigt wird, bei dieser Drehrichtung sich für die Verrechnung eine Übereinstimmung mit den in der Trigonometrie üblichen Festsetzungen über die Vorzeichen ergibt.

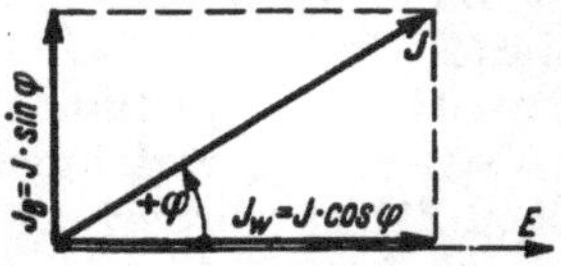

Bild 117.
Wirk- und Blindstrom.

Zusammenfassend seien noch einmal die im ersten Abschnitt gegebenen Beziehungen zwischen den einzelnen elektrischen Größen, soweit sie für die Verrechnung des Verbrauches maßgebend sind, wiederholt.

Bei der Phasenverschiebung φ ist die den obigen Werten entsprechende *Wirkleistung*

$$L_W = E \cdot J \cdot \cos\varphi = E \cdot J_W, \tag{34}$$

wobei $J_W = J \cdot \cos\varphi$, der *Wirkstrom*, die in Phase mit der Spannung E liegende Komponente von J ist. Daraus errechnet sich der Leistungsfaktor zu

$$\cos\varphi = \frac{J_W}{J}. \tag{35}$$

Die auf E bzw. J_W senkrecht stehende Komponente des Stromes ist der *Blindstrom* $J_B = J \cdot \sin\varphi$, dementsprechend die *Blindleistung*

$$L_B = E \cdot J \cdot \sin\varphi = E \cdot J_B. \tag{36}$$

Ferner sind noch folgende Beziehungen von Wichtigkeit:

$$J^2 = J_W^2 + J_B^2 \text{ oder } J = \sqrt{J_W^2 + J_B^2}, \tag{37}$$

$$\operatorname{tg}\varphi = \frac{J_B}{J_W}. \tag{38}$$

Der Winkel φ wird, falls der Strom der Spannung nacheilt (bei nacheilendem Strom), als positiv, bei voreilendem als negativ angenommen.

Ist φ kleiner als 90°, so ist cos φ, also auch die Leistung L_W sowohl bei Nacheilung wie bei Voreilung positiv.
sin φ, also auch die Blindleistung L_B, ändern ihre Vorzeichen bei Änderung der Vorzeichen von φ, also beim Übergang von Nacheilung zu Voreilung, und zwar ist bei Nacheilung sin φ und L_B positiv, bei Voreilung negativ.
Die Frage der Vorzeichen wird weiter unten noch besonders behandelt.
Für die Verrechnung ist noch die *Scheinleistung* $L_S = E \cdot J$ von Bedeutung. Da durch diese Größe im wesentlichen die Abmessungen des elektrischen Teiles einer Anlage bedingt sind, so nennt man sie auch *Richtleistung*. Die Phasenverschiebung φ bzw. cos φ, sin φ und tg φ lassen sich auch aus L_W, L_B und L_S, die sich von J_W, J_B und J nur durch den konstanten Faktor (Spannung E) unterscheiden, berechnen.
Wird die Leistung während der Zeit t entnommen, so errechnet sich die dabei verbrauchte Arbeit (Energie) oder kurz der Verbrauch *(Wirkverbrauch)* zu $A_W = L_W \cdot t = E\, J \cos \varphi \cdot t = E J_W \cdot t$.
Hierbei müssen für die betrachtete Zeitperiode die Werte von L_W, E, J und cos φ unverändert sein. Schwanken über einen bestimmten Zeitraum diese Werte, so ist die gesamte Arbeit aus der Summe von Einzelarbeiten zu errechnen, bei denen für die einzelnen Zeiträume die in Betracht kommenden Größen konstant sind. Diese Summierung wird in der mathematischen Schreibweise durch das Integralzeichen ausgedrückt.
Entsprechend ist der *Blindverbrauch* $A_B = L_B \cdot t = E\, J \sin \varphi \cdot t = E J_B \cdot t$ und der *Scheinverbrauch* $A_s = L_s \cdot t = E\, J \cdot t$.
Auch aus den Verbrauchsgrößen A_W, A_B und A_S, die sich von den entsprechenden Lastgrößen L_W, L_B und L_s nur durch den Faktor t unterscheiden, läßt sich wiederum die Phasenverschiebung φ bzw. cos φ, sin φ und *tg* φ berechnen. Soweit es sich um schwankende Belastung handelt, sind die so gewonnenen Werte gewisse Mittelwerte, die bei der Verrechnung gelegentlich eine Rolle spielen, denen jedoch keine physikalische Bedeutung beizumessen ist.
Bei Drehstrom gelten die oben angeführten Beziehungen uneingeschränkt für jede einzelne Phase. Für das gesamte Drehstromsystem kann von einem Leistungsfaktor — streng genommen — nur bei symmetrischer Belastung gesprochen werden. Bei unsymmetrischer Belastung bedarf der Begriff „Leistungsfaktor" besonderer Definition[4]), die jedoch für die weiteren Betrachtungen keine praktische Bedeutung hat.
In einer am Schluß des Buches eingehefteten Tafel sind die wichtigsten Größen, ihre Formelzeichen, Einheiten, Abkürzungen und ihr Zusammenhang untereinander zusammengestellt.

---

[4]) Siehe hierzu: Voller: „Der Leistungsfaktor und seine Messung", Helios 26 S. 169, 177, 193 und 201, 1920.

Richtung und Vorzeichen.

Bevor man von *Richtung* und *Vorzeichen* spricht, muß zuerst stets festgestellt werden, von welchem Standpunkte aus man die Betrachtungen anstellt. An dem gewählten Standpunkte muß dann festgehalten werden. Im folgenden wird alles vom Standpunkte des stromliefernden Werkes (Zentrale) Z I betrachtet. Mit diesem Werk können andere Werke Z II, Z III usw. parallel arbeiten. Im Schaltbild 118 ist das Kraftwerk Z I und verschiedene an sein Netz angeschlossene Verbraucher angedeutet. Bild 119 zeigt das zugehörige Vektordiagramm. In diesem Diagramm ist die von der Zentrale erzeugte Netzspannung E wie in Bild 117 waagerecht von links nach rechts aufgetragen. Zuerst soll angenommen werden, daß als Stromverbraucher nur der Ohmsche Widerstand R eingeschaltet ist. In diesem Falle liefert die Zentrale nur den von diesem Widerstand aufgenom-

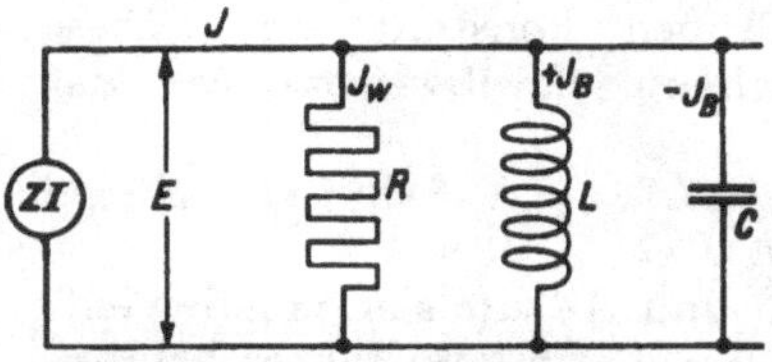

Bild 118. Zentrale und Verbraucher.

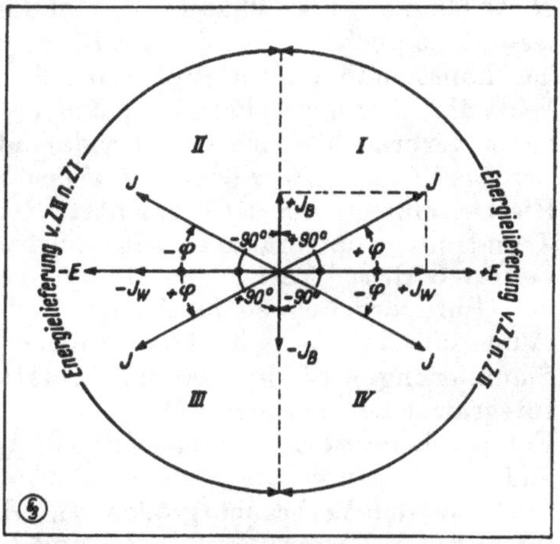

Bild 119. Die Stromvektoren in den vier Quadranten.

menen Strom J_W, der in Phase mit der Netzspannung E liegt, also ein Wirkstrom ist. Wenn die gewählte Richtung von E als positiv festgelegt ist, so ist diese Richtung auch gleichzeitig die positive Wirkstromrichtung. J_W ist ein positiver Wirkstrom, für den die Zentrale eine entsprechende Vergütung seitens des Abnehmers (Konsumenten) zu beanspruchen hat.

Wird an Stelle des Ohmschen Widerstandes als Abnehmer die reine Induktivität (ideale verlustlose Drossel) L eingeschaltet, so hat die Zentrale in diesem Falle den der Spannung E um 90° nacheilenden Strom J_B, also einen Blindstrom zu liefern. Da die Phasenverschiebung φ bei Nacheilung, wie bereits oben gesagt, als positiv angenommen wird, so ist dieser Blindstrom auch als positiv anzunehmen. Der nacheilende Blindstrom bedeutet fast stets für das Kraftwerk eine Mehrbelastung, für die deshalb seitens des Abnehmers eine Vergütung zu leisten wäre. Diese Überlegung zeigt, daß vom Standpunkte der Verrechnung aus betrachtet, dieser Blindstrom (Blindleistungsverbrauch) als ein positiver zu betrachten ist. Bei der technischen Projektierung und

Durchrechnung eines Netzes muß man der Blindleistungserzeugung den Blindleistungsverbrauch gegenüberstellen und die Erzeugung als positiv, den Verbrauch als negativ betrachten. Hiermit erklärt sich, daß es zweckmäßig ist, für die Blindströme verschiedene Vorzeichen und in den Vektordiagrammen verschiedene Drehrichtungen anzuwenden, je nachdem man Aufgaben behandelt, die die technische Durchrechnung oder die Verrechnung zwischen einem Stromlieferanten und einem Abnehmer betreffen.

Durch die obigen Überlegungen sind demnach die positiven Richtungen sowohl für den Wirk- als auch für den Blindstrom festgelegt. Diese Richtungen sind im Diagramm mit $+ J_W$ und $+ J_B$ gekennzeichnet. Die negativen Richtungen $- J_W$ und $- J_B$ sind diesen Richtungen entgegengesetzt. Bei gleichzeitiger Entnahme der Ströme J_W und J_B liefert das Kraftwerk an den Abnehmer den aus diesen beiden Strömen resultierenden, um den Winkel φ der Netzspannung nacheilenden Gesamtstrom J_1.

Wenn als einziger Abnehmer der (verlustlose) Kondensator C eingeschaltet sein würde, so ist der dabei auftretende, um 90° der Spannung voreilende Strom $- J_B$ wiederum ein Blindstrom, der jedoch negativ (Blindleistungserzeugung) ist und dementsprechend im Diagramm nach unten aufgetragen ist. Bei gleichzeitiger Einschaltung des Widerstandes R und des Kondensators C würde der resultierende Strom J_2 auch voreilend sein.

Bei gleichzeitiger Einschaltung der Induktivität und der Kapazität ist der resultierende Blindstrom die algebraische Summe von $+ J_B$ und $- J_B$ oder, was dasselbe ist, die Differenz dieser Ströme, wenn man deren Vorzeichen unbeachtet läßt, wobei diese Differenz die Richtung des größeren der beiden Ströme hat. Aus dem Obigen ist ersichtlich, daß beim Anschluß von reinen Stromverbrauchern sowohl Wirkströme als auch Blindströme auftreten können. Dabei kann je nach dem Charakter des Abnehmers der Blindstrom positiv oder negativ sein, dagegen kann, solange es sich nur um Energielieferung von der Zentrale an die Abnehmer handelt, der Wirkstrom nur positiv sein. Das Auftreten eines negativen Wirkstromes ist nur bei Lieferung der Energie an die Zentrale bzw. ihr Netz seitens der Abnehmer möglich.

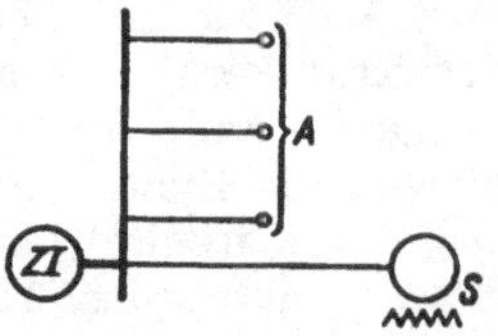

Bild 120. Zentrale, Verbraucher und parallel arbeitende Synchronmaschine.

In Bild 120 ist eine Anordnung dargestellt, bei der alle überhaupt möglichen Belastungsfälle auftreten können. Z I ist wieder das stromliefernde Werk. An sein Netz ist neben anderen Abnehmern A eine Synchronmaschine S angeschlossen. Es soll nun festgestellt werden, welche Ströme in dieser Synchronmaschine auftreten können. Zuerst sei angenommen, daß diese Synchronmaschine als Motor arbeitet, also an ihrer Welle mechanische

Leistung abgibt. Durch entsprechende Erregung dieses Synchronmotors kann erreicht werden, daß er mit $\cos\varphi = 1$ arbeitet, d. h. daß der von ihm aufgenommene Strom in Phase mit der Netzspannung liegt, also ein reiner Wirkstrom ist. Dieser Fall tritt dann ein, wenn das zur Aufrechterhaltung der EMK nötige magnetische Feld gerade von der Gleichstromerregerwicklung erzeugt wird. Der Charakter der Belastung der Zentrale ist hier der gleiche, wie beim Anschluß eines Ohmschen Widerstandes. Der aufgetretene Wirkstrom ist positiv, $+ J_W$ (Bild 119). Wird der Erregerstrom gegenüber dem ersten Falle geschwächt — die Maschine untererregt —, so wird von ihr außer dem Wirkstrom $+ J_W$ noch der für die Erregung fehlende Erregerstrom als positiver Blindstrom $+ J_B$ dem Netz entnommen. Gegenüber früher verhält sich die Maschine so, als ob ihr noch eine Drosselspule parallel geschaltet wäre. Der Gesamtstrom eilt der Netzspannung nach.

Wird dagegen dem Motor ein größerer Erregerstrom als im ersten Falle zugeführt — die Maschine übererregt —, so tritt ein dem früheren entgegengesetzt gerichteter, also ein negativer Blindstrom $- J_B$ auf. Die Maschine verhält sich so, als ob ihr ein Kondensator parallel geschaltet wäre. Der Gesamtstrom eilt der Spannung vor. Die physikalische Erklärung hierfür ist, daß der Überschuß an Erregeramperewindungen, der durch die Übererregung auf der Gleichstromseite vorhanden ist, durch den negativen Blindstrom des Ständers kompensiert wird. Der Gesamtstrom liegt beim untererregten Motor im Quadranten *I*, beim übererregten im Quadranten *IV*.

Die Synchronmaschine *S* möge jetzt von einer Kraftmaschine angetrieben werden, also als Generator arbeiten und Energie an das Kraftwerk *ZI* oder, genauer gesagt, über das Netz oder die Sammelschienen des Kraftwerkes an seine Abnehmer *A* liefern. Die Maschine *S* stellt in diesem Falle ein mit Z parallel arbeitendes Kraftwerk *ZII* dar. Falls hierbei die Synchronmaschine wiederum so erregt wird, daß sie mit $\cos\varphi = 1$ arbeitet, liefert sie an das Netz nur Wirkstrom, der vom Standpunkte des Kraftwerkes *ZI* aus betrachtet, dem früheren positiven Wirkstrom $+ J_W$ entgegengesetzt gerichtet ist, also $- J_W$. Dieser Strom muß im Diagramm waagerecht nach links aufgetragen werden.

Bei Über- und Untererregung der Maschine treten neben dem Wirkstrom wieder Blindströme auf, die genau die gleiche Richtung wie bei entsprechender Erregung der Maschine als Motor haben, d. h. bei Untererregung tritt ein positiver, bei Übererregung ein negativer Blindstrom auf. Für die Blindströme ist es gleichgültig, ob die Maschine als Motor oder als Generator arbeitet. Der Gesamtstrom liegt entsprechend dem negativen Wirkstrom beim Arbeiten der Synchronmaschine als Generator in den Quadranten *II* oder *III*. Die obige Überlegung zeigt auch deutlich die bereits mehrfach früher hervorgehobene Tatsache, daß der negative Blindstrom als ein Blindstrom, der ans Netz von einem Abnehmer geliefert wird, zu betrachten ist. Will man bei Energielieferung von Phasenverschiebung bzw. von Vor- und Nacheilung sprechen, so muß die Phasenverschiebung des Blindstromes oder des Gesamtstromes auf den zugehörigen, also negativen Wirkstrom — J_W bzw. die umgeklappte Spannung — E bezogen werden. Wenn man auf diese Richtung die Verschiebung bezieht, so ergibt sich beim übererregten Generator eine Phasennacheilung, beim untererregten Phasenvoreilung. Die Einführung der Begriffe Vor- und Nacheilung bringt, wie auch hier ersichtlich ist, eine unnütze Komplikation und Verwirrung in die Betrachtungen, und es möge nochmals an dieser Stelle betont werden, daß es am zweckmäßigsten ist, überhaupt nicht von Vor- und Nacheilung zu sprechen, sondern nur von positiven und negativen Blindströmen oder von Blindleistungserzeugung und -verbrauch. Leider wird dieser Standpunkt noch nicht allgemein in der Literatur über die Verrechnung der Blindströme angenommen.

In der folgenden Tafel sind nochmals die verschiedenen Belastungsfälle und die entsprechenden Vorzeichen zusammengestellt. Aus der Tafel ist deutlich zu ersehen, daß die Vorzeichen von J_W und J_B, also auch von $\cos\varphi$ und $\sin\varphi$ in verschiedenen Quadranten des Diagramms genau dieselben sind, wie bei der üblichen Darstellung der trigonometrischen Funktionen. Diese Übereinstimmung ist nur bei der gewählten Drehrichtung des Vektordiagramms erreichbar, was für die Verrechnung elektrischer Arbeit als ein unzweifelhafter Vorteil der gewählten Drehrichtung anzusehen ist. Es braucht an dieser Stelle kaum besonders betont zu werden, daß der Fall der Synchronmaschine nur als ein charakteristischer und anschaulicher Fall herausgegriffen ist, und daß sich alles, was hier gesagt worden ist, sinngemäß auch auf Asynchronmaschinen, insbesondere solche mit Drehstromerregung, bezieht.

Tafel der Vorzeichen.

Quadrant	Belastungsfall	Vorzeichen J_W u. $\cos\varphi$	Vorzeichen J_B u. $\sin\varphi$
I	Zentrale Z I liefert Energie an einen Abnehmer, der induktiven Charakter hat (z. B. untererregter Synchronmotor); J und J_B eilen $+ J_W$ und E nach.	+	+
IV	Energielieferung wie in I, jedoch kapazitiver Charakter der Belastung (z. B. übererregter Synchronmotor); J u. J_B eilen $+ J_W$ u. E vor.	+	—
II	Zentrale Z II (Abnehmer) liefert Energie an die Zentrale Z I zurück. Bei Untererregung seiner Maschine eilen J und J_B — J_W und — E vor.	—	+
III	Energielieferung wie in II, jedoch Maschine von Z II übererregt. J und J_B eilen — J_W und E nach.	—	—

b) Messung der Blindströme.

Meßgeräte.

Im folgenden sollen kurz die wichtigsten *Meßgeräte* aufgezählt werden, die für das Kraftwerk und für die Verbraucher notwendig sind, um den Betrieb überwachen zu können. Dagegen sollen die Meßgeräte, die

Bild 121. Strommesser in rundem Gehäuse, auf der Schalttafel aufgebaut.

Bild 122. Spannungsmesser in rundem Gehäuse, in die Schalttafel eingebaut.

die Unterlagen für die Verrechnung geben, nämlich die Zähler, im nächsten Abschnitt gesondert behandelt werden. Eine eingehende Behandlung der Meßgeräte findet man in Spezialbüchern über Meßkunde, insbesondere möge auf das Buch „Elektrische Messungen“ von W. Skirl, Siemens-Handbücher, VI. Band, verwiesen werden. In größeren Schaltanlagen, in erster Linie also in Schaltanlagen der Kraft- und Umspannwerke, sind vor allem Strommesser (Bild 121), Spannungsmesser (Bild 122) und Leistungsmesser erforderlich, mit deren Hilfe meist alle für den Betrieb der Anlage erforderlichen Größen erfaßt werden können. Ferner ist der Frequenzmesser (Bild 123) von

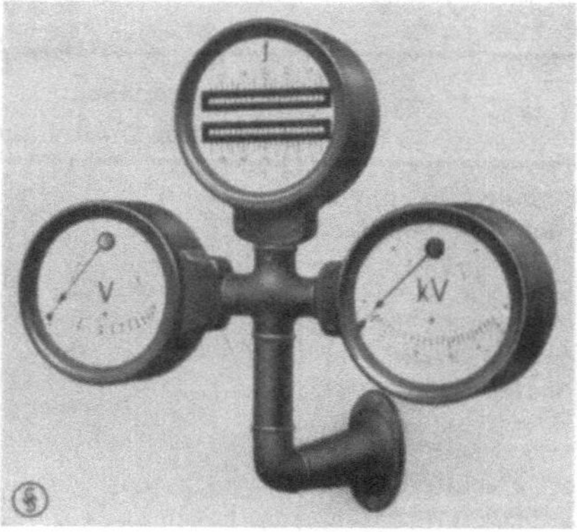

Bild 123. Frequenzmesser (oben) in rundem Gehäuse, mit Spannungsmessern an einem Wandarm befestigt.

Wichtigkeit. Alle diese Meßgeräte findet man in jeder größeren Schaltanlage. Bis vor kurzem hat man außer diesen Meßgeräten noch in einzelnen Fällen Leistungsfaktormesser (Bild 124) eingebaut. Die größere Aufmerksamkeit, die man den Blindströmen jetzt schenkt, hat dazu geführt, daß man neuerdings den Leistungsfaktormesser in fast

Bild 124.
Leistungsfaktormesser.

Bild 125. Leistungsfaktormesser, 4 Quadranten umfassend.

jeder bedeutenderen Anlage einbaut. Diese Meßgeräte wurden auch in der letzten Zeit entsprechend den komplizierteren Betriebsverhältnissen wesentlich vervollkommnet, und zwar vor allen Dingen dadurch, daß man Leistungsfaktormesser geschaffen hat, die alle vier Quadranten umfassen (Bild 125), so daß man ohne weiteres ablesen kann, ob man es mit Energielieferung in der einen oder anderen Richtung zu tun hat, und wie dabei die Richtung des Blindstromes ist. Außer den erwähnten Meßgeräten empfiehlt sich der Einbau von Blindleistungsmessern, welche die unmittelbare Ablesung der Blindlast zulassen. Diese Meßgeräte liefern in Verbindung mit den Leistungsmessern unter Umständen ein klareres Bild vom Betrieb als die Leistungsfaktormesser. In kleineren Anlagen verwendet man meist Meßgeräte für direkten Anschluß, während in größeren Anlagen mit höheren Spannungen Meßinstrumente in Verbindung mit Strom- und Spannungswandlern benutzt werden. Die Gehäuseform der Instrumente ist verschieden, je nachdem ob sie auf einer Schalttafel oder auf einem Schaltpult untergebracht werden. Im ersten Falle verwendet man vorzugsweise runde Instrumente, im zweiten Falle neben runden Instrumenten oft Profilinstrumente. Wenn auf einer Schalttafel sehr viel

Bild 126. Flachprofilinstrument zum Einbau in die Schalttafel.

Meßgeräte untergebracht werden müssen, so verwendet man auch dort Profilinstrumente, die eine geringere Fläche auf der Schalttafel in Anspruch nehmen (Bild 126). Was das Konstruktionsprinzip der Instrumente anbetrifft, so kommt für normale technische Frequenzen von 15 . . . 60 Hertz für Strom- und Spannungsmesser vorzugsweise das Dreheisen-Meßwerk zur Verwendung. Diese Meßgeräte sind in ihrer Bauart verhältnismäßig einfach und deshalb auch nicht teuer, liefern genügend genaue Ergebnisse und sind unempfindlich gegen Überlastungen, die sich nicht immer vermeiden lassen. Die früher für Wechselstrom nicht selten verwendeten Hitzdrahtmeßgeräte kommen für die gebräuchlichen Frequenzen kaum noch in Betracht. Desgleichen kommen neuerdings auch die Drehfeldinstrumente (Ferraris-Instrumente) selten in Anwendung. Die Leistungsmesser, Blindleistungsmesser und Phasenmesser werden jetzt meist als eisengeschlossene dynamometrische Meßgeräte gebaut. In der vorhergehenden Zusammenstellung der Meßgeräte sind noch nicht erwähnt worden die Spezialgeräte, die zum Parallelschalten erforderlich sind. Diese Hilfsmeßgeräte haben jedoch mit der Überwachung des Betriebszustandes der Anlagen eigentlich nichts zu tun, vielmehr bilden sie gewissermaßen ein Glied der Schaltapparate, was besonders deutlich zum Ausdruck kommt, wenn man berücksichtigt, daß die ganze Parallelschaltung neuerdings oft ganz automatisch vorgenommen wird. Neben den anzeigenden Meßinstrumenten baut man in größeren Schaltanlagen noch schreibende Meßgeräte ein, und zwar registriert man je nach der Bedeutung, die man den einzelnen Meßgrößen beimißt, alle Größen oder nur einen Teil. In vielen Fällen wird man registrierende Leistungsmesser einbauen, die dem Betriebsleiter wertvolle Aufschlüsse über die Arbeitsweise der Anlage liefern. Bild 127 zeigt einen kombinierten Wirk- und Blindleistungschreiber. Ferner wird es in vielen Fällen zweckmäßig sein, registrierende Strom- und Spannungsmesser einzubauen. Die neuzeitlichen registrierenden Meßgeräte schreiben gewöhnlich auf einem ablaufenden Band mit rechtwinkligen Koordinaten. Die Aufzeichnungen solcher Meßgeräte sind wesentlich übersichtlicher als die der früher benutzten Meßgeräte mit bogenförmigen Koordinaten, bei denen das Papier auf einer Trommel aufgebracht war. Man ist bei Meßgeräten mit ablaufendem Papier auch imstande, die Papiergeschwindigkeit in weiten Grenzen den Erfordernissen anzupassen.

Bild 127. Wirk- und Blindleistungschreiber.

Elektrizitätszähler.

Zur Schaffung der Unterlagen für die Verrechnung elektrischer Energie dienen so gut wie ausschließlich *Zähler*. In Ausnahmefällen werden bei der Tarifierung auch noch die Anzeigen registrierender Meßgeräte berücksichtigt, ferner einige besondere Apparate, die, streng genommen, keine Zähler sind, jedoch am zweckmäßigsten im Zusammenhang mit den Zählern zu behandeln sind. Für Wechsel- und Drehstromanlagen kommen folgende Zählerarten in Frage: Kilowattstundenzähler, Blindverbrauchzähler, Scheinverbrauchzähler, Amperestundenzähler, Amperequadratstundenzähler, Voltquadratstundenzähler, Zeitzähler. Die wichtigsten Zähler sind stets die Kilowattstundenzähler, die, wenigstens bei größeren Abnehmern, stets zur Anwendung kommen. Die übrigen Zählerarten dienen in der Hauptsache zur Berücksichtigung der Blindströme, sie sind im vorliegenden Falle demnach von besonderer Bedeutung.

In Verbindung mit den Zählern werden oft besondere Tarifvorrichtungen gebraucht, von denen die wichtigsten die folgenden sind: Doppelzählwerk, Dreifachzählwerk, Höchstleistungsanzeiger (Maximumanzeiger), schreibender Höchstleistungsanzeiger, Überverbrauchzählwerk (Spitzenzählwerk). Die mit diesen Vorrichtungen ausgerüsteten Zähler werden auch kurz Doppeltarifzähler, Maximumzähler, Spitzenzähler usw. genannt. Der Höchstleistungsanzeiger wird neuerdings auch als ein vom Zähler getrennter Apparat gebaut.

Mit ganz wenigen Ausnahmen werden zur Zeit als Wechsel- und Drehstromzähler nur Induktionszähler (Ferraris-Zähler) verwendet. Sie sind durch ihren einfachen Aufbau, große Meßgenauigkeit und Betriebsicherheit allen anderen Zählerarten weit überlegen. Ein besonderer Vorteil der Induktionszähler liegt im Fehlen von Bürsten und Kollektoren. Die Induktionszähler eignen sich auch ganz vorzüglich zur Ausbildung als Zähler zur Berücksichtigung der Blindströme, und es gibt wohl überhaupt keine solchen Zähler, die nicht auf dem Prinzip des Induktionszählers beruhen. Es ist nicht möglich, an dieser Stelle auf die Einzelheiten der Wirkungsweise und der konstruktiven Ausbildung der Zähler einzugehen. Wegen der großen Bedeutung, die der Induktionszähler hat, soll jedoch versucht werden, wenigstens ganz kurz die Grundlagen seiner Wirkungsweise und Bauart zu erörtern.

Den folgenden Betrachtungen soll in erster Linie das Prinzip des Kilowattstundenzählers zugrunde gelegt werden. Die anderen Zählerarten können dann als Weiterentwicklung dieses *Wirkverbrauchzählers* angesehen werden.

Bild 128 zeigt in schematischer Darstellung die wichtigsten Teile und die Schaltung eines Einphaseninduktionszählers; dabei wurde der Zeichnung das Meßwerk des Zählers Modell W 8 der SSW zugrunde gelegt. Ein Induktionszähler ist ein kleiner durch eine Wirbelstrombremse belasteter Induktionsmotor mit einem meist scheibenförmigen Kurzschlußläufer. Dieser Kurzschlußläufer, die Zählerscheibe, ist in Bild 128 mit 1 bezeichnet. Diese Scheibe wird von den Flüssen zweier Elektromagnete durchsetzt. Der Spannungstriebfluß Φ_E wird von dem Spannungseisen 2 erzeugt, dessen Bewicklung an der Netzspannung E liegt. Der Stromtriebfluß Φ_J wird von dem Stromeisen 3, dessen Bewicklung vom Verbrauchstrom J durchflossen ist, erzeugt. Das Stromeisen wird

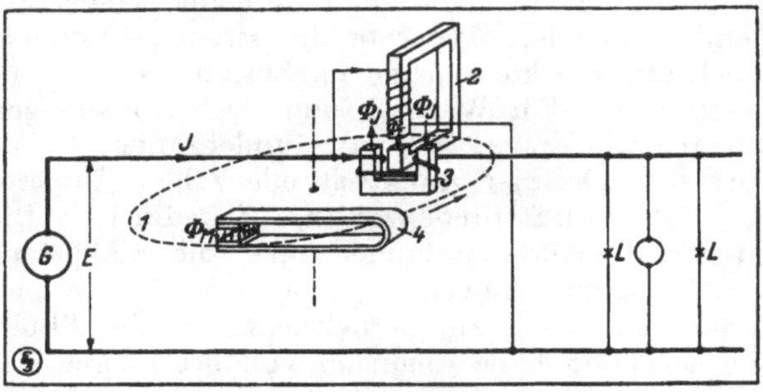

Bild 128. Schematische Darstellung eines Induktionszählers.

meist U-förmig ausgebildet, so daß der Stromtriebfluß die Scheibe zweimal durchsetzt. Außerdem wird die Scheibe vom Fluß Φ_M des Dauermagneten (Bremsmagneten) 4 durchsetzt. In der Abbildung

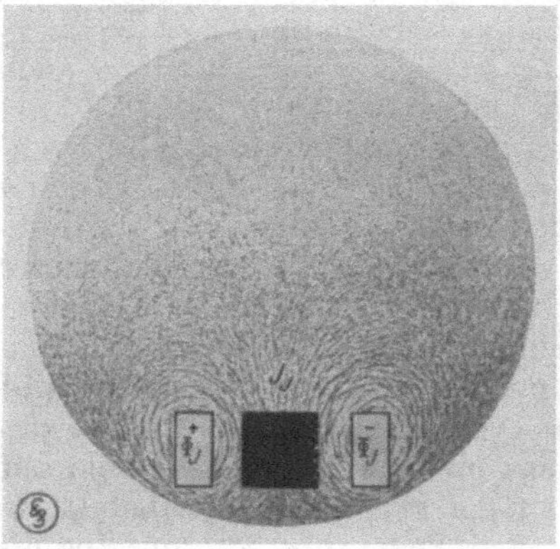

Bild 129. Verlauf der durch Φ_E induzierten Scheibenströme.

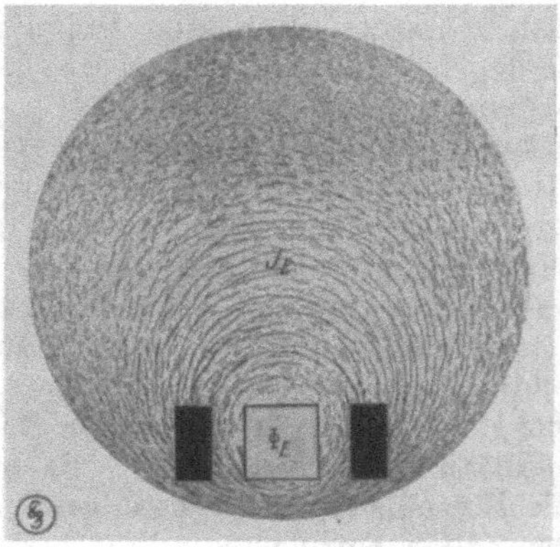

Bild 130. Verlauf der durch Φ_J induzierten Scheibenströme.

ist ferner mit G der Generator bzw. das stromliefernde Werk und mit L die aus Lampen und einem Motor bestehende Belastung bezeichnet. Die Wechselflüsse Φ_E und Φ_J induzieren in der Scheibe elektromotorische Kräfte, die ihrerseits Ströme in der Scheibe zur Folge haben. Den Verlauf dieser Ströme veranschaulichen Bild 129 und 130. Ein Teil der von Φ_E induzierten Strömung J_E verläuft im Bereiche des

Flusses Φ_J. Desgleichen verläuft ein Teil der durch Φ_J induzierten Strömung J_J im Bereiche von Φ_E. Durch das Zusammenwirken der Ströme und der sie erzeugenden Flüsse entsteht ein Drehmoment D, das proportional dem Produkte der beiden Flüsse und dem Sinus des (zeitlichen) Phasenverschiebungswinkels ψ der beiden Flüsse ist.

$$D = C_D \cdot \Phi_E \cdot \Phi_J \cdot \sin \psi \qquad (39)$$

C_D ist eine Proportionalitätskonstante, deren Größe durch die Bauart des Zählers bedingt ist. Unter dem Einfluß des Drehmomentes D rotiert die Scheibe. Bei dieser Umlaufbewegung werden durch den Fluß Φ_M des Dauermagneten in der Scheibe Ströme induziert, die etwa nach Bild 131 verlaufen. Sie haben eine solche Richtung, daß durch ihr Zusammenwirken mit dem Fluß Φ_M ein Bremsmoment B zustande kommt. Dieses ist der Drehzahl n der Scheibe proportional. Es besteht also die Beziehung

$$B = C_B \cdot n. \qquad (40)$$

C_B ist wiederum eine Proportionalitätskonstante.
Im stationären Zustande, der sich sehr schnell einstellt, ist das Bremsmoment gleich dem Drehmoment. Es besteht also die Beziehung

$$C_B \cdot n = D \text{ oder } n = \frac{D}{C_B}, \qquad (41)$$

d. h. die Drehzahl n ist dem Drehmoment D proportional.

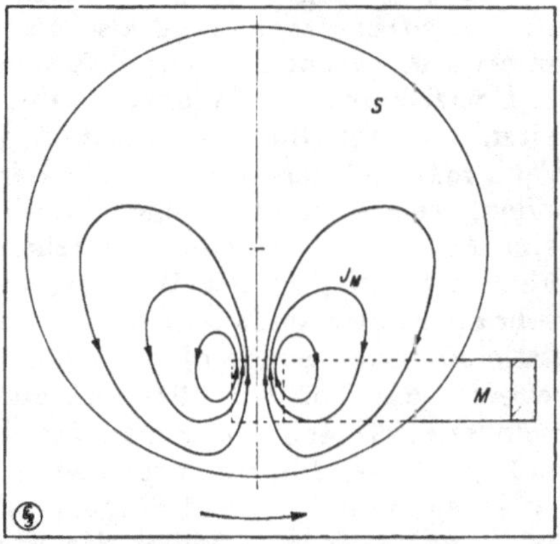

Bild 131. Verlauf der vom Bremsmagneten induzierten Ströme.

Bildet man nun den Zähler so aus, daß das Drehmoment proportional der Leistung $N = E\,J \cos \varphi$ ist, so wird auch die Drehzahl des Zählers proportional dieser Leistung und die gesamte Umdrehungszahl des Zählers in einer gewissen Zeit t proportional dem Produkte aus Leistung und Zeit sein, d. h. der Arbeit $A = N \cdot t$. Diese Umdrehungszahl wird von einem mit der Achse der Scheibe gekuppelten Zählwerk angezeigt. Das Übersetzungsverhältnis zwischen der Scheibenachse und dem Zählwerk wird meist so gewählt, daß das Zählwerk unmittelbar Kilowattstunden oder deren dekadische Vielfache anzeigt.
Die Triebflüsse Φ_E und Φ_J sind der Netzspannung E bzw. dem Verbrauchstrom J proportional, hieraus folgt nach dem Obigen, daß auch das Drehmoment bei einer bestimmten Phasenverschiebung zwischen den beiden Flüssen proportional dem Produkte von E und J ist. Es ist auch ohne weiteres klar, daß die Phasenverschiebung ψ der Flüsse sich

im gleichen Maße ändert, wie die Phasenverschiebung φ zwischen der Netzspannung und dem Verbrauchstrom, da die relative Lage der Flüsse zu der Spannung, an der die Spannungswicklung liegt, und zu dem die Stromwicklung durchfließenden Strom nur von der Bauart der beiden Elektromagnete, nicht von der relativen Lage von E und J abhängt. Wenn der Zähler bei allen Phasenverschiebungen den Verbrauch richtig messen soll, so muß sein Drehmoment nicht nur dem Produkte $E \cdot J$, sondern auch dem Leistungsfaktor $\cos\varphi$, proportional sein. Das kann nur dann erreicht werden, wenn $\sin\psi$ in einem bestimmten Verhältnis zu $\cos\varphi$ steht, und zwar, wie es ohne weiteres klar ist, muß $\sin\psi = \cos\varphi$ sein oder $\psi = 90° - \varphi$. Bei $\varphi = O$, also induktionsfreier Belastung, ist $\psi = 90°$ (Φ_E eilt dabei Φ_J nach). Dieses nennt man in der Zählertechnik „90°-Abgleichung". Da der Stromtriebfluß nahezu in Phase mit dem Strom ist, so muß also der Spannungstriebfluß der Spannung um etwa 90° nacheilen. Die Erfüllung dieser Bedingung hat am Anfang der Entwicklung der Induktionszähler nicht unbeträchtliche Schwierigkeiten gemacht, die jedoch seit längerer Zeit überwunden sind.

Wenn man sich das Vorstehende klar macht, so wird man auch leicht finden, welche Anforderungen an die gegenseitige Lage der Triebflüsse beim *Blindverbrauchzähler* zu stellen sind. Die Wirkungsweise dieser Zähler ist offenbar der Wirkungsweise der Wattstunden- oder Wirkverbrauchzähler ganz analog, nur muß das Drehmoment nicht proportional $\cos\varphi$, sondern proportional $\sin\varphi$ sein. Hieraus folgt ohne weiteres, daß bei den Blindverbrauchzählern $\sin\psi = \cos\varphi$ sein muß, in anderen Worten, die Phasenverschiebung zwischen den Triebflüssen muß gleich der Phasenverschiebung zwischen Strom und Spannung in der Anlage sein. Diese Bedingung ist erfüllt, wenn bei induktionsfreier Belastung $\psi = O$ ist. Wenn der Stromtriebfluß wiederum nahezu in Phase mit dem Strom ist, so muß auch der Spannungstriebfluß in Phase mit der Spannung sein. Der Erfüllung dieser Bedingung ist die hohe Selbstinduktion der Spannungspule, die bei Wattstundenzählern geradezu unentbehrlich ist, außerordentlich hinderlich; deshalb bereitete die Konstruktion der Blindverbrauchzähler ziemliche Schwierigkeiten. Es möge hier nur noch kurz erwähnt werden, daß es zwei grundsätzlich verschiedene Wege zur Lösung der Aufgabe gibt. Der eine Weg ist der, daß man zur Erregung der Spannungspule eine „Fremdspannung" benutzt. Eine solche Fremdspannung kann in Drehstromnetzen leicht dadurch geschaffen werden, daß man eine andere Spannung für die Spannungspule wählt, als dies bei Kilowattstundenzählern geschieht. Der andere Weg ist der, daß man die richtige Lage der Triebflüsse bei der gleichen äußeren Schaltung wie beim Kilowattstundenzähler durch besondere schaltungstechnische und konstruktive Maßnahmen im Strom- und Spannungseisen erzielt. Hierzu sind verschiedene Möglichkeiten vorhanden. Der Vorteil der zweiten Methode ist der, daß der

Anschluß des Blindverbrauchzählers bei Drehstrom unabhängig von der Phasenfolge ist. Die Einphasenblindverbrauchzähler können natürlich nur nach der zweiten Methode ausgeführt sein, sie kommen aber überhaupt nur in Ausnahmefällen zur Anwendung.

Der Wirk- und der Blindverbrauchzähler repräsentieren gewissermaßen zwei Grenzfälle. Wenn die Phasenlage (Abgleichung) der Flüsse zwischen der für Wirk- und Blindverbrauchzähler erforderlichen gewählt wird, so kann man einen so gebauten Zähler als eine Kombination von Wirk- und Blindverbrauchzähler ansehen, seine Angaben sind proportional einer kombinierten Größe $A_C = C_1 A + C_2 A_B = E J t. (C_1 \cos \varphi + C_2 \sin \varphi)$. Dieses ist die allgemeine Gleichung für die Angaben eines Induktionszählers. Die Größe der Koeffizienten C_1 und C_2 hängt dabei von der relativen Lage des Spannungstriebflusses zu dem Stromtriebfluß ab. Der Wirk- und der Blindverbrauchzähler sind nur Sonderfälle dieses allgemeinen Falles. Es sei noch nebenbei bemerkt, daß der obigen Betrachtung einige vereinfachende Annahmen zugrunde gelegt worden sind; bei den praktischen Zählern treten verschiedene Nebenerscheinungen auf[5]).

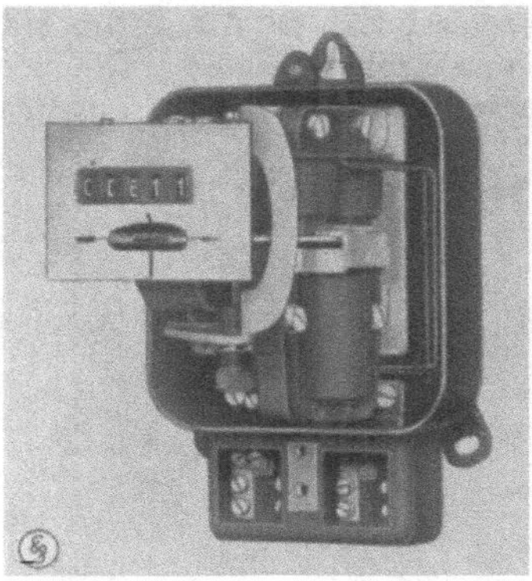

Bild 132. Einphasenwechselstromzähler.

Die konstruktive Ausführung der Zähler und ihrer messenden Systeme ist sehr verschieden. Bild 132 zeigt beispielsweise das Innere des bekannten Wechselstromzählers Modell W 8 der SSW.

Der Verbrauch in Drehstromanlagen kann mit Hilfe zweier oder dreier Zähler, ähnlich wie die Messung der Leistung mit zwei oder drei Wattmetern, ausgeführt werden. In der Praxis verwendet man jedoch in Drehstromanlagen fast ausschließlich besondere Drehstromzähler, in denen zwei oder drei Meßwerke auf einen und denselben Läufer wirken. Das Zählwerk zeigt dann den gesamten Verbrauch der Anlage an. Bei Drehstromanlagen ohne Nulleiter sind zwei Meßwerke erforderlich, die nach der von *Aron* angegebenen Zweiwattmeteranordnung, Schaltbild 133, angeschlossen werden. Bei Vierleiteranlagen sind drei Meßwerke erforderlich, die nach der sogenannten Dreiwattmeterschaltung (Bild 134) angeschlossen sind. Gelegentlich werden auch andere

[5]) Für Leser, die sich für Einzelheiten der Wirkungsweise des Induktionszählers, insbesondere der Vorgänge in dessen Scheibe interessieren, möge noch auf das Buch: Dr.-Ing. W. v. Krukowski: „Vorgänge in der Scheibe eines Induktionszählers und der Wechselstromkompensator als Hilfsmittel zu deren Erforschung“, Berlin 1920, hingewiesen werden.

Schaltungen angewandt, es würde aber zu weit führen, auf diese einzugehen. Bild 135 und Bild 136 zeigen Beispiele moderner Drehstromzähler, und zwar ist in der ersten Abbildung der Drehstrom-Dreileiterzähler mit zwei Meßwerken, Modell D 9, und in der zweiten Abbildung der Drehstrom - Vierleiterzähler, Modell D 10, der SSW wiedergegeben.

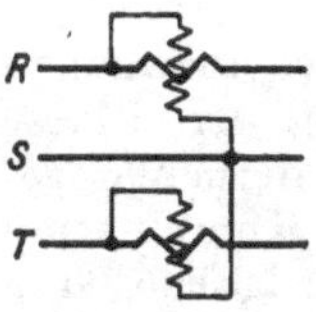

Bild 133. Zwei Meßwerke in Aronschaltung.

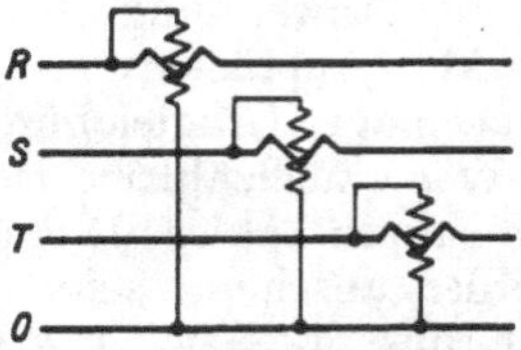

Bild 134. Drei Meßwerke in Dreiwattmeter-Schaltung.

Die Wirk- und Blindverbrauchzähler sind zweifellos die wichtigsten Zählerarten. Sie genügen völlig zur Lösung der meisten in der Praxis auftretenden Aufgaben. Es gibt jedoch noch eine ganze Reihe anderer Zähler, die in der Hauptsache zur Berücksichtigung des Blindverbrauches dienen. Die wichtigsten dieser Zähler mögen noch kurz erwähnt werden. Bei einem gewissen, tariflich als normal festgelegten

Bild 135. Drehstrom-Dreileiterzähler mit zwei Meßwerken.

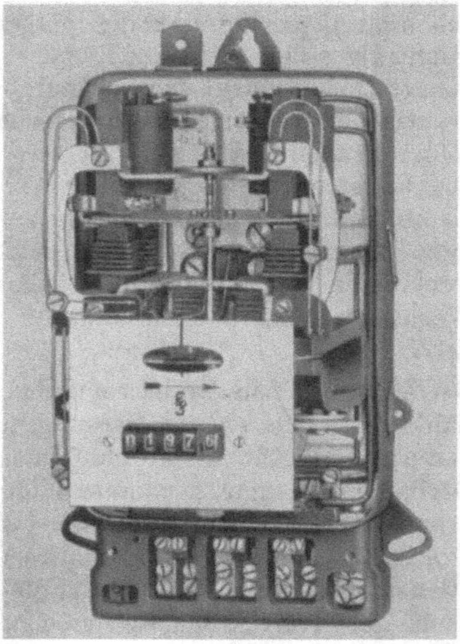

Bild 136. Drehstrom-Vierleiterzähler mit drei Meßwerken.

Leistungsfaktor (beispielsweise cos $\varphi = 0{,}8$) auftretender Blindverbrauch soll nicht registriert werden, dagegen soll der Blindverbrauch, der diesen normalen Blindverbrauch überschreitet oder unterschreitet, registriert und verrechnet werden. Hierzu dienen sogenannte Überschußblindverbrauchzähler. Die Konstruktion dieser Zähler ist ohne weiteres nach dem Obigen möglich durch entsprechende Einstellung der gegenseitigen Phasenverschiebung zwischen Strom- und Spannungsfluß. Ferner werden auch Zähler verwendet, die sogenannten komplexen Verbrauch, also die Summe von Wirk- und Blindverbrauch, anzeigen. Auch diese Zähler können nach dem Obigen ohne große Schwierigkeiten gebaut werden.

Eine weitere Zählerart ist der *Scheinverbrauch- oder kVAh-Zähler.* Dieser registriert den Scheinverbrauch $A_s = E\,J \cdot t$ in kVAh. Seine Angaben müssen also dem Produkt aus Strom und Spannung proportional und von der Phasenverschiebung in der Anlage unabhängig sein. Die Lösung dieser Aufgabe bietet praktisch große Schwierigkeiten, denn es ist ohne weiteres klar, daß bei Anwendung eines Strom- und Spannungsflusses das Drehmoment stets von der gegenseitigen Lage von Strom und Spannung abhängig ist. Es wurden verschiedene Vorschläge für die Konstruktion eines Scheinverbrauchzählers gemacht. Die Aufgabe des Baues eines bei allen Phasenverschiebungen richtig zeigenden Scheinverbrauchzählers ist jedoch bis jetzt noch nicht als vollkommen gelöst zu betrachten. Unter anderem wurde vorgeschlagen, die Spannungspule des Zählers unter Zwischenschaltung eines Phasenschiebers anzuschließen. Dieser Phasenschieber stellt sich automatisch so ein, daß die Klemmenspannung des Zählers und der Verbrauchstrom stets die gleiche Lage behalten. Praktisch werden bis jetzt nur Zähler angewandt, die den Scheinverbrauch in einem gewissen Bereich des $\cos \varphi$ richtig registrieren. Ihre Arbeitsweise wird aus folgenden Überlegungen klar.

Der Cosinus von Winkeln, die sogar verhältnismäßig stark von Null abweichen, ist noch praktisch gleich 1. Es ergeben sich z. B. folgende Werte:

Winkel in Graden $\pm$	0	5	10	15	20	25
Cosinus	1	0,996	0,985	0,966	0,940	0,906

Daraus folgt, daß ein normaler kWh-Zähler, dessen Angaben proportional $\cos \varphi$ sind, in der Nähe von $\varphi = 0$ ($\cos \varphi = 1$) praktisch kVAh anzeigt, und zwar würde z. B. bei 20° Phasenverschiebung ein genau geeichter kWh-Zähler als kVAh-Zähler einen Fehler von -6% aufweisen.

Baut man einen Induktionszähler derart, daß die motorisch wirksamen Flüsse Φ_E und Φ_J nicht bei $\varphi = 0$, sondern bei einer anderen Phasenverschiebung φ_0 gegeneinander um 90° verschoben sind, und stellt den Zähler so ein, daß er bei dieser Phasenverschiebung kVAh anzeigt, so wird er im Bereich der Phasenverschiebung $\varphi_0 \pm 20°$ mit einer Genauigkeit von 0 bis -6% kVAh anzeigen.

Bei einem von Null abweichenden Mittelwert φ_0 entspricht der Änderung des Winkels um $\pm$ 20° ein größerer Bereich von $\cos \varphi$ als bei 0°. Beispielsweise entspricht bei $\varphi_0 = 45°$ eine Änderung des Winkels zwischen $45 + 20° = 65°$ und $45° - 20° = 25°$ einer Änderung von $\cos \varphi$ von 0,42 bis 0,91. Ein solcher Zähler, der bei 45° sein größtes Drehmoment hat und dabei kVAh richtig anzeigt, würde also in Grenzen von $\cos \varphi \approx 0{,}4$ bis $\cos \varphi \approx 0{,}9$ keine größeren Fehler als — 6% haben. Eine weitere Verbesserung läßt sich dadurch erzielen, daß man dem Zähler bei der mittleren Phasenverschiebung einen Plusfehler von 3% gibt. Dann liegen seine Angaben in den genannten Grenzen der Phasenverschiebung innerhalb einer Genauigkeit von ± 3%.

In gewissen Fällen ist es erwünscht, *Amperestundenzähler* zu verwenden. Diese Zähler werden bekanntlich für Gleichstrom bei Kleinabnehmern im großen Umfange angewandt. Die Konstruktion solcher Zähler für Wechselstrom bietet jedoch große Schwierigkeiten, und es ist bis jetzt noch nicht gelungen, einen wirklich brauchbaren Amperestundenzähler zu schaffen.

Dagegen ist es verhältnismäßig leicht, einen *Amperequadratstundenzähler*, J^2-Zähler, zu bauen. Ein solcher Zähler registriert das Produkt $J^2 \cdot t$. Man kann ihn sich dadurch aus einem Wattstundenzähler entstanden denken, daß man an Stelle der Spannungspule gleichfalls eine aus starkem Draht gewickelte Stromspule verwendet. Diese kann in Reihe oder parallel zu der normalen Spule geschaltet werden. Umgekehrt entsteht ein *Voltquadratstundenzähler*, E^2-Zähler, der die Größe $E^2 \cdot t$ registriert. Bei diesem Zähler erhält im Prinzip das Stromeisen auch eine Spannungspule. Eine weitere Zählerart ist der *Zeitzähler*. Dieser Zähler kann nach ähnlichem Prinzip wie der E^2-Zähler gebaut sein, nur mit dem Unterschied, daß durch besondere Maßnahmen erreicht wird, daß seine Angaben unabhängig von der Spannung sind. Eine andere Lösung ist die, daß man ein Uhrwerk verwendet, das bei Einschaltung des Stromes in der Anlage in Bewegung gesetzt wird.

Tarifapparate.

Alle beschriebenen Zählerarten können außer dem normalen Zählwerk noch mit den bereits erwähnten Tarifeinrichtungen versehen werden. Die wichtigsten dieser Tarifzusatzapparate seien kurz beschrieben.

Doppel- und Dreifachtarifzähler. Bei diesen Zählern wird an Stelle eines normalen Zählwerkes ein Zählwerk, das im Prinzip aus 2 oder 3 einzelnen Zählwerken besteht, verwendet. Mit dem Zähler wird nach Bedarf durch eine Schaltuhr das eine oder das andere Zählwerk gekuppelt, und zwar entweder unter Zuhilfenahme von Relais oder direkt auf mechanischem Wege.

Maximum- oder Höchstverbrauchzähler. Diese Zähler sind für die Verrechnung der Energie bei größeren Abnehmern von großer Bedeutung. Sie zeigen neben dem Verbrauch noch die höchste während einer Registrierperiode auftretende Belastung an. Die meist gebräuchliche

Form des Maximumzählers wird durch die schematische Darstellung Bild 137 veranschaulicht[6]).

Wir betrachten zuerst nur den oberen Teil der Abbildung. Ein Zahnrad Z_1, das an einem drehbaren Hebel befestigt ist, wird unter Zwischenschaltung entsprechender Übersetzungsräder von der Zählerachse angetrieben und ist normalerweise in Eingriff mit dem Zahnrad Z_2, an dem sich der Mitnehmerstift S befindet. Es sei angenommen, daß dieser Stift anfangs am Anschlage O anliegt und der auf der Achse mit Reibung aufgesetzte Schleppzeiger am Anfang der Skala steht und den Mitnehmerstift berührt.

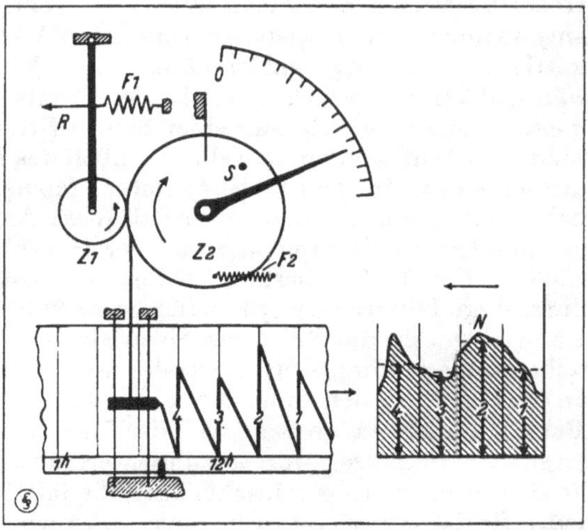

Bild 137. Schematische Darstellung eines Höchstverbrauchzählers mit angebautem Schreibwerk.

Wird jetzt in der Anlage Strom entnommen, so setzt sich der Zähler entsprechend der herrschenden Belastung in Bewegung, dabei werden die Zahnräder Z_1 und Z_2 in der Richtung der Pfeile gedreht. Der Mitnehmerstift S nimmt den Schleppzeiger mit. Nach einer gewissen Zeit, beispielsweise einer Viertelstunde, wird durch eine in den Zähler eingebaute oder eine getrennte Schaltuhr unter Zuhilfenahme eines Relais oder auf mechanischem Wege das Zahnrad Z_1 in der Richtung des horizontal gezeichneten Pfeiles nach links gezogen und außer Eingriff mit Z_2 gebracht. In diesem Moment wird durch die Spiralfeder F_2, die am Zahnrad Z_2 mit einem ihrer Enden angreift, dieses Rad in seine Anfangslage zurückgedreht, der Schleppzeiger bleibt dagegen auf dem erreichten Teilstrich stehen. Unmittelbar danach hört die Wirkung der Kräfte, die die Zahnräder außer Eingriff gebracht haben, auf und die Zahnräder werden durch die Feder F_1 wieder in Eingriff gebracht. Das Spiel beginnt von neuem. Ist in der nächsten Registrierperiode die Belastung in der Anlage größer als vorher, so ist auch der Weg des Stiftes S größer, und der Schleppzeiger wird ein bestimmtes Stück weitergedreht. Er bleibt

[6]) Nach Möllinger: „Der phasenverschobene Strom, seine Messung und Bekämpfung". Mitteilung der Vereinigung der Elektrizitätswerke, B. 20, Nr. 298b S. 7, 1921.

stets auf seinem höchsten Wert stehen. Es ist ohne weiteres ersichtlich, daß der Weg des Mitnehmerstiftes proportional der Umdrehungszahl des Zählers während der gewählten Registrierperiode ist. Diese Umdrehungszahl ist dem Verbrauch während dieser Zeit proportional. Demnach zeigt der Schleppzeiger den höchsten Verbrauch an, der während einer Registrierperiode aufgetreten ist. Diese Anzeige ist aber auch ein Maß für die mittlere Belastung, die während dieser Periode vorhanden war; auf der Skala kann also dieser mittlere Höchstverbrauch abgelesen werden. Wenn beispielsweise, wie oben angenommen, die Registrierperiode eine Viertelstunde ist, so ist die mittlere Belastung zahlenmäßig das Vierfache des Verbrauches während einer Viertelstunde. In der Praxis wird die Registrierperiode meist zu einer Viertel- oder einer halben Stunde gewählt. Es möge besonders betont werden, daß die Angaben des Maximumzeigers nicht der tatsächlichen, in einem bestimmten Moment auftretenden Höchstbelastung entsprechen, sondern daß diese Angaben den höchsten Wert der mittleren Belastung während der gewählten Registrierperiode darstellen. Für die Tarifierung ist dies von großer Wichtigkeit, denn eine kurzzeitige Belastungspitze ist für die stromliefernde Anlage bedeutungslos, weil sowohl die Kraftmaschinen als auch die Motoren und die Verteilungsanlage kurzzeitig überlastet werden können.

In gewissen Fällen muß es als Nachteil der oben beschriebenen Bauart angesehen werden, daß der Maximumzeiger nur den höchsten erreichten Belastungswert abzulesen erlaubt. Es ist besonders bei sehr großen Abnehmern erwünscht, auch die mittleren Belastungen während jeder Registrierperiode zu kennen. Dies wird durch die Ergänzung des Maximumzeigers durch eine Schreibvorrichtung erreicht. Diese Schreibvorrichtung ist schematisch im unteren Teil von Bild 137 gezeichnet.

Konzentrisch mit dem Zahnrad Z_2 und mit ihm fest verbunden befindet sich eine Rolle, auf die ein Faden aufgewickelt ist. Am unteren freien Ende des Fadens ist eine Schreibfeder befestigt, deren Bewegungen auf einem von links nach rechts durch ein Uhrwerk bewegten Registrierpapier aufgezeichnet werden. Bei der Anfangslage des Mitnehmerstiftes befindet sich die Schreibfeder in ihrer untersten Stellung. Bei der Drehung des Rades Z_2 wird das Schreibwerk gehoben und auf dem Registrierstreifen entsteht eine schräg aufsteigende Linie. Beim Entkuppeln der Zahnräder, also Zurückgehen des Zahnrades Z_2, fällt das Schreibwerk; auf dem Papier entsteht dabei eine senkrechte Linie. Die Aufzeichnungen auf dem Registrierpapier haben den in Bild 137 gezeichneten Charakter. Die einzelnen Spitzen der Registrierkurve entsprechen den einzelnen Wegen des Mitnehmers, sie sind also ein Maß für die mittlere Belastung in den einzelnen Registrierperioden. Rechts in Bild 137 ist der zugehörige Verlauf der Last angedeutet. Es wäre noch zu bemerken, daß die ansteigenden Linien nur dann Geraden sind, wenn die Belastungen in einzelnen Registrierperioden konstant bleiben. In Bild 138 ist der registrierende Höchstverbrauchzähler Modell D 7 mr

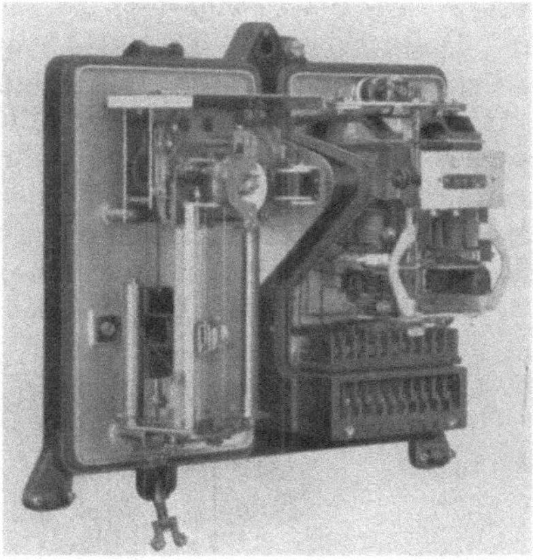

Bild 138. Schreibender Höchstverbrauchzähler Modell D 7 mr, offen.

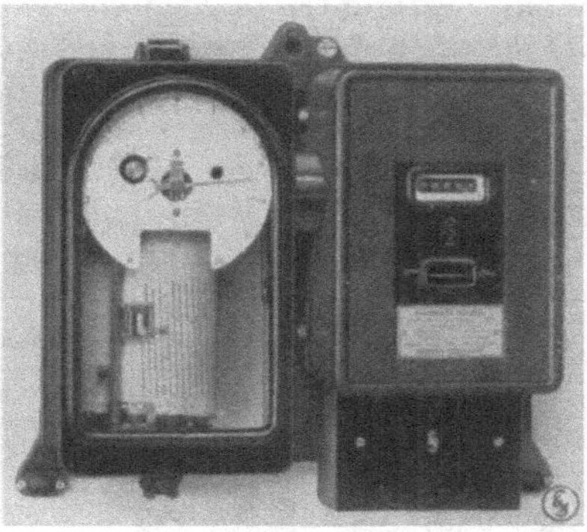

Bild 139. Schreibender Höchstverbrauchzähler Modell D 7 mr, geschlossen.

im offenen, in Bild 139 der gleiche Zähler im geschlossenen Zustande dargestellt.

An dieser Stelle sei noch der neue *Maximumzeiger*, Modell M 1, der SSW erwähnt. Bei diesem Apparat ist der Maximumzeiger nicht eine Hilfseinrichtung, die vom Zähler betätigt wird, sondern ein getrenntes kleines Meßgerät, das nur zur Festlegung der Höchstbelastung dient. Solche Apparate sind eigentlich älter als die Maximumanzeiger, die in Verbindung mit Zählern arbeiten, jedoch haben die vorgeschlagenen Apparate keinen größeren Eingang in die Praxis gefunden. Der Maximumzeiger M 1 führt sich dagegen im steigenden Maße ein, da er vollständig den Zweck erfüllt, für den er geschaffen worden ist. Dies Gerät ist in erster Linie zur Verwendung bei Kleinabnehmern gedacht, d. h. in solchen Anlagen, für die der oben beschriebene Maximumzähler in der Anschaffung und Wartung zu

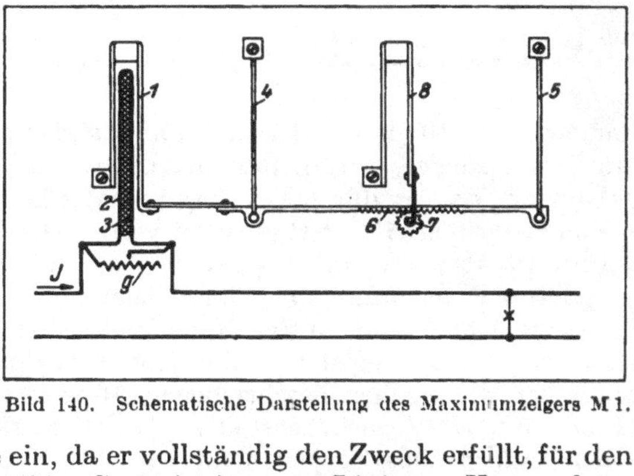

Bild 140. Schematische Darstellung des Maximumzeigers M 1.

teuer ist. In Bild 140 sind die wichtigsten Teile des auf thermischen Grundlagen gebauten neuen Maximumzeigers schematisch dargestellt. Der Verbrauchstrom der Anlage J durchfließt einen regelbaren Nebenwiderstand g, parallel zu diesem Widerstand liegt die Bewicklung 2 eines durch Glimmer 3 isolierten Heizkörpers. Diese Bewicklung ist also von einem bestimmten Bruchteil des Verbrauchstromes J durchflossen. Bei Stromdurchgang erwärmt dieser Heizkörper den U-förmigen Bimetallstreifen 1, der sich infolge dieser Erwärmung durchbiegt und die in den Parallelführungen 4 und 5 freibewegliche Zahnstange 6 über das Ritzel 7 schiebt und dadurch dieses Ritzel im Sinne des Uhrzeigers dreht. Das Ritzel 7 ist im unteren Ende des freibeweglichen Teiles eines zweiten Bimetallstreifens 8 gelagert. Auf seiner Achse sitzt ein Mit-

Bild 141. Maximumzeiger, offen, ohne Schleppzeiger u. ohne Skala.

Bild 142. Maximumzeiger, offen.

Bild 143. Maximumzeiger, geschlossen.

nehmerzeiger 10 (Bild 141 und 142). Auf der gleichen Achse sitzt noch ein Schleppzeiger, der in Bild 142 zu sehen ist, dessen Lagerung so gebaut ist, daß er durch Reibung in jeder Lage, die er durch den Mitnehmerzeiger erhält, festgehalten wird. Die Einstellung des Schleppzeigers ist also ein Maß für die höchste während einer Ableseperiode erreichten Erwärmung des Bimetallstreifens 1. Diese Erwärmung ist ihrerseits eine Funktion der Höhe und Einschaltdauer des Belastungstromes J. Nach erfolgter Ablesung wird der Schleppzeiger, wie dies auch bei den früher beschriebenen Maximumzählern geschieht, von Hand auf Null zurückgestellt. Zur Vermeidung eines unbefugten Zurückstellens des Zeigers dient ein Schloß (Bild 143).

Der Bimetallstreifen 8 erhält, wie aus Bild 140 ersichtlich, keine Heizwicklung. Seine Aufgabe ist es, den Einfluß der Schwankungen der Außentemperatur auf die Anzeigen des Meßgerätes unschädlich zu machen. Seine Wirkung beruht auf folgendem: Steigt z. B. bei stromloser Heizwicklung die Raumtemperatur an, so bewegen sich die beiden Bimetallstreifen 1 und 8 nach rechts, dabei wird sowohl die Zahnstange 6 als auch das in sie eingreifende Ritzel 7 gemeinsam nach rechts gewendet, ohne daß sich der Eingriff bei diesen verstellt, also eine Drehbewegung des Ritzels eintritt. Bei stromdurchflossener Heizwicklung wirkt diese Ausgleichsvorrichtung in entsprechender Weise, d. h. das Ritzel wird nur entsprechend der Erwärmung durch die Heizwicklung gedreht.

Wie bereits angedeutet, ist der Zeigerausschlag von der Einschaltdauer abhängig. Bild 144 zeigt bei einer bestimmten Stromstärke die Erwärmungs- und Abkühlungskurve. Man ersieht aus den Kurven, daß der Beharrungszustand nach etwa einer Viertelstunde erreicht wird. Die Skala des Maximumzeigers, die einen quadratischen Charakter hat, ist in Ampere geeicht. Der Apparat ist natürlich für Gleich- und für Wechselstrom verwendbar. Obwohl er in erster Linie für Kleinabnehmer bestimmt ist, so kann er in gewissen Fällen auch als Ersatz eines Maximumvoltamperestundenzählers in größeren Anlagen gute Dienste leisten. Bild 143 zeigt die äußere Ansicht des Gerätes, das etwa die Größe des Wechselstromzählers Modell W 8 hat.

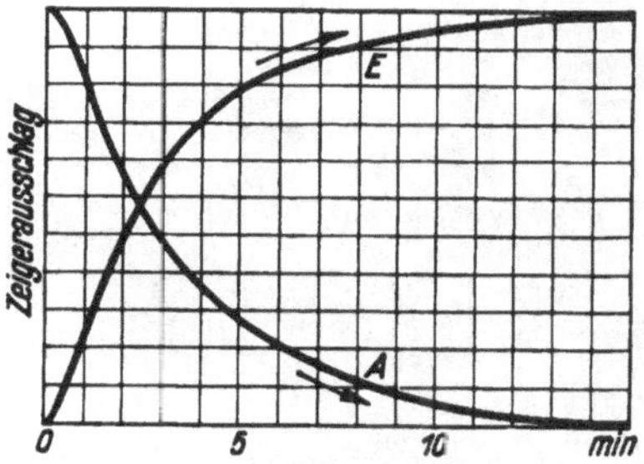

Bild 144. Erwärmungs- und Abkühlungskurve des Maximumzeigers M 1.

Spitzenzähler. Ein weiterer wichtiger Tarifapparat, der allerdings für die Berücksichtigung der Blindströme eine geringere Bedeutung hat, ist der Spitzen- oder Überverbrauchzähler. Dieser Zähler zeigt den Verbrauch, der den Belastungen entspricht, die über einer bestimmten festgesetzten Grenze liegen. Wenn z. B. der Zähler für eine Grenze von 10 kW eingestellt ist und die Belastung in der Anlage 15 kW beträgt, so registriert das Spitzenzählwerk so, als ob die Belastung der Anlage nur 5 kW betragen würde.

Die Bauart der Spitzenzähler beruht auf zwei verschiedenen Grundlagen. Bei der einen Bauart wird ein Uhrwerk in den Zähler ein- oder an den Zähler angebaut. Dieses Uhrwerk ist mit dem Zähler durch ein Planetengetriebe (Differentialgetriebe) verbunden. Das eine Sonnenrad dieses Getriebes wird durch ein Uhrwerk angetrieben, das andere unter Zwischenschaltung entsprechender Übersetzungsräder von der Zählerachse. Die Umdrehungen des Planetenrades des Getriebes werden auf das Spitzenzählwerk übertragen. Wenn die Geschwindigkeit des vom Zähler angetriebenen Sonnenrades genau so groß ist wie die des vom Uhrwerk angetriebenen, so rotiert das Planetenrad nicht und das Zählwerk steht still. Dieser Fall tritt ein, wenn die Belastung des Zählers genau gleich der Registriergrenze ist. Ist die Belastung des Zählers größer, so rotiert das Planetenrad schneller, und zwar ist seine Drehzahl dann proportional der Differenz der beiden Geschwindigkeiten, also der Mehrbelastung. Demnach zeigt das Zählwerk den Überverbrauch. Bei einer Belastung, die kleiner ist als die Registriergrenze, ist das Zählwerk gegen Rücklauf gesperrt. Außer dem Überverbrauchzählwerk erhält der Zähler noch ein normales Zählwerk, das den gesamten Verbrauch registriert. Die auf diesem Prinzip beruhenden Spitzenzähler sind verhältnismäßig komplizierte und teure Apparate, sie kommen deshalb nur für Großabnehmer in Betracht und werden jetzt verhältnismäßig wenig benutzt.

Die Spitzenzähler der zweiten Bauart zeigen nur den Überverbrauch an. Sie erhalten auf mechanischem oder elektrischem Wege ein bestimmtes Gegendrehmoment, das dem Nutzdrehmoment des Zählers bei der verlangten Registriergrenze gleich ist. Infolge dieses Gegendrehmomentes kann der Zähler erst dann rotieren, wenn das Nutzdrehmoment größer ist als das Gegendrehmoment, d. h. wenn die Belastung die Registriergrenze überschreitet. Das gesamte wirksame Drehmoment des Zählers ist dann gleich der Differenz des Drehmomentes, das der Zähler ohne Gegendrehmoment hätte, und des Gegendrehmomentes. Die Angaben des Zählers entsprechen deshalb dem Überverbrauch. Soll neben dem Überverbrauch noch der gesamte Verbrauch registriert werden, so muß neben einem solchen Spitzenzähler ein normaler Kilowattstundenzähler eingebaut werden.

Bild 145. Subtraktionseinrichtung für Spitzenzähler.

Wenn das Gegendrehmoment auf elektrischem Wege erzeugt wird, so geschieht das mit Hilfe einer besonderen Spannungswicklung oder durch eine einer solchen Wicklung entsprechenden Einrichtung; das Gegendrehmoment, also auch die Anlaufgrenze, sind hier von der Netzspannung abhängig.

Die Zähler mit mechanischem Gegendrehmoment erhalten eine Feder, die während des Umlaufs des Zählers fortwährend gespannt wird, oder der Zähler muß ein kleines Gewicht heben. Auch hier setzt sich der Zähler erst dann in Bewegung, wenn sein Nutzdrehmoment das Gegendrehmoment übersteigt, seine Wirkungsweise ist also im übrigen dem der vorhergenannten Zähler ähnlich. Der Vorteil dieser Zähler liegt vor allen Dingen darin, daß die Registriergrenze von der Netzspannung unabhängig ist. Die konstruktive Verwirklichung dieses Gedankens kann verschieden sein. In Bild 145 ist die Subtraktionseinrichtung abgebildet, wie sie bei den Wechsel- und Drehstromzählern der SSW Anwendung findet. Im übrigen unterscheidet sich diese Bauart nur wenig von der der normalen Zähler der gleichen Type.

c) Stromtarife unter Berücksichtigung der Blindströme.

Eine zweckmäßige *Tarifgestaltung* ist sowohl für das stromliefernde Werk selbst, wie auch für seine Abnehmer von allergrößter Wichtigkeit. Vom tariflichen Standpunkte aus betrachtet, ist nur ein solcher Tarif zweckmäßig, der den Interessen beider Parteien Rechnung trägt, also gerecht ist.

Jedes Elektrizitätswerk muß selbstverständlich anstreben, sein Arbeitsfeld möglichst zu erweitern und das investierte Kapital so hoch wie möglich zu verzinsen. Es braucht jedoch kaum betont zu werden, daß dieses Ziel nicht durch einen hohen prozentualen Verdienst an geringem Umsatz, sondern nur durch einen angemessenen Verdienst am möglichst großen Umsatz erreicht werden kann. Auch die allgemeinen volkswirtschaftlichen Interessen erfordern, daß die Verwendung der elektrischen Energie eine möglichst weite Ausdehnung erfährt; die ist jedoch nur möglich, wenn die Abnehmer den Strom zu günstigen Bedingungen erhalten.

Die Aufgabe der Tarifierung ist es deshalb, die Preise so zu gestalten, daß die Abnehmer Interesse haben, möglichst viel Energie in solcher Weise abzunehmen, daß ihre Erzeugung möglichst wirtschaftlich wird. Die größte Schwierigkeit liegt beim Verkauf elektrischer Energie darin, daß diese praktisch nicht aufgespeichert werden kann. Sogar die Aufspeicherung in (elektrischen) Akkumulatoren ist eigentlich nicht eine Aufspeicherung elektrischer, sondern chemischer Energie. Diese Aufspeicherung wird zur Zeit in Wechsel- und Drehstromnetzen nur in Ausnahmefällen angewandt. Größere Bedeutung hat die Aufspeicherung der Energie in Form von Druckwasser oder Dampf in Ruths-Speichern. Nebenbei sei bemerkt, daß in bezug auf die Möglichkeit der Aufspeicherung bereits das Gas gegenüber elektrischer Energie im Vorteil ist, weil es unmittelbar in größeren Mengen in Behältern aufbewahrt werden kann. Beim Verkauf elektrischer Energie muß alles, was abgesetzt werden soll, im gleichen Moment erzeugt werden, d. h. die Erzeugung muß stets dem Bedarf angepaßt sein. Es ist ohne weiteres klar, daß dies eine große Erschwerung bedeutet. Ein Vorteil dagegen liegt beim Verkauf elektrischer Energie darin, daß neuzeitliche Elektrizitätszähler Meßgeräte sind, die es trotz der erwähnten Schwierigkeiten erlauben, die Tarife so zu gestalten, daß sie allen praktischen Anforderungen genügen.

Eine erschöpfende Behandlung der ganzen Tariffrage würde den Rahmen des vorliegenden Buches übersteigen. Es erscheint jedoch zweckmäßig, im folgenden zuerst wenigstens einen kurzen Überblick über die ganze Tariffrage zu geben und erst dann zu dem eigentlichen Thema, nämlich den Tarifen, die die Blindströme berücksichtigen, überzugehen; denn naturgemäß bauen sich diese Tarife auf den normalen Tarifen auf.

Grundlegendes über Tarife.

Als eine Hauptanforderung, die an einen guten Tarif gestellt wird, wird gewöhnlich eine möglichst gute Anpassung des Verkaufspreises an die Gestehungskosten angesehen. Dabei muß in dem Gestehungspreis die anzustrebende Verzinsung und Amortisation des Anlagekapitals des stromliefernden Werkes bereits enthalten sein. Dadurch ist also der anzustrebende Gewinn bereits berücksichtigt. Praktisch läßt sich dieser Preis nie genau ermitteln und noch weniger beim Verkauf einhalten. Denn dieser Preis ist, streng genommen, fast für jeden Abnehmer oder mindestens für jede Abnehmerart und auch für einen und denselben Abnehmer von Moment zu Moment verschieden. Außerdem läßt sich diese Anpassung des Verkaufspreises an die Erzeugungskosten auch aus anderen Gründen, die noch näher erörtert werden, nicht durchführen. Immerhin ist es von außerordentlicher Wichtigkeit, stets einen möglichst genauen Begriff über die Höhe der Erzeugungskosten zu haben. Die gesamten *Gestehungskosten elektrischer Energie* setzen sich aus verschiedenen Teilen zusammen, die in zwei Hauptgruppen eingeteilt werden können: feste Kosten und bewegliche Kosten. Die strenge Unterscheidung beider Kostenarten ist praktisch nicht immer möglich, und man kann oft im Zweifel sein, ob bestimmte Kosten zu der ersten oder zu der zweiten Gruppe gehören.

Die *festen Kosten* sind diejenigen, welche durch die Erzeugung und Fortleitung einer bestimmten Leistung unter den gegebenen Verhältnissen, z. B. einem bestimmten Leistungsfaktor, bedingt sind. Diese Kosten kann man auch deshalb als Leistungskosten bezeichnen. Zu ihnen gehören: die Beträge für die Amortisation und Verzinsung des Anlagekapitals, der größte Teil der Gehälter und Löhne, der Steuern, der Kosten für den Eigenbedarf des Kraftwerkes, der Reparatur- und Instandsetzungskosten der Anlage; ferner die Kosten, die durch denjenigen Teil der Verluste verursacht werden, der von der Dauer der Belastung des Werkes unabhängig ist. Zu diesen Verlusten gehören in erster Linie die Leerlaufverluste von ständig unter Spannung stehenden Transformatoren, in Dampfkraftanlagen ferner die Verluste in ständig unter Dampf stehenden Kesseln und Rohrleitungen und ähnliches.

Die *beweglichen Kosten* sind solche Kosten, die unmittelbar an die Lieferung einer bestimmten Energiemenge gebunden sind. Sie sind im wesentlichen dieser Energie, also den gelieferten Kilowattstunden, proportional und können deshalb auch als Arbeitskosten bezeichnet werden. Sie bestehen im wesentlichen aus den Kosten der Brennstoffe, soweit es sich natürlich nicht um Wasserkraftanlagen handelt. Ferner gehören hierzu auch die Kosten der Verluste, der Reparaturen und Instandsetzung und dgl., die in die festen Kosten nicht einbezogen werden. Die festen Kosten sind im wesentlichen von der Höchstleistung, für die die in Frage kommende Stromerzeugungs- und Verteilungsanlage gebaut ist, abhängig. Wenn man von den Blindströmen absieht oder eine Gleichstromanlage betrachtet, so sind demnach diese Kosten von der maximalen Leistung, oder genauer Leistungsfähigkeit der Anlage, also der Kilowattzahl abhängig. Es braucht wohl kaum besonders hervorgehoben zu werden, daß diese Kosten jedoch nicht direkt der Leistung proportional sind, vielmehr sind sie, bezogen auf je ein Kilowatt installierter Leistung, im allgemeinen um so niedriger, je größer die Anlage ist.

Es soll jetzt der Anteil der Erzeugungskosten ermittelt werden, der auf jeden Abnehmer entfällt. Dabei möge vorläufig angenommen werden, daß die höchste Belastung bei allen Abnehmern eines Elektrizitätswerkes zur gleichen Zeit auftritt. In diesem Falle errechnen sich die auf die verschiedenen Abnehmer entfallenden festen Kosten durch eine ihrer Höchstleistung proportionale Aufteilung der gesamten festen Kosten des Werkes, bezogen auf die gewählte Verrechnungsperiode. Die beweglichen Kosten jedes Abnehmers ergeben sich durch Multiplikation der von ihm entnommenen Kilowattstundenzahl und der beweglichen Kosten, die auf 1 Kilowattstunde durchschnittlich entfallen.

Dies möge noch an einem Beispiel näher erläutert werden. In einem Elektrizitätswerke seien die gesamten Anlagekosten, bezogen auf 1 Kilowatt, 1000 M. Für die Verzinsung und Amortisation des Anlagekapitals mögen 15% angesetzt worden sein, demnach betragen die Anlagekosten für je 1 Kilowatt und Jahr 150 M. Es sei ferner angenommen, daß die übrigen oben erwähnten festen Kosten, bezogen auf 1 Jahr und 1 Kilowatt, 50 M ausmachen. Hieraus folgt, daß die gesamten festen Kosten, bezogen auf 1 Kilowatt der im Kraftwerk installierten Leistung und 1 Jahr, 200 M sind. Würden alle Abnehmer ihre Höchstbelastung genau zur gleichen Zeit erreichen, und würde die Summe dieser Höchstleistungen genau gleich der Leistungsfähigkeit des Kraftwerkes, d. h. das Kraftwerk im Moment seiner Höchstbelastung vollständig ausgenutzt sein, so würde von jedem Abnehmer für jedes von ihm im Moment der Höchstbelastung entnommene Kilowatt ein Betrag von 200 M jährlich als Anteil an den festen Kosten des Werkes zu entrichten sein.

Die auf 1 Kilowattstunde entfallenden beweglichen Kosten, in erster Linie also die Brennstoffkosten, seien 2 Pf = 0,02 M. Jeder Abnehmer muß demnach außer den festen Kosten noch 0,02 M für jede entnommene Kilowattstunde zahlen.

Es ist ohne weiteres klar, daß die gesamten Kosten, die bei einem Abnehmer auf eine entnommene Kilowattstunde entfallen, um so niedriger sind, je größer seine Energieentnahme und je kleiner seine Maximallast ist.

Die gesamten Kosten K, die unter den oben gemachten Voraussetzungen auf einen Abnehmer entfallen, setzen sich demnach zusammen aus den festen Kosten K_1 und den beweglichen Kosten K_2, wobei $K_1 = k_1\, L_m$ und $K_2 = k_2\, A$ ist. Hierbei bedeuten k_1 die festen Kosten, bezogen auf je 1 Kilowatt der Maximalbelastung L_m und die gewählte Verrechnungsperiode, und k_2 die beweglichen Kosten einer Kilowattstunde, A die gesamte in der Verrechnungsperiode entnommene Energie in Kilowattstunden. Es ist demnach

$$K = K_1 + K_2 = k_1\, L_m + k_2\, A. \tag{42}$$

Hieraus errechnen sich die gesamten Kosten k einer Kilowattstunde zu

$$k = \frac{K}{A} = \frac{k_1\, L_m + k_2\, A}{A} = \frac{k_1\, L_m}{A} + k_2. \tag{43}$$

Aus dieser Gleichung ist deutlich zu ersehen, daß die Gesamtkosten einer Kilowattstunde um so niedriger ausfallen, je größer die Energieabnahme und je kleiner dabei die maximale Belastung gewesen ist, oder anders gesagt, je größer die Benutzungstundenzahl des Abnehmers war. Diese Benutzungstundenzahl ist

$$t = \frac{A}{L_m}. \tag{44}$$

In unserem Beispiel ist $k_1 = 200$ M und $k_2 = 0{,}02$ M. Wir wollen die Kosten einer Kilowattstunde für zwei verschiedene Abnehmer, von den der erste die elektrische Energie bei praktisch stets gleicher Belastung während des größten Teiles eines Jahres, der andere nur sehr kurze Zeit, beispielsweise nur zur Spitzendeckung, entnimmt, betrachten. Der erste Abnehmer möge eine Höchstbelastung von $L_m = 1000$ kW gehabt haben und sein Verbrauch sei $A = 8\,000\,000$ kWh gewesen. Er hat demnach insgesamt zu bezahlen:

1. Anteil an festen Kosten . . . . . $K_1 = 200 \cdot 1000 \quad = 200000$ M
2. Anteil an beweglichen Kosten . $K_2 = 0{,}02 \cdot 8000000 = 160000$ „

insgesamt also $K = K_1 + K_2 = 360000$ M

Der gesamte Kilowattstundenpreis ist also bei diesem Abnehmer

$$k = \frac{K}{A} = \frac{360\,000}{8\,000\,000} = 0{,}045 \text{ M} = 4{,}5 \text{ Pf}.$$

Die Höchstbelastung des zweiten Abnehmers sei gleichfalls 1000 kW gewesen, er habe jedoch insgesamt während des Jahres nur 1000000 kWh entnommen. Demnach stellen sich bei ihm die Kosten wie folgt:

1. Feste Kosten . . . . $K_1 = 200 \cdot 1000 = 200000$ M
2. Bewegliche Kosten . $K_2 = 0{,}02 \cdot 1000000 = 20000$ „

insgesamt $K = K_1 + K_2 = 220000$ M.

Hieraus ergibt sich der Gesamtpreis einer Kilowattstunde zu

$$k = \frac{K}{A} = \frac{220000}{1000000} = 0{,}22 \text{ M} = 22 \text{ Pf.}$$

Man sieht also, daß die Kosten einer Kilowattstunde beim zweiten Abnehmer etwa fünfmal höher sind als beim ersten. Dies ist nicht weiter verwunderlich, denn der erste Abnehmer hat eine Benutzungstundenzahl $t = 8000000 : 1000 = 8000$, dagegen beträgt die Benutzungstundenzahl beim zweiten Abnehmer nur $t = 1000000 : 1000 = 1000$, also achtmal kleiner als beim ersten. In der Praxis werden derart große Unterschiede wohl kaum vorkommen, das Beispiel zeigt aber deutlich, daß große Unterschiede im Preise der Energie für verschiedene Abnehmer durchaus berechtigt sein können. Praktisch treten bei der Bestimmung der Preiskonstanten k_1 und k_2 große Schwierigkeiten ein, auf die kurz eingegangen sein möge.

Die Preiskonstanten müssen, wenn man von besonderen Ausnahmen absieht, im Tarife im voraus festgelegt werden. Dagegen läßt sich nie im voraus die maximale Belastung des Werkes mit größerer Genauigkeit voraussehen. Diese Belastung ist im allgemeinen nicht gleichbedeutend mit der installierten Leistung, da das Werk stets eine gewisse Reserve besitzen muß. Hieraus folgt, daß die Preiskonstante k_1 gleichfalls mit einer Reserve festzulegen ist.

Eine noch größere Schwierigkeit liegt darin, daß die Höchstbelastung bei verschiedenen Abnehmern nicht zur gleichen Zeit auftritt. Dies bedingt, daß die Preiskonstante k_1 eigentlich niedriger zu bemessen ist, als dies nach der oben angestellten Überlegung der Fall wäre. Ferner muß diese Konstante eigentlich verschieden für verschiedene Abnehmer sein. Beim nicht gleichzeitigen Auftreten der Höchstbelastung kommt es nicht nur darauf an, wie hoch die Höchstbelastung eines Abnehmers ist, sondern vor allem und eigentlich nur darauf an, in welchem Maße der Abnehmer die gemeinschaftliche Höchstbelastung des stromliefernden Werkes beeinflußt. Diese wichtige und nicht genügend beachtete Tatsache möge noch näher erörtert werden. Die höchste auftretende Belastung eines Elektrizitätswerkes sei beispielsweise 10000 kW, und zwar trete sie an einem Wintertage am Abend auf. Zu dieser Zeit wird die Energie in der Hauptsache für Beleuchtung benutzt. Außerdem möge dasselbe Elektrizitätswerk ein oder mehrere Industriewerke beliefern, die die Energie nur für Kraftzwecke vom Elektrizitätswerk beziehen, wobei diese Verbraucher zur Zeit der Spitzenbelastung des Werkes überhaupt keinen Strom entnehmen. Die höchste Leistung, die diese Industriewerke in irgendeinem Momente entnehmen, sei 5000 kW. Wenn man die Zeit, zu der die Stromentnahme dieser Industriewerke stattfindet, außer acht läßt, so würde man auf Grund der oben angestellten Überlegungen die Schlußfolgerung ziehen, daß die industriellen Unternehmungen die Hälfte der festen Kosten zu tragen hätten. Eine nähere Überlegung zeigt jedoch, daß dieses ganz falsch wäre. Da diese Abnehmer die Spitze gar nicht beeinflussen, so ist der auf sie entfallende Anteil der festen Kosten ganz wesentlich geringer. Er ist allerdings nicht Null, da durch die Stromentnahme dieser Abnehmer die Lebensdauer der Maschinen und Anlagen beeinflußt wird. Demnach entfällt auch auf sie ein gewisser Teil der Abschreibungs- und Amortisationskosten sowie ein Teil der Unterhaltungs-, Bedienungs- und Verwaltungskosten. Man könnte allerdings einige dieser Beträge zu den beweglichen Kosten rechnen. An diesem Beispiel sieht man, daß es nicht immer möglich ist festzustellen, ob bestimmte Summen zu der Gruppe der festen oder beweglichen Kosten gehören.

Die Festlegung der beweglichen Kosten, d. h. des Faktors k_2, läßt sich im allgemeinen wesentlich sicherer vornehmen, obwohl auch hier eine große Genauigkeit nicht zu erzielen ist. Die Hauptschwierigkeit liegt in der Berücksichtigung der Verluste in den Maschinen, Leitungen und Transformatoren. Diese Leitungsverluste sind bekanntlich dem Quadrate der Stromstärke proportional. Der Anteil der Verluste, die auf einen bestimmten Abnehmer entfallen, läßt sich deshalb nicht genau festlegen. Dies möge an Hand eines einfachen Beispieles gezeigt werden: Ein Elektrizitätswerk beliefere nur zwei Abnehmer, die am Ende einer Freileitung angeschlossen sind. Der eine Abnehmer möge aus dem Netz 100 Ampere, der andere 200 Ampere entnehmen. Wenn nur der erste Abnehmer Strom entnimmt, so sind die von ihm verursachten Verluste proportional $100^2 = 10000$, entsprechend werden die Verluste, die durch den zweiten Abnehmer allein verursacht werden, proportional $200^2 = 40000$. Wenn beide Abnehmer gleichzeitig Strom entnehmen, so sind die Verluste proportional $(100 + 200)^2 = 90000$, also größer als die Summe der Verluste, die von jedem Abnehmer bei nicht gleichzeitiger Stromentnahme verursacht werden. Die Verluste sind also nicht nur von der Größe der Stromentnahme eines bestimmten Abnehmers abhängig, sondern auch davon, wie der Stromverbrauch der übrigen Abnehmer ist.

Diese Überlegungen zeigen, daß man bei der praktischen Festlegung der Tarife auf mehr oder weniger rohe Schätzungen angewiesen ist, und die genaue Anpassung der Tarife an die tatsächlichen Gestehungskosten bleibt nur ein Ideal. Bei der Festlegung der Tarife wird man sich in der Praxis vor allen Dingen die Erfahrungen in den vorausgegangenen Zeitabschnitten zunutze machen und sich auch auf die Erfahrungen anderer Werke stützen. Nichtsdestoweniger ist es wichtig, sich die obigen Grundlagen stets klar vor Augen zu halten. Als wichtigste Schlußfolgerung aus diesen Überlegungen bleibt die Erzielung einer möglichst unveränderlichen Belastung der Anlage, weil hierdurch die höchste Wirtschaftlichkeit erreicht werden kann. In der Literatur werden bei den Betrachtungen über die Tarife leider oft Annahmen gemacht, die stark von den tatsächlichen Verhältnissen abweichen. Bei der Festlegung der Tarife darf nicht übersehen werden, daß ein Tarif nicht nur theoretisch richtig, sondern auch dem Abnehmer genügend verständlich und mit Hilfe von genügend einfachen und zuverlässigen Meßgeräten durchführbar sein soll. Es nutzt nichts, wenn der Tarif grundsätzlich gut ist, aber komplizierte Meßgeräte erfordert, auf die man sich nicht verlassen kann. Deshalb wird man für den größten Teil der Abnehmer, nämlich die Kleinabnehmer, lieber eine gewisse Ungenauigkeit in Kauf nehmen, um mit möglichst einfachen Tarifbestimmungen und Meßgeräten auszukommen. Man braucht dabei nicht zu weit zu gehen, denn die neuesten Erfahrungen zeigen, daß die neuzeitliche Elektrizitätszählertechnik Meßgeräte geschaffen hat, die auch bei Kleinabnehmern eine praktisch genügend richtige Tarifierung zulassen.

Tarifarten.

Im folgenden mögen nun kurz die wichtigsten Tarife besprochen werden. Diese Zusammenstellung erschöpft bei weitem nicht alle gebräuchlichen Tarife und Meßverfahren, sie umfaßt vielmehr nur die grundlegenden Methoden, von denen oft mehrere kombiniert werden.

Der Pauschaltarif. Der Pauschaltarif ist die älteste, einfachste, aber auch unvollkommenste Verrechnungsart. Bei ihr zahlt der Abnehmer für eine bestimmte Zeitperiode, meist einen Monat, einen festen Betrag, dessen Höhe auf verschiedene Weise festgelegt werden kann, so z. B. in Abhängigkeit von der Anzahl und Größe der beim Abnehmer installierten Glühlampen und dgl. Bei dieser Verrechnungsart werden beim Abnehmer keinerlei Meßgeräte angewandt, und sie hatte so lange eine Berechtigung, als man noch nicht über brauchbare Elektrizitätszähler verfügte. Ihr grundsätzlicher Nachteil liegt darin, daß der tatsächliche Energieverbrauch gar nicht berücksichtigt wird. Es können also nur mit einer gewissen Genauigkeit die festen Kosten berücksichtigt werden, die beweglichen werden in den Pauschalsatz auf Grund von Erfahrungswerten über den Verbrauch der in Betracht kommenden Abnehmergruppe einkalkuliert. Dieser Tarif ist sowohl für die stromliefernden Werke wie für die Abnehmer ungünstig. Die neuzeitlichen Elektrizitätszähler sind so billig und betriebsicher, daß ihrer allgemeinen Verwendung auch bei den kleinsten Abnehmern nichts im Wege steht. Dieses hat man auch in allen fortschrittlich geleiteten Elektrizitätswerken erkannt, so daß in solchen Werken der Pauschaltarif schon seit längerer Zeit nicht mehr zur Anwendung kommt.

Pauschaltarif mit Strombegrenzer. Bei dem Pauschaltarif kann durch Einbau eines Strombegrenzers, der nichts anderes als ein kleiner Maximalschalter ist, die höchste Belastung, die der Abnehmer erreichen kann, auf einen bestimmten Betrag festgelegt werden. Diese Grenzleistung braucht nicht identisch zu sein mit der installierten Leistung. Das Elektrizitätswerk legt im voraus fest, welche Leistung der Abnehmer höchstenfalls entnehmen soll. Bei diesem Tarif wird also gegenüber dem einfachen Tarif eine genauere Berücksichtigung der festen Kosten ermöglicht. Im übrigen haften diesem Tarife die gleichen Nachteile an, wie dem zuvor beschriebenen, außerdem ist der Abnehmer noch mehr gebunden, und die Verrechnungsart gibt dem Abnehmer keinen Anreiz, den Umfang seines Stromverbrauches zu erhöhen, was zweifellos im Interesse des Elektrizitätswerkes liegen würde.

Einfacher Zählertarif. Bei dem einfachen Zählertarif wird beim Abnehmer ein Wattstunden-, in Gleichstromanlagen oft ein Amperestundenzähler eingebaut. Der Abnehmer zahlt einen bestimmten Betrag für jede verbrauchte Kilowattstunde. Der Preis der Kilowattstunde wird so bemessen, daß das Elektrizitätswerk auch seine festen Kosten deckt. Im Gegensatz zu dem vorher beschriebenen Tarife werden hierbei die beweglichen Kosten genauer berücksichtigt, die festen dagegen nur durch einen geschätzten Aufschlag. Dieser Tarif ist für die Abnehmer sehr verständlich und erscheint auch gerecht, solange man nicht den Aufbau der Selbstkosten berücksichtigt. In Wirklichkeit ist er es jedoch nicht. Immerhin bedeutet der Zählertarif gegenüber allen Formen des Pauschaltarifs einen wesentlichen Fortschritt und ist heute wohl noch für kleine Abnehmer der verbreitetste.

Zeitdoppeltarif. Der Zeitdoppeltarif baut sich unmittelbar auf dem einfachen Zählertarif auf. Er unterscheidet sich dadurch, daß die Kosten der Kilowattstunde für verschiedene Tageszeiten verschieden hoch sind. Beispielsweise wird für die am Abend zur Zeit der höchsten Belastung des Elektrizitätswerkes entnommene Kilowattstunde ein doppelt so hoher Betrag in Rechnung gestellt als für die während der Zeit niedriger Belastung des Werkes entnommene. Zur Durchführung dieser Verrechnungsart werden Doppeltarifzähler verwendet, wie auf Seite 150 beschrieben. Der Abnehmer hat also Interesse und wird auch bestrebt sein, möglichst wenig Energie während der Zeit des hohen Tarifes zu entnehmen, und wird angeregt, während der übrigen Zeit einen hohen Verbrauch zu haben. Dieser Tarif ist zweifellos einer der zweckmäßigsten für die Kleinabnehmer, er ermöglicht einen weitgehenden Verbrauch der elektrischen Energie für Koch- und Heizzwecke. Der Tarif ist auch leicht verständlich, die zu seiner Durchführung erforderlichen Zähler sind immer noch sehr einfach. Es sind allerdings stets Umschaltuhren erforderlich, deren Kosten in vielen Fällen dadurch wesentlich herabgesetzt werden können, daß man die Umschaltung aller in einem Hause installierten Zähler mit einer Uhr bewerkstelligt.

Dreifachtarif. Der Dreifachtarif unterscheidet sich von dem vorhergehenden dadurch, daß zu verschiedenen Zeiten drei verschiedene Kilowattstundenpreise zur Anwendung kommen: so z. B. wird die Kilowattstunde zum höchsten Preise während der Lichtspitze am Abend verrechnet, der mittlere Preis kommt am Tage, der niedrigste in der Nacht zur Anwendung. Es kann auch eine Wiederholung des gleichen Preissatzes während eines Tages vorkommen, so z. B. kann der mittlere Tarif am Tage und in den späten Abendstunden zur Anwendung gelangen. Diese Verrechnungsart kommt insbesondere dort in Betracht, wo billiger Nachtstrom (Abfallstrom) vorhanden ist, in erster Linie also in Elektrizitätswerken mit Wasserkraft. Einer größeren Verbreitung des Dreifachtarifes stehen vorläufig noch die verhältnismäßig hohen Kosten der Dreifachtarifzähler im Wege. Dieser Tarif kommt deshalb weniger für Kleinabnehmer als für mittlere Abnehmer in Betracht. Er ermöglicht vor allen Dingen die Anwendung der Warmwasserspeicher.

Licht- und Krafttarif. Auch der Licht- und Krafttarif ist ein Doppeltarif, bei dem jedoch die Verschiedenheit des Kilowattstundenpreises nicht von dem Zeitpunkt der Entnahme abhängt, sondern durch die Verwendungsart bedingt ist. Der Strom wird zu einem höheren Preise für Beleuchtungszwecke, zu einem billigeren für Kraft- oder Heizzwecke abgegeben. Zur Durchführung der Verrechnung werden entweder zwei getrennte Zähler benutzt, der eine für Licht, der andere für Kraft, oder es werden sogenannte Licht- und Kraftzähler verwendet, bei denen automatisch der Kraftstrom geringere Anzeigen des Zählers verursacht als eine gleich starke Entnahme von Lichtstrom. An und für sich erscheint es fast unlogisch, daß der Preis des Stromes davon abhängig gemacht wird, für welchen Zweck Energie verwendet wird. Praktisch läßt sich jedoch diese Verrechnungsmethode deshalb rechtfertigen, weil erfahrungsgemäß der Kraftbedarf meist nicht zur Zeit des größten Lichtbedarfes, also der Spitze, auftritt. Ferner liegt dieser Verrechnungsart die Überlegung zugrunde, daß es nicht möglich ist, Energie für Kraftzwecke zu verwenden, wenn ihr Preis zu hoch ist; dagegen bietet die elektrische Beleuchtung auch bei den höchsten Kilowattstundenpreisen noch derart große Vorteile anderen Beleuchtungsarten gegenüber, daß die Kosten gern in Kauf genommen werden. Natürlich läßt sich der Licht- und Krafttarif mit dem Doppel- oder Dreifachtarif und auch anderen weiter behandelten Tarifen kombinieren.

Ferner läßt sich der Licht- und Krafttarif noch dadurch verbessern, daß besondere Sperrschalter eingebaut werden, die die Benutzung des Kraftstromes zu Zeiten der Spitzenbelastung des Werkes unmöglich machen.

Spitzen- oder Überverbrauchtarif. Bei Spitzentarifen wird der Verbrauch bei Belastungen, die die tariflich festgesetzten Grenzen überschreiten, getrennt berücksichtigt. Zur Durchführung dieses Tarifverfahrens dienen die Spitzen- oder Subtraktionszähler. Es sei an dieser Stelle auf die Beschreibung der Wirkungsweise der Spitzenzähler Seite 155 hingewiesen, wo auch der Begriff des Überverbrauches genauer erläutert wurde.

Die Spitzentarife werden neuerdings sowohl für Klein- wie für Groß-abnehmer angewandt. Dabei sind die Grundlagen dieser Tarife oft recht verschieden.

Die Durchführung des *Spitzentarifs für Kleinabnehmer* ist erst seit verhältnismäßig kurzer Zeit möglich geworden, nachdem einfache und deshalb billige Spitzenzähler geschaffen worden sind. Als solche Zähler kommen nur die Zähler mit den mechanischen oder elektrischen Gegendrehmomenten, also solche, die ohne Zuhilfenahme von Uhrwerken arbeiten, in Betracht. In seiner einfachsten Form ist der Kleinabnehmer-Spitzentarif als eine Weiterentwicklung des Strombegrenzertarifes anzusehen. Bis zu der festgesetzten Pauschalgrenze, die der Anlaufgrenze N_0 des Spitzenzählers entspricht, wird der Stromverbrauch pauschal verrechnet. Die Grenze wird nach verschiedenen Gesichtspunkten festgelegt. So kann sie z. B. entsprechend dem durchschnittlichen Bedarf des Abnehmers für Lichtzwecke festgesetzt werden. Wenn der Abnehmer diese Grenze nicht überschreitet, so zahlt er nur die Pauschalgebühr. Wenn er das Bedürfnis hat, seine Anlage über die normale Grenze hinaus zu belasten, beispielsweise, wenn er vielleicht bei Festlichkeiten mehr Lampen einschalten will, so kann er das ohne weiteres tun, jedoch wird der dabei auftretende Überverbrauch vom Spitzenzähler registriert und besonders verrechnet. Der Preis der Kilowattstunde des Überverbrauches kann dabei so hoch festgelegt werden, daß der Abnehmer im allgemeinen bestrebt sein wird, die Pauschalgrenze nicht zu überschreiten, so daß die Spitze des Elektrizitätswerkes durch solche Überschreitungen nur wenig beeinträchtigt wird.

Zweckmäßiger ist es, die Pauschalgrenze entsprechend dem Verbrauch eines normalen Koch- oder Heizgerätes, also etwa 400 . . . 600 Watt, festzulegen. In diesem Falle kann der Abnehmer, ohne seinen Pauschalbetrag zu überschreiten, am Abend seinen normalen Lichtbedarf decken und am Tage den Strom für Koch- oder Heizzwecke, besonders zum Bügeln, Staubsaugen und dgl., verwenden. Dagegen wird er angehalten, in Abendstunden keine Heiz- oder Kochgeräte einzuschalten, da sonst die Summe des Bedarfes dieser Apparate und des Strombedarfes für Beleuchtungszwecke die Pauschalgrenze überschreiten würde und er deshalb eine höhere Stromrechnung zu bezahlen hätte. Eine wesentliche Verbesserung dieses Spitzentarifes wird erzielt, wenn neben dem Spitzenzähler noch ein einfacher Kilowattstundenzähler installiert wird. In diesem Falle zahlt der Abnehmer für jede Kilowattstunde, die der einfache Zähler anzeigt, eine gewisse, sehr mäßig bemessene Gebühr. Außerdem zahlt er einen Zuschlag für jede vom Spitzenzähler angezeigte Kilowattstunde. Diese Tarifart vereinigt alle Vorteile des Spitzentarifes und des normalen Kilowattstundentarifes und vermeidet die Nachteile der Pauschaltarife. Bei Anwendung von zwei Zählern ist auch eine andere Tarifabart möglich, die in gewisser Beziehung im Gegensatz zu der ersten Art steht. Hierbei wird die Anlaufgrenze des Spitzenzählers so knapp eingestellt, daß ohne Überschreitung dieser Grenze nur der normale Lichtbedarf des Kleinabnehmers gedeckt werden kann. Schaltet der Abnehmer dagegen ein Heiz- oder Kochgerät ein, so wird diese Grenze überschritten und der Spitzenzähler, registriert. Wenn die Gebühren für den Überverbrauch entsprechend niedrig bemessen sind, so wird der Abnehmer angeregt, Energie für Heiz- und Kochzwecke zu verwenden, wie es den neuzeitlichen Bestrebungen der Elektrizitätswerke entspricht.

Diese Verrechnungsart ist als die Abart des weniger verbreiteten *Vergütungszählertarifes* anzusehen. Bei diesem wird der gesamte Energiebedarf des Abnehmers auf Grund der Angaben eines Kilowattstundenzählers verrechnet. Außerdem erhält der Abnehmer einen sogenannten Vergütungszähler, an den Heiz- und Kochapparate angeschlossen werden. Dieser Zähler registriert den Verbrauch der an ihn angeschlossenen Verbraucher nur, wenn die Belastung die Anlaufgrenze des Vergütungszählers übersteigt. Für die vom Vergütungszähler angezeigten Kilowattstunden bekommt der Abnehmer eine gewisse Vergütung. Dieser Tarif bezweckt also, zum Gebrauch von Koch- und Heizapparaten anzureizen.

Bei den *Spitzentarifen für Großabnehmer* wird der Überverbrauch zu einem besonders hohen Preise in Rechnung gestellt. Dadurch wird erreicht, daß die Abnehmer bestrebt sind, ihren Verbrauch bei einer Leistung, die eine bestimmte Grenze nicht überschreitet, zu decken. Es handelt sich also im Grunde genommen um den gleichen Tarif wie bei Kleinabnehmern unter Verwendung von zwei Zählern. Für diesen Spitzentarif bei Großabnehmern sind in erster Linie die Spitzenzähler mit einem besonderen Uhrwerk bestimmt. Dieser Tarif kam früher in größerem Umfange als jetzt zur Anwendung, er wird durch den Höchstverbrauchstarif verdrängt, da dieser, wie weiter gezeigt wird, wesentlich vollkommener ist.

Höchstverbrauch- oder Maximumtarif. Die Verrechnung wird hier in der Weise vorgenommen, daß der Abnehmer für jede vom Kilowattstundenzählwerk angezeigte Kilowattstunde einen bestimmten Betrag — Arbeitsgebühr — und für jede vom Höchstverbrauchanzeiger angezeigte Einheit der Last eine weitere Vergütung — den Leistungspreis — zu entrichten hat. Zur Durchführung des Tarifes werden die auf Seite 150 beschriebenen Maximumzähler verwendet. Der Maximumtarif ist als der zur Zeit vollkommenste Tarif anzusehen. Er erlaubt, getrennt die festen und beweglichen Kosten zu berücksichtigen, er ist also der gerechteste und theoretisch richtigste Tarif. Er kann in verschiedener Weise vervollkommnet werden, z. B. dadurch, daß der Maximumzeiger nur zeitweise, nämlich dann eingeschaltet wird, wenn das Elektrizitätswerk eine hohe Stromentnahme stört. Ferner kann dieser Tarif mit dem Doppeltarif kombiniert werden. Auf alle Möglichkeiten einzugehen, würde an dieser Stelle zu weit führen, es möge hier nur erwähnt werden, daß dieser Tarif, wie weiter noch gezeigt wird, auch bei der Berücksichtigung der Blindströme eine besonders große Rolle spielt.

Neuerdings führt sich der Maximumtarif in steigendem Maße auch bei Kleinabnehmern ein, da durch die Schaffung des einfachen Maximumanzeigers, der auf Seite 153 beschrieben wurde, seine Anwendung bei Kleinabnehmern ermöglicht worden ist. Der Kleinabnehmer erhält neben dem normalen Kilowattstundenzähler noch diesen besonderen Maximumanzeiger.

Der Maximumtarif zwingt in der vollkommensten Weise den Abnehmer, seine Benutzungstundenzahl nach Möglichkeit zu erhöhen.

Berücksichtigung der Blindströme bei der Verrechnung elektrischer Energie.

Für den Aufbau der Tarife, bei denen die Blindströme besonders berücksichtigt werden, sind ähnliche Gesichtspunkte maßgebend, wie sie oben behandelt wurden. Die *Berücksichtigung der Blindströme* stellt eine weitere wichtige Verfeinerung neuzeitlicher Verrechnungsart dar.

Die Blindströme üben einen großen Einfluß auf die Erzeugungskosten der elektrischen Arbeit aus. Dieser Einfluß macht sich sowohl bei der Berücksichtigung der festen wie auch der beweglichen Kosten bemerkbar.

Die beweglichen Kosten werden höher als bei Entnahme der Energie mit $\cos \varphi = 1$, weil die Verluste entsprechend dem höheren Strome bei Phasenverschiebungen größer werden. Es möge hier daran erinnert werden, daß durch das Hinzutreten der Blindströme der Gesamtstrom $J = \sqrt{J_W^2 + J_B^2}$ ist. Bei gleicher Leistung wäre der Strom bei $\cos \varphi = 1$ nur J_W. Die Stromwärmeverluste (Kupferverluste) in Maschinen,

Transformatoren und Leitungen sind proportional J^2, also proportional $J_W{}^2 + J_B{}^2$. In einem bestimmten Widerstand würde der Wirkstrom allein einen Verlust $R\,J_W{}^2$ hervorrufen, beim Hinzutreten des Blindstromes erhöht sich dieser Verlust auf $R\,(J_W{}^2 + J_B{}^2) = R\,J_W{}^2 + R\,J_B{}^2$. Es tritt also zu dem früheren Verluste der Verlust $R\,J_B{}^2$, der gewissermaßen durch den Blindstrom allein verursacht wird. Wenn man bei der Bemessung des Kilowattstundenpreises die Stromwärmeverluste durch einen prozentualen Zuschlag einkalkuliert, so kann das gleiche für die Blindströme dadurch geschehen, daß man den Blindverbrauch getrennt registriert und für jede BkVAh einen bestimmten Bruchteil des Preises der kWh in Rechnung stellt. Es ist nicht genau möglich zu bestimmen, wie groß dieser Bruchteil sein muß. In der Praxis wird der Preis einer BkVAh zu 5 . . . 20% des Kilowattstundenpreises bemessen.

Der Einfluß der Blindströme auf die festen Kosten besteht darin, daß infolge des höheren Stromes bei Phasenverschiebung bei gleicher Leistung die Stromerzeugungs- und Stromverteilungsanlagen größer dimensioniert werden müssen, als für $\cos\varphi = 1$. Dabei wird meist angenommen, daß die Kosten des elektrischen Teiles einer Anlage von der Scheinleistung abhängen. Dieses trifft jedoch nicht genau zu. Am deutlichsten ist dies ersichtlich bei Generatoren. Wenn beispielsweise zwei Generatoren für eine und dieselbe Scheinlast gebaut sind, jedoch der eine für $\cos\varphi = 1$, der andere für starke induktive Belastung, so ist der zweite Generator größer und teurer als der erste. Genaue Untersuchungen haben gezeigt, daß die Kosten der verschiedenen Teile von dem Maximalwert einer Größe $A_c = A - C\,A_B$ abhängen, wobei die Konstante C für verschiedene Teile der Anlage (Generatoren, Transformatoren, Leitungen usw.) verschiedene Werte hat.

Bei den Betrachtungen über den Einfluß des Blindstromes auf die Anlagekosten wird gewöhnlich angenommen, daß die Blindströme nur die Kosten des elektrischen Teiles beeinflussen, daß dagegen die Kosten der Antriebsmaschinen nur durch die Leistung bedingt sind. Das ist jedoch nur bedingt richtig und soll hier an einem Beispiel näher erörtert werden.

In einer Anlage sei ein Turbogenerator für 1000 kVA und $\cos\varphi = 0{,}8$ aufgestellt. Demnach ist die Dampfturbine für eine effektive Leistung von 800 kW zu bemessen. Wenn dieser Maschinensatz mit 1000 kVA bei $\cos\varphi = 0{,}8$, also 800 kW belastet ist, so ist er voll ausgenutzt; bei $\cos\varphi = 0{,}5$ und gleichfalls 1000 kVA ist der elektrische Teil gleichfalls voll belastet, genauer genommen, eher überlastet. Die Antriebsleistung beträgt in diesem Falle jedoch nur $1000 \times 0{,}5 = 500$ kW. Die Dampfturbine ist also nur zu 62,5% ausgenutzt; sie kann aber trotzdem zu einer weiteren Leistungsabgabe nicht herangezogen werden, denn sie bildet mit dem Generator ein Ganzes. Umgekehrt wäre bei $\cos\varphi = 1$ und

800 kW die Turbine bereits voll ausgenutzt, der Generator dagegen nur mit 80% belastet. Auch er ist jedoch aus den gleichen Gründen im allgemeinen als voll ausgenutzt zu betrachten. Bei den Generatoren liegen eigentlich die Verhältnisse sogar günstiger, weil sie in besonderen Fällen zum Zwecke der Phasenkompensation noch mit herangezogen werden können.

Eine genaue Berücksichtigung des Einflusses der Blindströme auf die Erzeugungskosten ist praktisch nicht möglich, und man muß sich deshalb mit Verrechnungen begnügen, die wenigstens dem Charakter der Erhöhung der Erzeugungskosten durch die Blindströme entsprechen. Die größte Bedeutung der Berücksichtigung der Blindströme bei der Tarifierung liegt jedoch nicht darin, daß man den Verkaufspreis den Erzeugungskosten so genau wie möglich anpaßt, sondern vielmehr darin, daß man den Abnehmer zwingt, seinen Betrieb so zu führen, daß die Erzeugung der Energie möglichst wirtschaftlich wird. Grundsätzlich ist anzustreben, daß die Blindstromentnahme im Netz so gering wie möglich ist. Diese einfache Regel unterliegt jedoch in der Praxis einigen Abweichungen. Es läßt sich z. B. bei bestimmten Abnehmern — in erster Linie solchen, die kleine Asynchronmotoren haben — der Blindstromverbrauch nie ganz vermeiden. Deshalb ist es erstrebenswert, die Verminderung des Blindverbrauches in der ganzen Anlage nur dadurch zu erreichen, daß bei anderen Abnehmern eine Blindleistungserzeugung auftritt, d. h. von diesen Abnehmern Blindstrom an das Netz geliefert wird. Hieraus folgt, daß es angezeigt ist, wenigstens einige Abnehmer auch daran zu interessieren, daß sie Blindstrom ans Netz abgeben. Ferner können Fälle auftreten, in denen auch die Entnahme von Blindstrom, also ein Blindleistungsverbrauch, von Nutzen sein kann, nämlich wenn ein sehr großes Netz vorliegt. Dieser Fall tritt jedoch nur bei der Übertragung der Energie auf große Entfernungen auf, und man wird hier oft den Ausgleich nicht durch Abnehmer, sondern durch besondere Einrichtungen, also Drosselspulen u. dgl., zu erreichen suchen. Ein weiterer Fall, der eine Sonderstellung einnimmt, ist mit dem zweiten verwandt. Hier handelt es sich darum, den Blindstromverbrauch so einzustellen, daß eine richtige Spannungsverteilung in einem Netz hervorgerufen wird. Auch in diesem Falle zeigt die Praxis, daß es zweckmäßiger ist, entsprechende Einrichtungen, die unabhängig von den Abnehmern sind, einzubauen.

In den weitaus meisten Fällen wird also angestrebt werden müssen, den Blindstromverbrauch der Abnehmer möglichst einzuschränken und manchmal sogar eine gewisse Blindstromlieferung seitens der Abnehmer zu erzwingen. Eine Vergütung für die Erhöhung der beweglichen Kosten, welche durch die Blindströme verursacht wird, kann dadurch erzielt werden, daß man den Blindverbrauch, also die BkVAh, dem Abnehmer in Rechnung stellt. Dies ist auch in der Tat die einfachste und zweifellos die zweckmäßigste Methode. Sie hat den Vorteil der leichten Verständlichkeit und Übersichtlichkeit. Zu ihrer praktischen Durchführung erhält der Abnehmer außer dem Wirkverbrauchzähler noch einen Blindverbrauchzähler. Dabei kommt man mit einem gewöhnlichen Blindverbrauchzähler ohne weiteres aus bei Abnehmern, die nur Blindstrom entnehmen können, also beispielsweise solchen Abnehmern, die mit gewöhnlichen Asynchronmotoren arbeiten. Diese Abnehmer überwiegen zahlenmäßig bei weitem alle übrigen; die reinen Lichtabnehmer kommen natürlich für die vorliegenden Betrachtungen überhaupt nicht in Betracht. Nun sind jedoch für ein stromlieferndes Werk am wichtigsten die Großabnehmer, und man wird sich nicht selten damit begnügen, nur bei diesen Abnehmern eine die Blindströme berücksichtigende Verrechnungsart einzuführen. Bei solchen Großabnehmern liegen die Verhältnisse etwas verwickelter. Man muß dabei unterscheiden zwischen Großabnehmern, die nur reine Abnehmer sind, d. h. nur Energie aus dem Netz entnehmen, und solchen, die auch zeitweise ans Netz Energie zurückliefern können, also mit dem Netz parallel arbeitende Kraftwerke sind. Wenn beim Abnehmer der ersten Art nur Blindleistungsverbrauch auftreten kann, beschränkt sich auch in diesem Falle die zur Berücksichtigung des Blindstromes erforderliche Meßanordnung auf einen Blindverbrauchzähler. Besitzt dagegen ein solcher Abnehmer auch die Möglichkeit, Blindstrom ans Netz zurückzuliefern, so genügt unter Umständen ein normaler Blindstromzähler nicht. Ein Blindstromzähler zeigt nämlich den Blindverbrauch richtig sowohl seiner Größe wie auch seinem Vorzeichen nach; hieraus folgt, daß ein Blindverbrauchzähler, der beim positiven Blindverbrauch vorwärts läuft, beim negativen (Blindleistungserzeugung) rückwärts laufen würde. Tritt in der Anlage sowohl positiver wie negativer Blindverbrauch auf, so zeigt am Schluß der Verrechnungsperiode der Zähler den vom Netz insgesamt gelieferten Blindverbrauch, der positiv sein wird, also zu Lasten des Abnehmers geht, wenn der positive Blindverbrauch des Abnehmers den negativen übersteigt; im umgekehrten Falle wird die Anzeige des Blindverbrauchzählers negativ sein, und der Abnehmer hätte dann eine Vergütung von dem stromliefernden Werke zu beanspruchen.

In vielen Fällen hat nun das stromliefernde Werk zwar großes Interesse an der Einschränkung des Blindverbrauches des Abnehmers und möchte bei Entnahme des Blindstromes sich durch die entsprechende Vergütung schadlos halten. Dagegen legt das stromliefernde Werk weniger Wert auf die Lieferung des Blindstromes seitens des Abnehmers und möchte deshalb diesen vom Abnehmer ans Netz gelieferten Blindstrom gar nicht oder nur weniger hoch bewerten. Falls der negative Blindverbrauch bei der Verrechnung überhaupt nicht berücksichtigt werden soll, so genügt es, den Blindverbrauchzähler mit einer Rücklaufhemmung auszurüsten; ein solcher Zähler registriert nur den positiven Blindverbrauch. Soll der negative Blindverbrauch getrennt verrechnet bzw. gemessen werden, so ist es am nächstliegenden, zwei Blindstromzähler anzuwenden, wobei bei dem einen die Anschlüsse der Spannungspulen oder der Stromspulen, meist die letzteren, gegenüber denen des ersten Zählers vertauscht sind, also der Zähler umgepolt ist. Dieser Zähler läuft also beim negativen Blindverbrauch vorwärts. Beide Zähler müssen Rücklaufhemmung erhalten. Diese Anordnung wird auch zumeist angewandt. Eine weitere Lösung ist die, daß an Stelle zweier Zähler ein Zähler mit einem Doppelzählwerk Anwendung findet. Dieses Zählwerk ist so gebaut, daß beim Vorwärtslauf des Zählers der eine Teil des Zählwerkes, also beispielsweise die obere Rollenreihe, beim Rückwärtslauf der andere Teil mit der Zählerachse automatisch gekuppelt werden. Ein solcher Zähler erhält natürlich keine Rücklaufhemmung. Bei dieser Anordnung steht der Verwendung zweier getrennter Zähler die Verwendung eines besonderen, immerhin komplizierten Zählwerkes gegenüber, welches eine Sonderkonstruktion darstellt und deshalb naturgemäß ziemlich teuer wird, so daß kaum etwas an Anschaffungskosten durch Verwendung dieses Spezialzählers gespart werden kann. Ferner ist die Genauigkeit eines Zählers, der bei beiden Drehrichtungen verwendet werden soll, besonders bei kleinen Belastungen nicht so groß wie die eines normalen Zählers, der für seine normale Drehrichtung mit einer besonderen Reibungskompensation ausgerüstet wird. Ein in beiden Richtungen umlaufender Zähler erhält demgegenüber entweder gar keine Reibungskompensation und zeigt in beiden Richtungen bei kleinen Belastungen gewisse Minusfehler, oder wenn er mit Reibungskompensation für die eine Drehrichtung ausgerüstet ist, so zeigt er um so größere Fehler bei der anderen Drehrichtung. Allerdings ist die geschilderte Verminderung der Meßgenauigkeit nicht allzu groß, und bei Berücksichtigung des Blindverbrauches, die nur gewissermaßen eine Korrektur bei der Verrechnung darstellt, durchaus zulässig. Es gibt noch andere Gründe, die der Verbreitung dieser Spezialzähler hinderlich sind; diese Gründe werden aus weiteren Betrachtungen näher ersichtlich.

Bei Abnehmern, die Energie ans Netz abgeben können, liegen die Verhältnisse etwas verwickelter. Bei solchen Abnehmern muß sowohl die entnommene wie die an das Netz gelieferte Energie registriert werden. Im Grunde genommen liegen die Verhältnisse analog, wie oben für die Entnahme und Rücklieferung des Blindverbrauches geschildert, jedoch wird man beim Wirkverbrauch naturgemäß nie darauf verzichten, die ans Netz zurückgelieferte Energie zu berücksichtigen. Aus diesem Grunde wird man stets entweder zwei mit Rücklauf versehene Wirkverbrauchzähler oder einen solchen Zähler mit einem Doppelzählwerk, wie es oben beschrieben worden ist, verwenden. Die letzte Anordnung wird bei Wirkverbrauchzählern noch seltener angewandt, als beim Blindverbrauchzähler, denn beim Wirkverbrauch wird stets angestrebt, eine möglichst hohe Meßgenauigkeit zu erzielen; außerdem wird bei größeren Abnehmern — und nur bei solchen kommt praktisch die Rücklieferung der Energie in Betracht — fast stets der Wirkverbrauchzähler noch mit Tarifzusatzeinrichtungen ausgerüstet, und diese schließen dann die Verwendung des Doppelzählwerkes der geschilderten Art aus. Was den Blindverbrauch bei dieser Abnehmerart anbetrifft, so würde es grundsätzlich genügen, so zu verfahren, wie dies bei den reinen Abnehmern der Fall ist. Es liegt nahe, die ganze Verrechnung des Blindverbrauches vollständig unabhängig von derjenigen des Wirkverbrauches vorzunehmen, und zur Durchführung dieser getrennten Verrechnung genügen völlig die gleichen Einrichtungen zur Messung des Blindverbrauches wie beim Abnehmer, der nur Energie vom Netz bezieht. In der Praxis wird jedoch noch vielfach die Verrechnung des Blindverbrauches nicht vollständig von der Verrechnung des Wirkverbrauches getrennt. Dies ist in erster Linie wohl dadurch zu erklären, daß man bei getrennter Verrechnung des positiven und negativen Wirkverbrauches auch den Blindverbrauch, der während der Energieentnahme in einer Richtung auftritt, von dem Blindverbrauch, der während der Energielieferung in der anderen Richtung auftritt, glaubte getrennt behandeln zu müssen. Diese Trennung des Blindverbrauches in Abhängigkeit von der Richtung der Energielieferung ist durch den Blindstromzähler allein nicht möglich, denn der Blindstromzähler spricht an und für sich nicht auf die Änderung der Richtung der Energielieferung an. Eine solche Trennung der Registrierung des Blindverbrauches kann nur unter Zuhilfenahme eines auf die Richtung der Energielieferung ansprechenden, also wattmetrischen Gerätes erfolgen. Als solche Hilfsgeräte werden entweder wattmetrische Relais oder besondere Einrichtungen, die am Wirkverbrauchzähler angebracht sind, verwendet. Um Mißverständnissen vorzubeugen, möge die Aufgabe noch einmal präzisiert werden: Es wird verlangt, daß der Blindverbrauch, der bei der Energielieferung in der einen Richtung auftritt, getrennt von dem Blindverbrauch, der während der Energielieferung in der anderen Richtung auftritt, registriert wird, wobei natürlich in beiden Fällen sowohl negativer wie positiver Blindverbrauch auftreten kann; anders ausgedrückt, es handelt sich darum, den Blindverbrauch getrennt in allen vier Quadranten, die der Gesamtstrom durchlaufen kann, zu registrieren. Die nächstliegende und auch oft verwendete Meßeinrichtung zur Messung aller bei der Energielieferung in zwei Richtungen auftretenden Größen besteht aus zwei Wirkverbrauchzählern, die beide mit Rücklaufhemmung versehen sind, wobei bei dem einen Zähler die Stromspulen oder Spannungspulen gegenüber der normalen Anschlußart umgepolt sind. Ferner aus vier Blindverbrauchzählern, je zwei für jede Richtung der Energielieferung, wobei der eine Zähler für den positiven, der andere für den negativen Blindverbrauch bestimmt ist. Außerdem gehört zu der Anordnung noch ein wattmetrisches Relais, durch welches stets zwei für die jeweilige Energierichtung bestimmten Blindverbrauchzähler eingeschaltet werden. Diese Einschaltung geschieht am einfachsten durch die Einschaltung der entsprechenden Spannungspulen.

Die geschilderte komplette Meßeinrichtung ist in Bild 146 schematisch dargestellt. Mit *W* sind die Wirkverbrauchzähler, mit *Bn* bzw. *Bv* die Blindverbrauchzähler bezeichnet. Die Buchstaben *n* und *v* bedeuten dabei Nacheilung und Voreilung entsprechend der Nacheilung oder Voreilung des Gesamtstromes. *WR* ist das vorher erwähnte wattmetrische Relais. Es möge auch an dieser Stelle noch besonders betont werden, daß es zweckmäßiger ist, bei Behandlung der Blindstromfrage und auch bei der Verrechnung der Blindstromgrößen von der Verwendung des Begriffes Vor- und Nacheilung möglichst abzusehen, sondern nur von positivem und negativem Blindverbrauch, d. h. von Blindleistungsverbrauch und Blindleistungserzeugung zu sprechen.

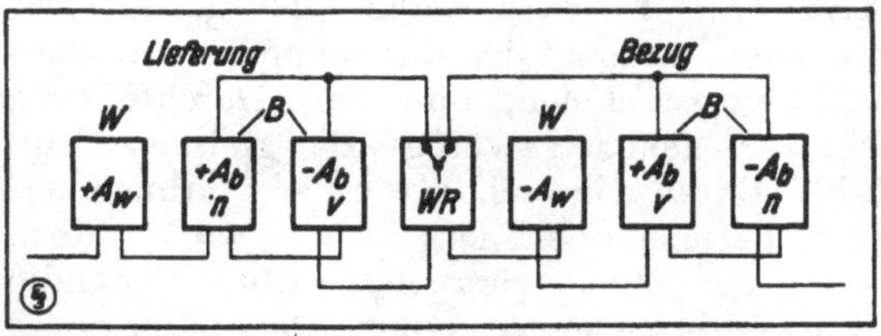

Bild 146. Vollständiger Meßsatz für gegenseitige Belieferung.

Die geschilderte grundsätzliche Meßeinrichtung kann auf verschiedene Weisen modifiziert werden.

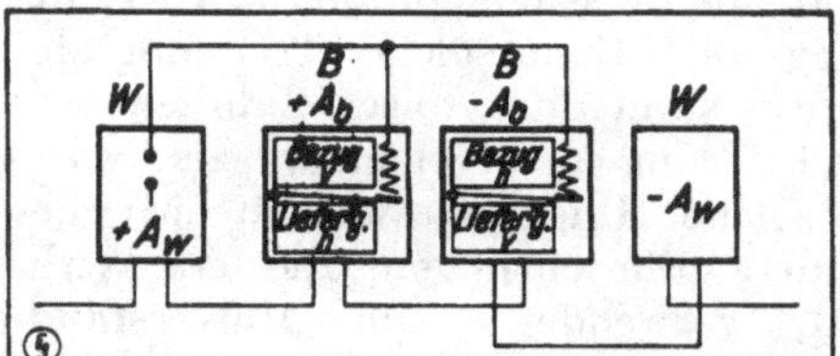

Bild 147. Meßsatz nach v. Krukowski.

Es würde hier zu weit führen, wenn man auf alle Möglichkeiten des Weiterausbaues bzw. der Vereinfachung dieser Meßeinrichtung eingehen würde. Es möge nur erwähnt werden, daß man die verschiedenen in Betracht kommenden Zähler noch durch Tarifeinrichtungen ergänzen und unter Umständen auch einige Zähler zusammenfassen kann. Eine wohl am weitesten gehende Zusammenfassung und demnach Vereinfachung der Meßanordnung ist die von *v. Krukowski* vorgeschlagene und von den SSW gelieferte. Sie ist in Bild 147 schematisch dargestellt. Hier werden an Stelle der vier Blindverbrauchzähler nur zwei mit Doppelzählwerken versehene angewandt. Alle Zähler sind genau wie in der oben geschilderten Anordnung mit Rücklaufhemmung versehen. Der eine der Blindverbrauchzähler registriert wiederum den positiven Blindstrom, der andere den negativen. Die Trennung des Blindstromes für beide Richtungen der Energielieferung geschieht dadurch, daß bei der einen Richtung der Blindverbrauch von dem einen Zählwerk registriert wird, bei der anderen — von dem anderen. Die Umschaltung von dem einen Zählwerk auf das andere ist im übrigen identisch mit der, wie sie in normalen Doppeltarifzählern Verwendung findet, und geschieht durch eine Kontaktvorrichtung, die in einen der Wirkverbrauchzähler an Stelle der normalen Rücklaufhemmung eingebaut ist. Auf diese Weise ist auch das besondere wattmetrische Relais entbehrlich gemacht. Neben der größeren Übersichtlichkeit der Anordnung hat sie noch den Vorteil, daß die Belastung der Meßwandler, an die fast immer die in Betracht kommenden Zähler angeschlossen werden, durch das Zähleraggregat wesentlich geringer wird und deshalb eine höhere Meßgenauigkeit erhalten werden kann, oder bei gleicher Meßgenauigkeit weitere Meßgeräte an die gleichen Wandler angeschlossen werden können. Es möge noch erwähnt werden, daß man natürlich im Prinzip auch bei der Anordnung nach Bild 147 das besondere Umschalterelais sparen könnte, jedoch erfordert diese Schaltung, wie sie normalerweise verwendet wird, die wechselweise Einschaltung von je vier Spannungspulen. Dies kann mit einem Hilfskontakt, der in dem Wirkverbrauchzähler eingebaut ist, praktisch nicht oder nur sehr schwer ausgeführt werden. Die beschriebene vereinfachte Anordnung kann jedoch nur dann verwendet werden, wenn die Blindverbrauchzähler nicht mit besonderen Tarifeinrichtungen versehen werden sollen; nun kommen solche Tarifeinrichtungen nicht selten in Betracht, und zwar ist es oft zweckmäßig, die Blindverbrauchzähler als Zeitdoppeltarifzähler auszuführen. In diesem Falle muß natürlich zu dem komplizierten Meßsatz gegriffen werden. Es sei jedoch nochmals unterstrichen, daß die getrennte Registrierung des Blindverbrauches für die beiden Richtungen der Energielieferung in den meisten Fällen überflüssig ist, und daß es deshalb anzunehmen ist, daß diese Verrechnungsart allmählich von der einfacheren und zweckmäßigeren vollständig getrennten Verrechnung des Blindstromes verdrängt werden wird.

Für die *Verrechnung des Blindstromes* an den Abnehmer haben sich in der Praxis verschiedene voneinander scheinbar abweichende Verfahren eingeführt. Die einfachste und zweifellos die zweckmäßigste Methode ist die, daß man für die entnommene und für die gelieferte BkVAh einen bestimmten Preis festsetzt. Dieser Preis darf natürlich nur ein Bruchteil des Kilowattstundenpreises sein. Wie bereits oben gesagt worden ist, wird man praktisch diesen Preis zu etwa 5 . . . 20% des Kilowattstundenpreises annehmen, wobei aus den gleichfalls bereits geschilderten Gründen der Preis der negativen BkVAh meist niedriger gesetzt wird als der positiven. Eine weitere ziemlich verbreitete Verrechnungsmethode ist die von *Bußmann* vorgeschlagene. Bei diesem Verfahren geht man von einer gewissen als normal angenommenen Phasenverschiebung $\varphi = \alpha$ aus. Der Blindverbrauch, der dieser normalen Phasenverschiebung (z. B. $\cos \alpha = 0{,}8$) entspricht, wird bei der Verrechnung unberücksichtigt gelassen. Der Blindverbrauch, der den dieser Phasenverschiebung entsprechenden Sonderwert übersteigt, wird dem Abnehmer in Rechnung gestellt, dagegen wird gegebenenfalls ein Minderverbrauch vergütet. Es wird oft angenommen, daß dieses Verfahren gegenüber dem ersten Vorteile bietet. Dies trifft jedoch nicht zu; vielmehr liefern die beiden Verfahren, wenigstens solange die normalen Blindverbrauchszähler Verwendung finden, dasselbe Ergebnis. Dies zeigt die folgende Überlegung: Bei dem ersten Verfahren (reine Blindverbrauchsmessung) hat der Abnehmer für jede kWh der an ihn gelieferten Energie (positiver Wirkverbrauch) einen Betrag C_W und für jede BkVAh des an ihn gelieferten (positiven) Blindverbrauchs einen Betrag C_B an das stromliefernde Werk zu entrichten. Für einen bestimmten Belastungsfall belaufen sich die gesamten Kosten zu:

$$K = C_W A + C_B A_B = C_W E J \cos \varphi \cdot t + C_B E J \sin \varphi \cdot t. \qquad (45)$$

Der Gesamtpreis P der kWh bei der Phasenverschiebung φ ergibt sich durch die Division der obigen Gleichung durch A bzw. $E J \cos \varphi \cdot t$ (Anzahl der gelieferten kWh). Es ist also:

$$P = C_W + C_B \frac{A_B}{A} = C_W + C_B \operatorname{tg} \varphi. \qquad (46)$$

Der Abnehmer zahlt also einen der Tangente von φ bzw. $\frac{A_B}{A}$ proportionalen Zuschlag zu dem reinen kWh-Preis. C_B wird in der Praxis als Bruchteil von C_W bzw. in Prozenten von C_W ausgedrückt. Der Zuschlag Z bei einer Phasenverschiebung φ errechnet sich zu:

$$Z = \frac{C_B}{C_W} \cdot \frac{A_B}{A} \cdot 100 = \frac{C_B}{C_W} \operatorname{tg} \varphi \cdot 100\% \text{ von } C_W\text{[7]}. \qquad (47)$$

Die Kurvenabbildung (Bild 148) zeigt die Größe von Z für $C_B = 0{,}10 \cdot C_W$ und $0{,}20\, C_W$.

Bei dem Verfahren von Bußmann berechnet sich der Sollwert des Blindverbrauches, der der „Normalphasenverschiebung" entspricht, zu $A_{B,\gamma} = \operatorname{tg} \alpha \cdot A$. Der Abnehmer hat den Unterschied zwischen dem tatsächlichen Blindverbrauch A_B und $A_{B,\gamma}$ mit einem gewissen Preis C_B' für die Überschuß-BkVAh zu bezahlen. Diese „Bußmannsche Differenz" Δ ist also:

$$\Delta = A_B - A_{B,\gamma} = A_B - \operatorname{tg} \alpha\, A = E J \sin \varphi \cdot t - \operatorname{tg} \alpha\, E J \cos \varphi \cdot t. \qquad (48)$$

[7]) Wenn C_B in Prozenten von C_W angegeben ist, so fällt der Faktor 100 weg.

Die Kosten K' der Energie berechnen sich danach zu:

$$K' = C_W' A + C_B' \Delta = C_W' A + C_B' (A_B - \operatorname{tg} \alpha \cdot A) \quad (49)$$
$$= C_W' E J \cos \varphi \cdot t + C_B' (E J \sin \varphi \cdot t - \operatorname{tg} \alpha \cdot E J \cos \varphi \cdot t).$$

Der Preis P' der kWh als Funktion von φ ergibt sich wiederum durch Division der Gleichung (49) durch den Wirkverbrauch zu:

$$P' = C_W' + C_B' \frac{\Delta}{A} = C_W' + C_B' \frac{A_B - \operatorname{tg} \alpha \cdot A}{A}$$

$$= (C_W' - C_B' \operatorname{tg} \alpha) + C_B' \frac{A_B}{A} \quad (50)$$

bzw.

$$P' = (C_W' - C_B' \operatorname{tg} \alpha) + C_B' \operatorname{tg} \varphi. \quad (50a)$$

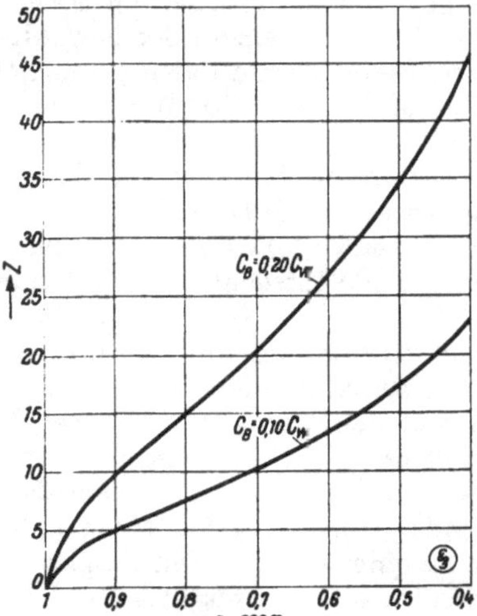

Bild 148.
Preiszuschlag Z als Funktion von $\cos \varphi$ bei reiner Blindverbrauchverrechnung.

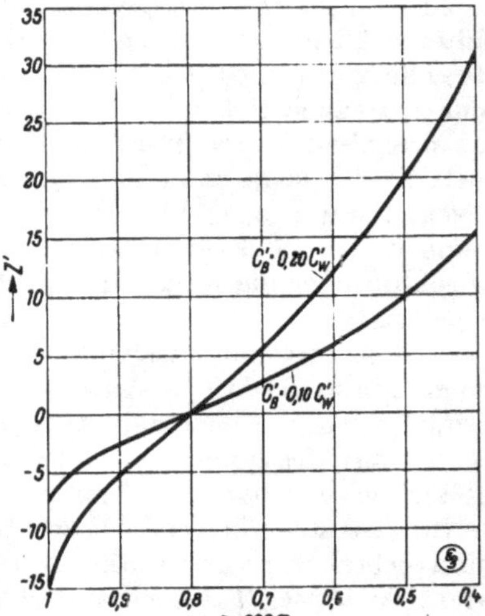

Bild 149. Preiszuschlag Z' als Funktion von $\cos \varphi$ bei der Verrechnung nach der Bußmannschen Methode für $\cos \alpha = 0{,}8$.

Auch C_B' wird in der Praxis allgemein in Bruchteilen oder Prozenten von C_W' ausgedrückt. Der Preiszuschlag Z' berechnet sich zu:

$$Z' = \frac{C_B'}{C_W'} \cdot \frac{\Delta}{A} \cdot 100 = \frac{C_B'}{C_W'} \cdot \frac{A_B - \operatorname{tg} \alpha \cdot A}{A} \cdot 100 \quad (51)$$

bzw.

$$Z' = \frac{C_B'}{C_W'} (\operatorname{tg} \varphi - \operatorname{tg} \alpha) \cdot 100\,\% \text{ von } C_W'. \quad (51a)$$

In Bild 149 ist Z' für $C_B' = 0{,}10 \cdot C_W'$ und $0{,}20 \cdot C_W'$ und für eine Normalphasenverschiebung $\alpha = 36{,}8°$ ($\cos \alpha = 0{,}8$, $\operatorname{tg} \alpha = 0{,}75$) aufgetragen. Der Vergleich der für alle Belastungsfälle gültigen Ausdrücke für P (Gleichung 46) und P' (Gleichung 50a) zeigt, daß die beiden Verfahren stets die gleichen Preise ergeben, wenn der BkVAh-Preis C_B und der „Überschuß-BkVAh-Preis" C_B' gleich gewählt werden und der kWh-Preis $C_W = C_W' - C_B' \operatorname{tg} \alpha$ ist. Die vollständige Gleichwertigkeit der beiden Verrechnungsverfahren unter den obigen Voraussetzungen zeigt sich besonders deutlich bei der Betrachtung des Verlaufes der Kurven von Z und Z'. Alle Kurven für gleiche Werte von C_B' bzw. C_B fallen zusammen, wenn man die Abszissenachse entsprechend nach oben oder unten verschiebt.

Bei diesen Betrachtungen wurde vorausgesetzt, daß $C_B = C_B'$ für alle Werte von φ konstant ist. Wird die Größe dieser Koeffizienten für verschiedene Bereiche von φ verschieden gewählt, so ist leicht zu ersehen, daß eine Übereinstimmung von P und P' nur in einem der gewählten Bereiche von φ möglich ist. Im ganzen Bereich wäre das nur möglich, wenn man auch gleichzeitig den kWh-Preis C_W bzw. C_W' ändern würde, was praktisch kaum in Frage kommt.

Auch dann, wenn man von einem bestimmten Sollwert der Phasenverschiebung α ausgeht, gibt das Endergebnis, falls es aus den Ablesungen der Wirk- und Blindverbrauchzähler gewonnen ist, keinen Aufschluß über die während der Ableseperiode tatsächlich auftretenden Belastungsarten.

Diese Tatsache muß besonders betont werden, weil nicht selten angenommen wird, daß bei Anwendung des Bußmannschen Verrechnungsverfahrens der Abnehmer stets bestrebt sein muß, mindestens den als normal festgesetzten Leistungsfaktor nicht zu unterschreiten. In Wirklichkeit hat der Abnehmer die Möglichkeit, auch zu einer Zeit, die für das stromliefernde Werk besonders ungünstig ist, einen hohen Blindverbrauch zu haben, den er dann zu einer anderen Zeit ausgleichen kann. An dieser Tatsache ändert sich nichts, wenn man für die Überschußblindverbrauchstunden einen höheren Preis festsetzt als für den Minderverbrauch. Der Abnehmer kann nur dann beim Bußmannschen Verrechnungsverfahren gezwungen werden, wirklich stets bestrebt zu sein, mit einem guten Leistungsfaktor zu arbeiten, wenn der Blindverbrauch bei Unterschreitung des normalen Leistungsfaktors und bei Überschreitung desselben getrennt registriert wird. Dieses ist möglich bei Anwendung sogenannter Überschußblindverbrauchzähler, bei denen durch entsprechende Wahl der Phasenlage der Triebflüsse des Zählers erreicht wird, daß dieser Zähler nicht den gesamten Blindverbrauch registriert, sondern nur den Überschuß bzw. die Fehlmenge, er zeigt also bei dem normalen Leistungsfaktor überhaupt nichts an. Solche Zähler werden auch zuweilen in der Praxis angewandt.

Viel zweckmäßiger ist es zweifellos, stets bei der Verrechnung den gesamten Blindverbrauch zu berücksichtigen und durch Anwendung von Doppeltarif-Blindverbrauchzählern den Preis der BkVAh zu verschiedenen Tageszeiten verschieden zu verrechnen. Auf diese Weise hat der Abnehmer stets Interesse, einen so niedrig wie möglichen Blindverbrauch zu haben, insbesondere aber den Blindverbrauch an den für das Kraftwerk wichtigen Zeiten einzuschränken. Der Preis der BkVAh für diese Sperrzeiten kann wesentlich höher gewählt werden als für die übrige Zeit.

Berücksichtigung der Blindströme bei der Festlegung der festen Kosten.

Die oben angestellten Betrachtungen über den Einfluß des Blindstromes auf die festen Kosten zeigen auch bereits den Weg, wie man die Erhöhung dieser Kosten bei der Verrechnung berücksichtigen kann. Die Messung des Höchstverbrauches in kW mit Hilfe von Kilowattstunden-Maximumzählern genügt offenbar hierzu nicht, man muß vielmehr entweder einen Maximumzähler verwenden, der in irgendeiner Form auch auf den Blindstrom anspricht, oder man muß durch Hinzunahme von Angaben besonderer Geräte den Einfluß der Blindströme bei der Verrechnung des Leistungspreises berücksichtigen. Beide Wege sind praktisch gangbar. Sehr oft wird als der theoretisch richtigste Weg die Messung und Verrechnung der maximalen kVA, also der maximalen Scheinlast, betrachtet. Nach dem früher Gesagten ist jedoch die Scheinlast überhaupt kein genaues Maß für die festen Kosten. Ferner gibt es — wie gleichfalls gesagt worden ist — bis jetzt keine genügend genauen und dabei einfachen Scheinverbrauchzähler. Will man die maximale Scheinlast berücksichtigen, so muß man sich also mit Maximumzählern begnügen, deren Angaben nur in einem gewissen Bereich des Leistungsfaktors richtig sind. Wenn die Netzspannung praktisch konstant ist, so gibt neuerdings der auf S. 153 beschriebene kleine Maximumzähler, der auf thermischem Prinzip beruht, die Möglichkeit, die maximale Scheinlast mit einer genügenden Genauigkeit zu messen. In vielen Fällen dürfte dieser Weg in der Tat empfehlenswert sein. Eine weitere Lösung der Aufgabe ist die, daß man die Höchstbelastung in kW mißt und den Preis je kW in Abhängigkeit von dem mittleren Leistungsfaktor, der aus den Angaben der kWh- und der BkVAh-Zähler ermittelt worden ist, festlegt. Dieser Weg erscheint mindestens so gut wie die Messung der maximalen kVA mit Hilfe der auf dem Markt vorhandenen Meßgeräte.
Bei größeren Abnehmern, bei denen sich auch kompliziertere Meßanordnungen lohnen, dürfte der folgende Weg besonders empfehlenswert sein. Man mißt mit Hilfe entsprechender Maximumzähler sowohl die Höchstleistung in kW, wie die höchste Belastung in BkVA und verrechnet dem Abnehmer sowohl eine bestimmte Leistungsgebühr ent-

sprechend den maximal entnommenen kW, wie auch eine weitere Gebühr, die man sinngemäß Blindlastgebühr nennen könnte, entsprechend der gemessenen maximalen Blindlast. Eine Abart dieser Verrechnungsmethode wäre die Verrechnung der maximalen Scheinlast, die sich als geometrische Summe der Angaben der beiden Maximumzähler errechnet. Es muß aber betont werden, daß der so errechnete Wert durchaus nicht identisch sein muß mit der wirklich erreichten Scheinlast. Dies wäre nur dann der Fall, wenn die maximale Blindlast gleichzeitig mit der maximalen Wirkleistung aufgetreten wäre. Dieses dürfte in vielen Fällen aber nicht zutreffen. Hieraus folgt, daß die in angedeuteter Weise errechnete Scheinlast, die der Verrechnung zugrunde gelegt wird, unter Umständen größer ist, als die wirklich aufgetretene. Der Unterschied wird in der Praxis allerdings nie besonders groß sein. Berücksichtigt man, mit welcher Ungenauigkeit überhaupt die Festlegung der Gebühren erfolgt, so ist auch diese Methode praktisch als brauchbar anzusehen.
Bei sehr großen Abnehmern ist es am zweckmäßigsten, registrierende Wirk- und Blindverbrauchzähler zu verwenden. Die Registrierstreifen dieser Zähler zeigen ein vollständiges Bild der Arbeitsweise des Abnehmers, insbesondere geben sie die Möglichkeit, die (mittlere) Scheinlast für jede Registrierperiode, also beispielsweise jede Viertelstunde, zu bestimmen. Es läßt sich auf diese Weise praktisch am genauesten auch die maximale Scheinlast ermitteln. Es ist ohne weiteres klar, daß man bei Energielieferung in einer Richtung nur einen schreibenden Wirkverbrauchzähler benötigt, bei Energielieferung in beiden Richtungen zwei, entsprechend, je nachdem, ob nur positiver oder auch negativer Blindstrom auftritt, ein oder zwei schreibende Blindverbrauchzähler. Dagegen erscheint es unter allen Umständen überflüssig, mehr als zwei schreibende Blindverbrauchzähler zu verwenden; denn die einzelnen Werte der Blindlast, die den beiden Energielieferungen entsprechen, lassen sich ohne weiteres trennen, wenn man gleichzeitig mit der Auswertung der Streifen der Blindverbrauchzähler die Energielieferungsrichtung auf Grund der Streifen der Wirkverbrauchzähler bestimmt. Die Trennung des Blindverbrauches erscheint nach dem Obigen überhaupt kaum zweckmäßig, falls sie jedoch aus irgendeinem Grunde unbedingt erforderlich ist, so kann sie erfolgen unter Zuhilfenahme von Doppelzählwerken an den Blindverbrauchzählern, die von wattmetrischen Relais gesteuert werden. Zusammenfassend kann gesagt werden, daß ein Meßsatz, bestehend aus vier schreibenden Zählern, als die empfehlenswerteste Meßanordnung für große Abnehmer bzw. parallel arbeitende Werke anzusehen ist. Derartige Meßanordnungen werden auch in vielen der größten Elektrizitätswerke seit längerer Zeit mit dem besten Erfolg angewandt. Es würde hier zu weit führen, auf die verschiedenen Möglichkeiten der Ver-

rechnung, die dieser Meßsatz zuläßt, einzugehen. Dies scheint auch nicht erforderlich zu sein, denn in Fällen, in denen es sich um Verrechnung sehr großer Energiemengen handelt, wird man von Fall zu Fall die Verrechnungsmethode entsprechend den jeweils vorliegenden Verhältnissen festlegen. Die Grundlagen für die dabei anzustellenden Überlegungen dürften in dem vorher Gesagten genügend auseinandergesetzt worden sein.

Zum Schluß der Betrachtung über die Art der Berücksichtigung der maximalen Last soll nochmals betont werden, daß die genaue Messung und Verrechnung der maximalen Scheinlast durchaus nicht als das erstrebenswerte Ziel anzusehen ist. Jedenfalls darf man in Fällen, bei denen diese Größe als Grundlage der Verrechnung gewählt wird, nicht unbeachtet lassen, daß es durchaus nicht gleichgültig ist, bei welcher Phasenverschiebung eine bestimmte Scheinlast aufgetreten ist. Diese wichtige Tatsache möge noch an einem Beispiel näher erörtert werden. Es sei angenommen, daß drei Abnehmer die gleiche maximale Scheinlast hatten. Von diesen drei Abnehmern hat der eine im Moment der Entnahme der maximalen Scheinlast einen starken Blindstrom entnommen, der zweite mit $\cos \varphi = 1$ gearbeitet, und bei dem dritten ist der Blindstrom negativ gewesen. Es ist ohne weiteres klar, daß diese Abnehmer durchaus nicht gleichwertig sind. Vielmehr wird normalerweise der erste Abnehmer für das stromliefernde Werk der ungünstigste, der letzte der günstigste sein.

Zum Schluß möge eine Übersicht gegeben werden, wie bei verschiedenen Abnehmerarten die Verrechnung unter Berücksichtigung des Blindstromes zweckmäßigerweise etwa zu erfolgen hat. Auch diese Zusammenstellung kann natürlich nur als allgemeine Richtlinie dienen.

Kleine Abnehmer. Größte entnommene Leistung bis etwa 1 kW. Hierunter fallen die Abnehmer, die Strom vorwiegend für Licht-, evtl. für Heiz- und Kochzwecke und für kleine Motoren verwenden. Bei diesen Abnehmern genügt die Verrechnung ohne besondere Berücksichtigung des Blindverbrauches. Bei den meisten dieser Abnehmer wird überhaupt kein Blindstrom auftreten. Als Hauptgrundlage der Verrechnung bei diesen Abnehmern werden stets die Anzeigen von kWh-Zählern dienen. Als Tarifapparate kommen in erster Linie Doppeltarifzähler, gegebenenfalls Dreifachtarifzähler oder der kleine Maximumanzeiger, ferner der Subtraktionszähler mit mechanischem Drehmoment in Betracht. Soweit bei diesen Abnehmern Motoren vorhanden sind, ist auch hierbei die Messung des Blindverbrauches als nicht erforderlich anzusehen, man kann bei der Bestimmung des Kilowattstundenpreises bei diesen Abnehmern einen bestimmten erfahrungsgemäß auftretenden Leistungsfaktor, etwa 0,6, zugrunde legen. Es dürfte auch nicht ungerecht sein, daß solche kleine Abnehmer, die

Motoren verwenden, den Blindverbrauch gewissermaßen kostenlos entnehmen können, da sie im Vergleich zu den reinen Lichtabnehmern sowieso für das Elektrizitätswerk meist günstiger sind, da ihre Benutzungstundenzahl wesentlich höher sein wird, als bei diesen.

Mittlere Abnehmer bis etwa 100 kW. Bei diesen Abnehmern kommen im wesentlichen die gleiche Verrechnungsmethoden wie bei den zuvor angeführten in Betracht. Es erscheint bei ihnen jedoch unter Umständen schon angebracht, den Blindstrom bei der Verrechnung der Arbeitsgebühr zu berücksichtigen. Meist wird hierzu ein Blindverbrauchzähler für positiven Blindstrom genügen.

Großabnehmer. Für diese Abnehmer kommen je nach ihrer Größe und Bedeutung die komplizierteren Verrechnungsmethoden in Betracht, jedoch auch hier ist es zweckmäßig, besonders umständliche Verrechnungsarten zu vermeiden.

An dieser Stelle möge noch darauf hingewiesen sein, daß bei den Großabnehmern stets zu überlegen ist, wie die Verluste in den meist vorhandenen Transformatoren zu berücksichtigen sind. Am günstigsten ist stets die hochspannungseitige Messung, die die Verluste in Transformatoren ohne weiteres berücksichtigt. Wird aus irgendeinem Grunde die Messung auf der Niederspannungseite vorgenommen, so können die Verluste mit Hilfe besonderer Meßgeräte (E^2- und J^2-Zähler) berücksichtigt werden. Genauer darauf einzugehen, würde hier zu weit führen.

VIII. Spannungsregelung und Blindleistung.

a) Spannungsregelung durch Blindleistungserzeugung.

Bereits im Abschnitt II Seite 13 war der Einfluß der Blindlast auf die *Spannungsverluste* einer Übertragung behandelt worden. Es soll nun in den folgenden Zeilen etwas ausführlicher auf diese Frage eingegangen werden.

Im Gegensatz zum Gleichstrom findet beim Wechselstrom bzw. Drehstrom eine Beeinflussung der Spannungsverhältnisse durch die magnetischen und elektrischen Felder statt. Man kann glücklicherweise die einzelnen Beeinflussungen trennen und dadurch einen klaren Einblick in die Wirkungen der einzelnen Faktoren gewinnen.

Wie im Abschnitt I auseinandergesetzt ist, lassen sich die harmonisch variierenden Wechselstromgrößen: Ströme und Spannungen in bekannter Weise durch Vektoren darstellen. Man denkt sich die Vektoren um einen festen Punkt gleichförmig mit der Geschwindigkeit der Frequenz (1 Umlauf/s = 1 Hertz) drehend. Die Projektion des Vektors auf die Abszissenachse stellt den Augenblickswert dar. Für unsere Betrachtungen kann man jedoch das Vektorbild feststehend annehmen.

Die Größe der Vektoren gibt die Amplitudenwerte oder, was meist erwünscht ist, die quadratischen Mittelwerte, also die Effektivwerte. Die Winkel, die die Vektoren gegeneinander und mit der positiven Abszissenachse bilden, geben die Phasenlagen an, d. h. um wieviel Bruchteile einer Periode die Amplitudenwerte der einzelnen Vektorgrößen zeitlich auseinander liegen.

Am einfachsten liegen die Verhältnisse beim Einphasenstromkreis, der nur aus Hin- und Rückleitung besteht, dem bei A elektrische Leistung durch einen Generator zugeführt und bei B vom Verbraucher entnommen wird (Bild 150).

Sowohl Hin- wie Rückleitung sind mit Ohmschen oder Wirk-Widerständen r und induktiven oder Blind-Widerständen ωl behaftet. Es ist hier beiläufig zu bemerken, daß die Blindwiderstände nicht nur von der betrachteten Leitung selbst, sondern auch von der Rückleitung, d. h. vom gegenseitigen Abstand und Durchmesser der beiden Leitungen abhängen, so daß man stets mit der Stromschleife, bestehend aus Hin- und Rückleitung, zu rechnen hat. Für $2r = R$ und $2\,\omega l = \omega L$ verursacht in der Übertragungsleitung nach Bild 150 der durchfließende Strom J

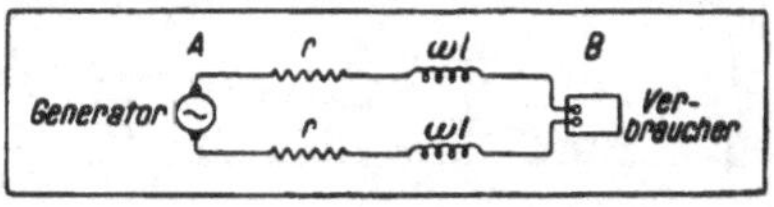

Bild 150. Wirk- und Blindwiderstände in einer Doppelleitung.

den Ohmschen Spannungsabfall $J \cdot R$, und zwar in Phase mit dem Strom, und

den induktiven Spannungsabfall $J \cdot \omega L$, um 90° dem Strome voreilend.

Es hat sich nun für die Untersuchung der Übertragungsverhältnisse als vorteilhaft erwiesen, um übersichtliche Verhältnisse zu schaffen, den Strom in zwei Komponenten zu teilen: in den Wirkstrom J_W und den senkrecht darauf stehenden Blindstrom J_W (Bild 151). Die erstere Komponente J_W ist ein Maß für die abgebbare Wirkleistung, die letztere J_W ist ein Maß der Blindleistung.

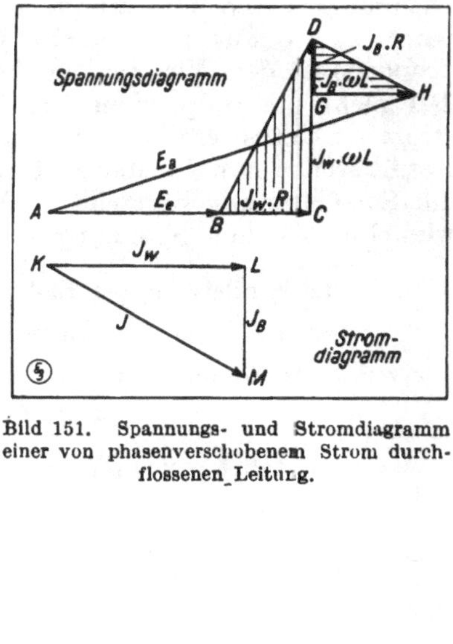

Bild 151. Spannungs- und Stromdiagramm einer von phasenverschobenem Strom durchflossenen Leitung.

Da die Induktivität des Stromkreises eine konstante Größe ist, gilt das Superpositionsgesetz, nach dem man sich jede Stromkomponente, für die man reine Sinuswellen des Stromes voraussetzen darf, getrennt durch die Leitung fließend denken kann. Man muß aber die einzelnen Spannungsabfälle vektoriell aneinanderfügen, um die auf der Generatorseite zuzuführende Spannung bestimmen zu können. Das sich so ergebende Diagramm ist in Bild 151 dargestellt. Aus dem Wirkstrom mit dem Wirkwiderstand R und dem Blindwiderstand ωL ergibt sich das Spannungsabfalldreieck BCD und ein entsprechendes Dreieck DGH für den Blindstrom. Es ist zu beachten, daß immer der Ohmsche Spannungsabfall in der gleichen Phase mit dem zugehörigen Strom liegt.

Die Seiten des Dreiecks BCD sind in ihren Abmessungen proportional der Wirkleistung, wenn man berücksichtigt, daß die Spannung E_e und ebenso die Werte von R und ωL konstant sind[8]). Die Seite BD ist proportional der Wirkleistung, und ebenso die Seite DH der Blindleistung, und zwar beide in dem gleichen Maßstab. Die Verlustdreiecke für halbe Leistung sind nur halb so groß usw.

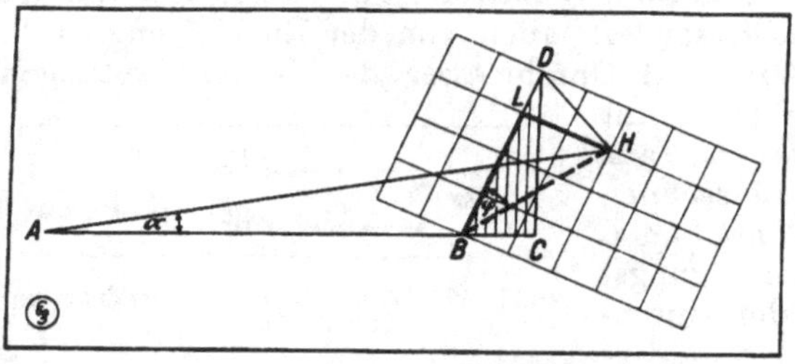

Bild 152. Betriebsdiagramm einer Drehstromübertragung.

Man kann nun BD und DH mit Skalen nach Wirk- und Blindleistungseinheiten geteilt versehen und so ein *Betriebsdiagramm* entwickeln. Bild 152 stellt ein derartiges Betriebsdiagramm dar, das die eben angestellten Überlegungen verwertet.

Es ergibt sich in dem Diagramm für jeden Belastungsfall ein Bezugspunkt, mit dem man die vom Generator zuzuführende Spannung bestimmt, indem man diesen Bezugspunkt, beispielsweise Punkt H des Diagrammes Bild 152, mit dem Punkt A verbindet.

Nun ist, wie aus dem bereits Gesagten hervorgeht, BD nicht nur proportional der Wirklast, sondern auch dem Wirkstrom und ebenso DH nicht nur proportional der Blindlast, sondern auch dem Blindstrom. Daraus ergibt sich aber auch ohne weiteres, daß BH als Resultierende aus J_W und J_B bzw. L_W und L_B den Gesamtstrom und die Scheinleistung darstellt. Der Winkel DBH stellt den Phasenwinkel φ zwischen Spannung und resultierendem Strom dar.

[8]) Es ist die Wirkleistung am Ende der Übertragung bei Drehstrom

$$L_W = \sqrt{3} \cdot J_W \cdot E_e .$$

Der verkettete Gesamt-Spannungsabfall ist

$$\Delta E = \sqrt{3} \cdot J_W \cdot \sqrt{R^2 + (\omega L)^2} .$$

Daraus folgt, daß L_W und J_W proportional ΔE sind.

Das Diagramm ist also ein vollkommenes Betriebsdiagramm der Übertragung, aus dem die Verhältnisse für jeden beliebigen Belastungsfall bestimmt werden können. Man ersieht aus dem Diagramm auch die Größe des Phasenwinkels zwischen Generator- und Verbraucherspannung: $\measuredangle\, HAB = \alpha$, der unter Umständen von der größten Bedeutung ist, beispielsweise wenn es sich um den Parallelbetrieb zweier Werke handelt, die durch eine Leitung verbunden sind. Er ist zur Beurteilung der Stabilität der Übertragung von größter Wichtigkeit. Bekanntlich kann man die bei verschiedenen Belastungen notwendigen Spannungen im Kraftwerk dadurch erreichen, daß man die Spannung der Generatoren durch ihre Gleichstromerregung ändert, oder indem man die Spannung der Generatoren konstant läßt, aber eine regelbare Zusatzspannung in den Stromkreis einführt. Als dritter Weg bleibt noch der offen, daß man den Leistungsfaktor beim Verbraucher ändert. Das Betriebsdiagramm Bild 152 zeigt ohne weiteres, um wieviel geringer die Spannungsabfälle werden, wenn die Blindlast verkleinert wird. Es gibt verschiedene Mittel, den Leistungsfaktor zu verbessern, die in den vorhergehenden Abschnitten eingehend behandelt sind. Wenn man aber eines dieser Mittel tatsächlich verwenden will, nicht um den Blindstrom zu kompensieren, sondern um die Spannung zu regeln, so bleibt heute als einziges praktisches Mittel die Verwendung der asynchronen oder synchronen Blindleistungsmaschine übrig.

Vor einer eingehenden Behandlung der Spannungsregelung durch Blindleistungsmaschinen sollen noch der Einfluß der Kapazität von Hochspannungsleitungen und deren Einfügung in ein Betriebsdiagramm erläutert werden.

Für jede Leiteranordnung läßt sich nach bekannten Regeln die Kapazität und damit auch der von der Betriebsfrequenz beeinflußte Kapazitätswiderstand bestimmen. Man kann annehmen, daß die Kapazität je zur Hälfte an den beiden Leitungsenden konzentriert ist. Diese Vereinfachung ist mit Ausnahme sehr langer Leitungen ohne weiteres zulässig. Aus der Betriebspannung am Ende der Leitung und der halben Kapazität erhält man den halben Ladestrom für das Leitungsende beim Verbraucher:

$$\frac{J_{ce}}{2} = \frac{1}{2}\,\frac{E_e}{\sqrt{3}\cdot\omega C}\,\mathrm{A}, \tag{52}$$

worin $\frac{1}{\omega C}$ der Kapazitätswiderstand in Ohm bei der Kapazität C in Farad und E_e die Spannung in Volt sind. Dieser Strom $\frac{J_{ce}}{2}$ durchfließt die ganze Leitung und bewirkt einen Spannungsabfall, dargestellt durch das Dreieck C im Stromdiagramm Bild 153, das genau umgekehrt angeordnet ist, wie das Dreieck B. Es hängt B mit dem 90° nacheilenden Blindstrom, dagegen C mit dem 90° voreilenden Ladestrom zusammen.

In dem Stromdiagramm schließt sich an den Wirkstrom $J_w = PT$ der nacheilende Blindstrom $J_B = TQ$ an. Beide zusammen ergeben den Verbraucherstrom $J_e = PQ$. Durch die Hinzufügung des halben Ladestromes $\frac{J_{ce}}{2} = QV$ ergibt sich der Leitungstrom $J_L = PV$. Das Spannungsdiagramm (Bild 153) läßt die 3 Spannungsabfalldreiecke $C = BCD$, $W = DEF$ und $B = FGH$ erkennen. AH stellt damit in seiner Größe und Phasenlage gegenüber der Verbraucherspannung E_e am Ende die für den berechneten Fall zuzuführende Spannung dar. Die gezeichneten Spannungen bilden eigentlich die Werte einer Phase ab. Es ist aber üblich, sie mit $\sqrt{3}$ zu multiplizieren, um somit gleich verkettete Werte ablesen zu können.

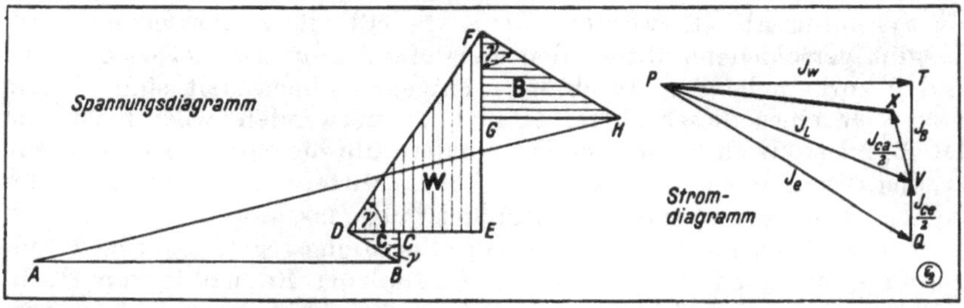

Bild 153. Strom- und Spannungsdiagramm einer mit Ohmschen, induktiven und kapazitiven Widerständen behafteten Leitung.

Hat man für einen bestimmten Belastungsfall — beispielsweise Punkt H — die Anfangspannung AH bestimmt, so kann man mit dieser die zweite Hälfte des Ladestromes

$$\frac{J_{ca}}{2} = \frac{1}{2} \frac{E_a}{\sqrt{3} \cdot \omega C} \text{ A} \tag{52a}$$

senkrecht auf AH ins Stromdiagramm als Vektor XV auftragen. Hiermit ist der der Übertragung zuzuführende Strom $J_a = PX$ bestimmt. Man ersieht aus dem Diagramm, daß die Kapazität der Leitung eine wesentliche Verbesserung des Leistungsfaktors im Kraftwerk bedeutet. Der Ladestrom und die entsprechende Ladeleistung bleiben auch bei Leerlauf der Leitung, also Belastungstrom $J_e = O$ bestehen, wenn man von der Verringerung des Ladestromes absieht, die eine Folge der geringeren Generatorspannung ist. Das Diagramm zeigt, daß der Regulierbereich zwischen Minimallast und Maximallast mit und ohne Kapazität der gleiche bleibt. Die Blindleistung der Leitung wirkt nur insofern günstig ein, weil der Leitungstrom $J_L = PV$ in Bild 153 kleiner als J_e sein wird und einen geringeren Phasenwinkel gegenüber der Spannung hat. Die Spannung im Kraftwerk bei Leerlauf $E_{a\,0} = AD$ muß kleiner sein als die Spannung beim Verbraucher $E_e = AB$. Diese Spannungserhöhung von AD zu AB wurde zuerst von *Ferranti* in London an einer Hochspannungskabelleitung im Jahre 1884 beobachtet und wird daher mit *Ferrantieffekt* bezeichnet.

Ein praktisches Beispiel für die Bestimmung der Größe einer Blindleistungsmaschine zur Spannungsregelung: Es handelt sich um eine Doppelleitung für eine Betriebspannung am Ende $E_e = 100$ kV, die 60000 kW zu übertragen habe. Die Leitung habe eine Länge von 130 km und be-

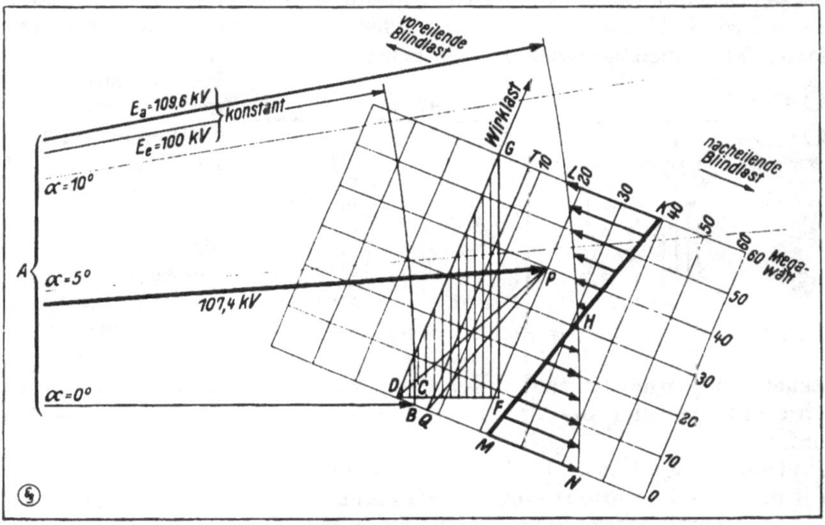

Bild 154. Betriebsdiagramm einer Freileitung.

stehe aus 6 Kupferseilen von 120 mm² Querschnitt. Aus den hieraus berechenbaren Leitungsdaten entsteht das Betriebsdiagramm Bild 154. Aus diesem ergibt sich sofort, welche Spannung im Kraftwerk gehalten werden muß, damit die Spannung beim Verbraucher die richtige ist. Beispielsweise gilt für eine Belastung von 40 Megawatt und 20 Blindmegavoltampere mit der Bezugspunkt P. Die Strecke AP entspricht 107,4 kV. Die Phasenwinkel zwischen Strom und Spannung werden durch die Induktivität der Leitung um rund 4,5° verschlechtert, dagegen durch die Kapazität der Leitung wieder um rund 0,2° verbessert. Während der Phasenwinkel beim Verbraucher dem Winkel $\measuredangle\, GDP$ des Diagramms entspricht, ist er im Kraftwerk $\measuredangle\, TQP + \measuredangle\, PAB$. Die Strecke DQ stellt die kapazitive Blindleistung der Leitung dar. Ändert sich nun beispielsweise die Wirkbelastung von 0 auf 60 MW und nimmt dabei die Blindlast von 40 *BMVA* auf 22 *BMVA* geradlinig ab, so müßte dementsprechend die Spannung im Kraftwerk zwischen *AK* und *AM* (= 115 . . . 104 kV) variieren können. Ist dies aus besonderen Gründen nicht erwünscht oder möglich, so kann man eine mittlere Spannung von 109,6 kV im Kraftwerk halten und durch Änderung des Leistungsfaktors, d. h. durch Änderung der Blindlast bewirken, daß mit der gewählten Spannung stets die Spannung von 100 kV beim Abnehmer erreicht wird. Man ersieht, daß man mit einer Maschinenleistung von rund 20 bis 22 *BMVA* auskommt. Da die mittlere Belastung wohl längere Zeit auftreten wird als die extremen maximalen und minimalen Lasten, so kann an Betriebskosten dadurch gespart werden, daß man die erforderliche Blindleistung auf 2 bis 3 Maschinen verteilt und nur soviel Maschinen laufen läßt, wie gerade erforderlich sind. Die Leerlaufverluste werden dadurch wesentlich geringer. Die Regulierung ist außerordentlich fein und leicht ausführbar, da bei Synchronmaschinen nur die Erregung der Gleichstromerregermaschine gesteuert zu werden braucht. Bei asynchronen Blindleistungsmaschinen wird entsprechend die Spannung der Drehstromerregermaschine beeinflußt.

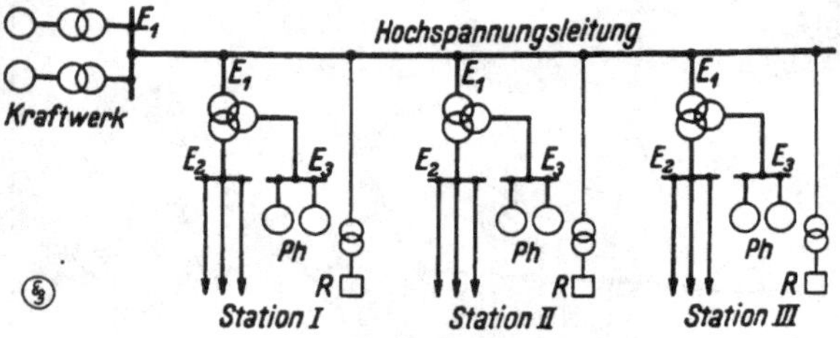

Bild 155. Spannungsregelung durch Blindleistungserzeugung.

Sind sehr lange Leitungen für hohe Spannung zu errichten, von denen auf der Strecke verteilt einzelne Strombezieher abgezweigt sind, so ist ein geordneter Betrieb nur möglich, wenn die Wirkung der Änderungen der Einzelbelastungen auf die anderen Abnehmer aufgehoben wird. Es geschieht dies am besten in der Weise, daß man die Spannung über die ganze Strecke hin durch geeignete Einrichtungen automatisch konstant hält. Geschieht dies nicht, so ergeben sich ganz unübersehbare Verhältnisse, weil eben jede Laständerung an einer Stelle sämtliche Abzweige, die dahinter liegen (vom Kraftwerk aus gesehen) beeinflußt. Erreicht wird ein Betrieb mit konstanter Spannung durch *Beeinflussung des Blindstromes*. Man verwendet hierfür besondere synchrone oder asynchrone Blindleistungsmaschinen, die an geeigneten Punkten längs der Strecke verteilt werden. Das Bild 155 stellt schematisch eine derartige Anlage dar.

Durch die Aufstellung von Blindleistungsmaschinen für Kraftübertragungen, sei es nun für kürzere Strecken am Ende der Leitung, sei es bei größerer Länge derselben durch Aufstellung in bestimmten

Entfernungen längs der Leitung, werden nicht nur Stromwärmeverluste ($3\,J^2 \cdot R$) und Spannungsabfälle verringert, sondern auch die Stabilität des Betriebes verbessert bzw. überhaupt erst ermöglicht. Ohne näher hierauf einzugehen, sei nur gesagt, daß die Größe der Blindleistungsmaschinen so gewählt werden muß, daß auch bei plötzlichen Überbelastungen bis zu einem bestimmten Maß die Maschinen sofort die erforderliche zusätzliche Blindleistung in solcher Höhe liefern können, daß Belastungschwankungen oder gar Außertrittfallen der Generatoren verhindert wird.

Man wird zweckmäßig die Blindleistungsanlagen mit Stromentnahmestationen verbinden. Meist wird die Hochspannung in den Stationen durch Transformatoren für die weitere Verteilung in dem betreffenden Bezirk auf eine Spannung gebracht, die noch zu hoch ist, um die Blindleistungsmaschinen direkt anschließen zu können. Es ist daher vorteilhaft, diese Transformatoren als Dreiwicklungs-Transformatoren auszubilden. Wenn für die primäre und sekundäre Wicklung Stern-Stern-Schaltung vorgesehen ist, wird meist schon von vornherein eine dritte in Dreieck geschaltete Wicklung notwendig zum Ausgleich der höheren Harmonischen der Magnetisierungströme und der Belastung bei Ungleichheiten oder im Kurzschlußfall. Diese dritte Wicklung ist gewöhnlich für eine Leistung von 30% der Leistung der primären und sekundären Wicklungen ausgeführt und daher in vielen Fällen genügend, um Blindleistungsmaschinen ausreichender Größe anzuschließen.

Die Blindleistungsanlagen müssen in ihrer Größe so bemessen sein, daß mit ihnen bei allen zu erwartenden Belastungsfällen die Spannung an den Stationen I bis III konstant gehalten werden kann. Die Einstellung der richtigen Blindleistung erfolgt durch Änderung der Erregung (Gleichstrom- oder Drehstromerregung) unter Verwendung geeigneter Schnell- oder Eilregler. Die Regler werden von der Primärspannung beeinflußt, benötigen also nur eine Spannungspule, da ja nur eine konstante Spannung zu erzielen ist, ganz unabhängig davon, wie die Belastung ist. Über die verschiedenen Reglerarten wird weiter unten berichtet werden.

Es ist nun hierbei zu beachten, daß nur die Primärspannungen E_1, nicht aber die Sekundärspannungen E_2 reguliert werden. Dies muß durch besondere Einrichtungen, entweder in den Stationen selbst oder viel besser an den Enden der Sekundärleitungen, wo die Strombezieher angeschlossen sind, geschehen.

Oben wurde gesagt, daß die Regelung der Primärspannung der Transformatoren keine Regelung auf ihren Sekundärseiten bedeutet. Es sei daher mit einigen Worten auf die Spannungsabfälle in den Transformatoren hingewiesen, denn der innere Abfall in den Transformatoren ist keinesfalls zu vernachlässigen; er hängt von ihren Wirk- und Blindwiderständen ab.

Bei neuzeitlichen Transformatoren beträgt der Ohmsche Spannungsabfall bei Vollaststrom rund 0,6 bis 1,2 %, der induktive je nach der Spannung, Leistung und Wicklungsanordnung 3 bis 12 %. Je höher die Spannung ist, um so größer ist der Spannungsabfall. Meist ist für einen Transformator von L kVA Leistung die Kurzschlußspannung e_k in % und der Kupferverlust V_{cu} in kW, beides beim Vollaststrom gerechnet, gegeben. Man berechnet daraus:

den Ohmschen Spannungsabfall

$$e_r = \frac{V_{cu}}{L}\, 100\,\%, \tag{53}$$

den induktiven Spannungsabfall

$$e_s = \sqrt{e_k^2 - e_r^2}\,\%. \tag{54}$$

Der angenäherte prozentuale Spannungsverlust beträgt bei Vollaststrom und einem Phasenwinkel φ zwischen Strom und Spannung

$$e_\varphi = e_r \cdot \cos\varphi + e_s \cdot \sin\varphi\,\%. \tag{55}$$

Wenn e_s groß ist (über 5 %), muß man etwas genauer rechnen, und zwar ist, wenn die primäre Spannung e_1 in % und die sekundäre Spannung gleich 100 % ist:

$$e_1 = 100 + e_\varphi + 0{,}005 \cdot e_\varphi'^2\,\%. \tag{56}$$

Es ist hierin

$$e_\varphi' = e_r \cdot \sin\varphi - e_s \cdot \cos\varphi. \tag{56a}$$

Hat beispielsweise ein Transformator einen Kupferverlust $V_{cu} = 1\,\%$ und eine Kurzschlußspannung $e_k = 12\,\%$, so ist: $e_r = 1\,\%$ und $e_s = \sqrt{12^2 - 1} = 11{,}95\,\%$. Bei $\cos\varphi = 0{,}8$ (nacheilend) und entsprechend $\sin\varphi = 0{,}6$ wird:

$$e_\varphi = 1 \cdot 0{,}8 + 11{,}95 \cdot 0{,}6 = 7{,}97\,\%,$$

$$e_\varphi' = 1 \cdot 0{,}6 - 11{,}95 \cdot 0{,}8 = -8{,}96\,\%$$

und

$$e_1 = 100 + 7{,}97 + 0{,}005 \cdot (-8{,}96)^2 = 108{,}37\,\%.$$

Man sieht, welch großer Einfluß auf die Spannungsabfälle durch die Zwischenschaltung von Transformatoren in eine Übertragungsleitung ausgeübt wird, wenn es sich um Transformatoren hoher Kurzschlußspannung handelt und wenn der Leistungsfaktor schlecht ist. In obigem Beispiel würde die zuzuführende Spannung im Transformator bei $\cos\varphi = 1$ nach der genaueren Methode berechnet: $E_1 = 101{,}7\,\%$ betragen müssen, wenn mit 100 % die aus dem Leerlaufübersetzungsverhältnis berechnete Spannung eingesetzt wird. Bei voreilendem Strom mit $\cos\varphi = O$ wäre dagegen nur eine Spannung $E_1 = 94{,}2\,\%$ zuzuführen.

Transformatoren geringer Kurzschlußspannung lassen sich wohl bauen, sie sind aber nicht so betriebsicher und sehr teuer. Die Begrenzung der Kurzschlußströme in den Netzen erfordert ebenfalls Transformatoren hoher Induktivität. Es besteht demnach für neuzeitliche Anlagen mit Transformatoren hoher Kurzschlußspannung eine zwingende Notwendigkeit, mit gutem Leistungsfaktor zu arbeiten, wenn man nicht unter den Spannungschwankungen bei Laständerungen übermäßig leiden will.

b) Selbsttätige Regler für Blindleistungsmaschinen zur Spannungsregelung.

Infolge der hohen Anforderungen, die an die Gleichmäßigkeit der Betriebspannung gestellt werden, ist es nicht mehr möglich, die Blindleistungsmaschinen zur *Spannungsregelung* von Hand zu bedienen.

Bild 156. Eilregler.

Die in den Verbraucherstationen aufgestellten Blindleistungsmaschinen müssen, je nach der Belastung verschieden große Blindleistungen abgeben. Diese Änderung der Blindlast geschieht durch Änderung der Erregung der einzelnen Maschinen. Es ist demnach nur notwendig, die Erregung der Maschinen von der Spannung, die konstant gehalten werden soll, abhängig zu machen. Dann ergibt sich ohne weiteres die Blindleistung, die notwendig ist, um die gewünschte Spannung zu erzielen. Man kann natürlich auch, wenn eine mit der Kilowattbelastung steigende Spannung gehalten werden soll, statt eines einfachen Spannungsrelais ein solches in Verbindung mit einem oder zwei Stromrelais verwenden und damit eine Kompoundierung der Spannungsregelung erreichen. Ferner ist es auch möglich, wenn mehrere Blindleistungsmaschinen vorhanden sind, durch *selbsttätige Regler* eine gleichmäßige Belastung der einzelnen Maschinen zu erzielen.

Die Siemens-Schuckertwerke bauen zwei Arten von Reglern, Eilregler und Schnellregler.

In allen Anlagen, bei denen Lastschwankungen weniger häufig auftreten, genügt der *Eilregler*. Er schaltet in den Erregerstromkreis des Generators einen mehr oder weniger großen Widerstand ein. Die Erregermaschine arbeitet mit konstanter Spannung, so daß allein durch die Veränderung des Widerstandes die Erregerstromstärke geändert wird. Der Apparat besteht aus zwei Teilen, dem Verstellapparat und einem Spannungsrelais. In Bild 156 ist ein solcher Eilregler dargestellt. Durch das Spannungsrelais wird ein Schaltwerk beeinflußt und damit ein kleiner Motor auf Vor- und Rückwärtslauf geschaltet.

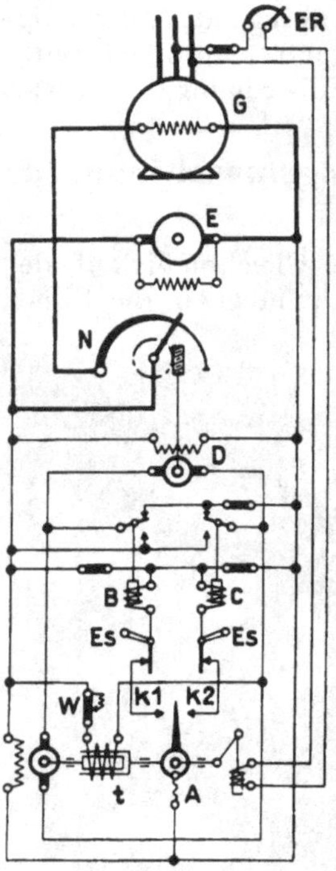

A = Relais
B, C = Spulen des Schaltwerks
D = Hilfsmotor
E = Erregermaschine
ER = Einstellregler
Es = Endschalter
G = Generator
N = Feldregler
W = Vorschaltwiderstand
k_1, k_2 = Steuerkontakte
t = Rückführspule

Bild 157. Schaltbild für Eilregler mit Eilspannungsrelais für Wechselstrom.

Der Motor arbeitet mit einer Schneckenübersetzung auf die Reglerwelle. Durch das Drehen der Welle wird vermittels eines Schleifkontaktes ein mehr oder weniger großer Teil des Gesamtwiderstandes in den Stromkreis eingeschaltet (Bild 157). Die Übersetzung ist so gewählt, daß der ganze Regelbereich in etwa 6 Sekunden durchlaufen wird. Das Spannungsrelais hat eine Rückführung, durch die ein Überregeln verhindert wird, so daß so schnell wie möglich und ohne Schwankungen die richtige Erregerstromstärke eingestellt werden kann. Sind mehrere Generatoren zu steuern, so werden die Regler der einzelnen Maschinen von einer gemeinsamen Welle motorisch angetrieben. Damit auch eine Einzelregelung möglich ist, sind die einzelnen Regelwiderstände durch lösbare Kupplungen mit der Welle verbunden.

Das Spannungsrelais wird durch einen Motor vor- und rückwärts gesteuert, der wiederum den Stufenschalter des Zusatztransformators bzw. den Drehtransformator verstellt. Man kann auch den neuerdings sehr in Aufnahme gekommenen Thoma-Regler verwenden. Derselbe arbeitet mit Öldruck ähnlich den Turbinenreglern mit Servomotor. Ein konstantlaufender Elektromotor ist mit einer Pumpe gekuppelt, die Öl aus einem Gefäß in einen Kessel fördert, der ständig auf einer bestimmten Öldruckhöhe gehalten wird. Dieses Drucköl wird dazu benutzt, um mittels eines Kolbens den Umschalter des Zusatztransformators oder den Drehtransformator zu verstellen. Der Zufluß des Drucköles wird durch ein kleines Ventil gesteuert, das durch ein Spannungsrelais beeinflußt wird.

Beim *Schnellregler* wird ein Regelwiderstand periodisch kurzgeschlossen und geöffnet. Dieser Widerstand befindet sich in dem Erregerstromkreis der Erregermaschine. Der Apparat enthält ein Spannungsrelais, das an die konstant zu haltende Spannung gelegt ist. Es beeinflußt ein sogenanntes Zitter-Relais. Vermittels des Zitter-Relais wird über ein Zwischen-Relais der obenerwähnte Nebenschlußwiderstand kurzgeschlossen oder geöffnet. Je nach der Geschwindigkeit, mit der das Zitter-Relais arbeitet, wird der Erregermaschine für längere oder kürzere Zeit Erregerstrom zugeführt. Damit wird auch die von der Erregermaschine erzeugte Spannung vergrößert oder verkleinert und damit wiederum die Erregung des Hauptgenerators beeinflußt. Bild 158 stellt die Schaltung des Schnellreglers, Bild 159 den Regler selbst dar.

Die Regelung der asynchronen Blindleistungsmaschinen geschieht ebenfalls durch Regelung des Erregerstromes. Dieser ist proportional der einer Drehstromerregermaschine aus dem Drehstromnetz zugeführten Spannung. Es genügt daher, einen feinstufig regelbaren Zusatztransformator oder einen Drehtransformator vorzuschalten. Der Drehtransformator muß aus zwei in Serie geschalteten Apparaten bestehen, damit der Spannungsvektor vor und hinter dem spannungsregelnden Apparate keine Phasenverschiebung aufweist. Die Steuerung des Regelapparates wird durch ein entsprechendes Spannungsrelais bewirkt, wie man sie im Prinzip gleich oder ähnlich für die Regelung von synchronen Blindleistungsmaschinen verwendet.

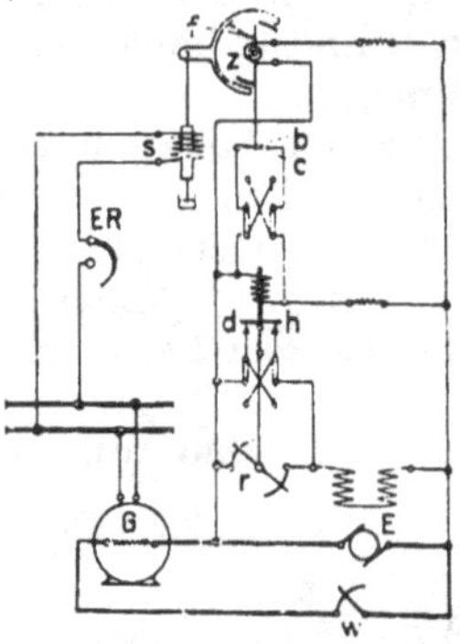

G = Generator
E = Erregermaschine
ER Einstellregler
r = Nebenschlußregler für E
w = Hauptstromregler für G
s = Spannungsrelais
z = Zitterrelais
f = Feder
d, *h* = Kontakte des Zwischenrelais
b, *c* = Hauptkontakte zum Kurzschließen des Zwischenrelais.

Bild 158. Schaltbild für den Schnellregler.

Bild 159. Schnellregler.

c) Die zusätzlichen Blindbelastungen durch die Übertragungsmittel.

Es soll noch die Frage erörtert werden, welche *zusätzlichen Blindbelastungen* für eine Übertragungsanlage durch die Übertragungsmittel selbst hervorgerufen werden.

Zu den Übertragungsmitteln sind nicht nur die Leitungen, Frei- oder Kabelleitungen, sondern auch die Transformatoren zu rechnen.

Die zusätzlichen Blindbelastungen rühren sowohl von den als Nebenschlußströme aufzufassenden Ladeströmen bei den Leitungen und den Magnetisierungströmen der Transformatoren her, als auch von der Induktivität der Leitung bzw. der Transformatoren. Der Stromvektor erleidet durch die hinzukommenden Blindstromkomponenten eine Änderung seiner Größe und seiner Phasenlage, ebenso wird der Spannungsvektor durch Spannungsabfälle, die von Blindströmen verursacht werden, nach Größe und Phasenlage geändert.
Im folgenden werden einige Werte gegeben, welche einen Anhalt über die Größe der auftretenden Blindbelastungen bieten sollen.
Freileitungen. Freileitungen haben bei der Frequenz 50 Hertz meist eine Induktivität $\omega L = 0{,}4$ Ohm je Phase für einen Kilometer Streckenlänge. Dieser Wert wird in bekannter Weise aus den Leitungsdimensionen berechnet.
Die zusätzliche Blindbelastung der Leitung wird durch den durchfließenden Strom J um den Wert

$$L_B = 3\,\frac{J^2 \cdot \omega L}{1000}\ \text{BkVA/km} \tag{57}$$

vergrößert. Die Abweichungen von dem oben angegebenen Wert betragen in den allermeisten Fällen nicht mehr als $\pm$ 10%. Eine Verringerung tritt ein, wenn man statt einer Einfachleitung eine Doppelleitung errichtet. In diesem Falle ermäßigt sich die zusätzliche Blindbelastung auf die Hälfte, bezogen auf die Leistung beider Leitungen, ebenso entsprechend bei Verteilung der Last auf drei oder mehr Leitungen. Wenn der Belastungstrom einer Einfachleitung folgende Werte annimmt:

$J =$	100	ist die Zusatzblindlast der Leitung:	12	BkVA/km,
=	200	„ „ „ „ „	48	„
=	500	„ „ „ „ „	300	„
=	1000	„ „ „ „ „	1200	„

Man sieht daraus, daß hohe Stromstärken sehr große Blindbelastungen ergeben. Schon aus diesem Grunde allein empfiehlt es sich, die Übertragungspannung nicht zu klein zu wählen.
Eine Regelung der Blindbelastung wird trotzdem vielfach erforderlich sein, da die induktive Blindbelastung der Leitung sich quadratisch mit der Strombelastung ändert, während die Spannungsabfälle sich direkt proportional dem Strome ändern.
Die kapazitiven Blindbelastungen rühren von der Kapazität der Leitung her. Der Kapazitätswiderstand einer Freileitung liegt in der Größenordnung von $\frac{1000}{\omega C} = 360$ Kilo-Ohm je Phase für einen Kilometer

Streckenlänge. Die Unterschiede bleiben in den allermeisten Fällen ebenso wie die der Induktivität in den Grenzen von $\pm$ 10% obigen Wertes.

Die Ladeleistung der Leitung beträgt

$$L_{B_c} = \frac{3 \cdot J_c^2}{1000} = \frac{\omega C}{1000} E^2 \text{ BkVA/km.} \qquad (58)$$

Hierin ist J_c der Ladestrom in Ampere, E die verkettete Spannung in kV und C die Betriebskapazität in Mikrofarad.

Somit beträgt die Ladeleistung der Einfachfreileitung:

bei einer Betriebspannung von	6 kV	rd. 0,1	BkVA/km,
„ „ „ „	15 „	„ 0,64	„
„ „ „ „	30 „	„ 2,5	„
„ „ „ „	60 „	„ 10,0	„
„ „ „ „	110 „	„ 33,6	„
„ „ „ „	220 „	„ 134,5	„

Bei Doppelleitungen ergeben sich die doppelten Werte.

Kabelleitungen. Bei diesen ist die Induktivität wesentlich kleiner als bei Freileitungen.

Der induktive Blindwiderstand schwankt zwischen 0,07 und 0,1 Ohm je Phase für einen Kilometer Kabelstrecke. Es ergibt sich damit für Betriebströme von

J = 100	eine Zusatzblindlast von	2,1	bis 3	BkVA/km.
= 200	„ „ „	8	„ 12	„
= 500	„ „ „	53	„ 75	„

1000 Ampere lassen sich durch ein Drehstromkabel kaum transportieren. Man muß in diesem Falle zu parallelen Kabeln greifen. Auch hier kann man, wie schon bei den Freileitungen ausgeführt ist, durch parallele Kabel die induktive Zusatzblindlast verringern.

Im Gegensatz zur Induktivität ist die Kapazität der Kabelleitungen wesentlich größer als bei Freileitungen. Die Kapazität eines Kabels hängt nicht nur von den räumlichen Dimensionen des Kabels, sondern auch von der Dielektrizitätskonstanten des verwendeten Isoliermaterials ab.

Die folgende Tafel gebe hierfür einen Anhalt.

Bei der Betriebspannung	6 kV ist die Ladeleistung rd.	4	BkVA/km.
„ „ „	15 „ „ „ „ „	20	„
„ „ „	30 „ „ „ „ „	70	„
„ „ „	60 „ „ „ „ „	240	„
„ „ „	110 „ „ „ „ „	860	„

Man sieht daraus, wie außerordentlich stark die kapazitiven Blindlasten bei einem Kabelnetz hoher Spannung werden können.

Transformatoren. Die Streuspannung der Transformatoren ist ein Maß für die Induktivität, welche das Zwischenschalten eines Transformators in eine Übertragungsanlage bedeutet. Sie beträgt bei normalen Transformatoren für Spannungen von

3 . . . 15 kV etwa 3 . . . 5%,
20 . . . 45 „ „ 4 . . . 8%,
60 . . . 220 „ „ 8 . . . 12%,

ebensoviel Prozent betragen die durch die Transformatoren hervorgerufenen zusätzlichen induktiven Belastungen, bezogen auf ihre Scheinleistungen.

Die Magnetisierungströme von Transformatoren und damit die zusätzlichen Blindbelastungen betragen je nach Größe und Konstruktion 3 . . . 10% der Belastungströme.

Ein vollbelasteter Transformator mit 10% Streuspannung und 4% Magnetisierungstrom bedeutet eine Blindbelastung des Netzes von 14% seiner Scheinleistung.

Zusammenhang zwischen Größen der Wirk- und Blindleistung.

Größe	Formelzeichen	Einheit: Name	Einheit: Zeichen	Zusammenhang mit anderen Einheiten
Spannung	E	Volt Kilovolt	V kV	Bei Drehstrom stets verkettete Spannung
Strom	J	Ampere	A	$J = \sqrt{J_W^2 + J_B^2}$
Wirkstrom	J_W	Ampere	A	$J_W = J \cdot \cos\varphi$
Blindstrom	J_B	Ampere	A	$J_B = J \cdot \sin\varphi$
Phasenverschiebungswinkel	φ	(elektrische) Grade	°	$\cos\varphi = \frac{J_W}{J} = \frac{L_W}{L}$
Leistungsfaktor	$\cos\varphi$			$\sin\varphi = \frac{J_B}{J} = \frac{L_B}{L}$ $\mathrm{tg}\,\varphi = \frac{J_B}{J_W} = \frac{L_B}{L_W}$
Leistung (Schein-, Richtleistung)	L	Voltampere Kilovoltampere Megavoltampere	VA kVA MVA	$L = E \cdot J$
Wirkleistung	L_W	Watt Kilowatt Megawatt	W kW MW	$L_W = E \cdot J \cdot \cos\varphi$ } Bei Drehstrom mal $\sqrt{3}$
Blindleistung	L_B	Blindvoltampere Blindkilovoltampere Blindmegavoltampere	BVA BkVA BMVA	$L_B = E \cdot J \cdot \sin\varphi$
				In der Zeit t werden verbraucht:
Scheinverbrauch	A	Voltamperestunden Kilovoltamperestunden Megavoltamperestunden	VAh kVAh MVAh	$A = \int_0^t L \cdot dt$
Arbeit, Wirkverbrauch	A_W	Wattstunden Kilowattstunden Megawattstunden	Wh kWh MWh	$A_W = \int_0^t L_W \cdot dt$
Blindverbrauch	A_B	Blindvoltamperestunden Blindkilovoltamperestunden Blindmegavoltamperestunden	BVAh BkVAh BMVAh	$A_B = \int_0^t L_B \cdot dt$

*

Druck von
Ernst Siegfried Mittler und Sohn
Buchdruckerei G. m. b. H.
Berlin SW 68

*

FSC
www.fsc.org
MIX
Papier | Fördert
gute Waldnutzung
FSC® C083411

Kolibri 360 GmbH
Ferdinand-Jühlke-Straße 7
99095 Erfurt, Deutschland
produktsicherheit@kolibri360.de